高职高专"十二五"规划教材·旅游类

谈茶说艺

Tourist class

◎主　编　陈君君　程善兰
◎副主编　张惠超　金丽丹　周　婷　倪雪华
　参　编　浦　蒲　胥　佳

南京大学出版社

图书在版编目(CIP)数据

谈茶说艺 / 陈君君, 程善兰主编. -- 南京：南京大学出版社, 2015.2（2017.1重印）
高职高专"十二五"规划教材. 旅游类
ISBN 978-7-305-14585-8

Ⅰ.①谈… Ⅱ.①陈…②程… Ⅲ.①茶叶—文化—中国—高等职业教育—教材 Ⅳ.①TS971

中国版本图书馆 CIP 数据核字(2015)第 004377 号

出版发行	南京大学出版社
社　　址	南京市汉口路22号　邮　编　210093
出 版 人	金鑫荣
丛 书 名	高职高专"十二五"规划教材·旅游类
书　　名	谈茶说艺
主　　编	陈君君　程善兰
责任编辑	朱　丽　王抗战　　编辑热线　025-83596997
照　　排	南京南琳图文制作有限公司
印　　刷	徐州新华印刷厂
开　　本	787×960　1/16　印张 17.5　字数 305 千
版　　次	2015年2月第1版　2017年1月第2次印刷
ISBN 978-7-305-14585-8	
定　　价	35.00元

网址：http://www.njupco.com
官方微博：http://weibo.com/njupco
官方微信号：njupress
销售咨询热线：(025) 83594756

* 版权所有，侵权必究
* 凡购买南大版图书，如有印装质量问题，请与所购图书销售部门联系调换

前 言

适应茶艺人才培养需要,许多高校纷纷将茶艺文化作为专业必修课或选修课,本教材正是为了适应当前我国茶艺行业的大力发展和农林高校及具有茶文化、茶艺及旅游管理方向的教学需要而编写的。

本教材以高职茶艺理论和实操教学为基础,结合国家人力资源和保障部"茶艺师"(四级即中级)职业标准设计大纲,使高职学生或即将参加职业技能鉴定的学员对茶艺师的理论知识和操作技能考核要点有一个全面的了解。通过本教材的学习旨在使学生理解茶艺的基本知识和基本技能,掌握茶艺的主要概念,了解近代茶艺的主要成果;将综合职业能力与全面素质的培养于教学之中,培养学生科学思维的能力,运用所学的茶艺知识解释、分析和动手解决有关实际问题的能力,为综合职业能力的形成和专业培养目标的实现打下基础。因此,本书既可作为茶艺从业者茶艺创编、茶艺设计的指导性教材,还可作为高校茶艺方向专业课或选修课的教材,也可作为茶艺培训机构参考教材,也是茶艺爱好者学习茶艺技能的重要读物。今后我们会随着国家职业标准国家职业资格培训教程及国家题库内容的不断更新,逐步对教材进行补充和完善。

本书在编写过程中,得到了苏州经贸职业技术学院程善兰老师、苏州农业职业技术学院陈君君老师、江西工贸职业技术学院张惠超老师、湖南机电职业技术学院周婷老师、河南信息统计职业学院金丽丹老师、淮安食品职业技术学院倪雪华老师、云南农业大学热带作物学院胥佳老师以及江南茶道馆浦蒲老师的大力支持,再次表示感谢。

本书在编写过程中,对各项目及相关内容的安排尽量做到系统化,在教学过程中也经过了实践,尽可能地以满足教学要求、满足学生动手实操为目的,如有阙漏之处,欢迎广大教师、学生、读者批评指正。

编 者
2015 年 1 月

目 录

绪论 1
    任务一:茶艺的认识 1
    任务二:茶艺的地位和功用 5

项目一　茶之源 8
    任务一:茶的起源 8
    任务二:中国茶区 25
    任务三:茶的传播 29

项目二　茶之造 34
    任务一:茶树的基本知识 34
    任务二:茶叶的分类 38
    任务三:六大基本茶类 43
    任务四:再加工类茶 53

项目三　茶之具 56
    任务一:茶具的演变与发展 56
    任务二:茶具质地 57
    任务三:茶具的选配 65

项目四　茶之水 75
    任务一:择水标准 75
    任务二:名泉介绍 82
    任务三:火煮甘泉 87

项目五　茶之礼 90
    任务一:茶礼 90
    任务二:礼节 91
    任务三:仪容仪表 96
    任务四:仪态 102

项目六　茶之技法 ······ 109
　　任务一：泡茶的基本手法 ······ 109
　　任务二：玻璃杯冲泡绿茶茶艺 ······ 119
　　任务三：璃杯冲泡白茶茶艺 ······ 130
　　任务四：玻璃杯冲泡黄茶茶艺 ······ 134
　　任务五：瓷盖瓯冲泡花茶茶艺 ······ 139
　　任务六：紫砂壶冲泡乌龙茶功夫茶艺 ······ 143
　　任务七：紫砂壶冲泡普洱茶茶艺 ······ 154
　　任务八：柠檬红茶茶艺 ······ 159
　　任务九：泡沫红茶茶艺 ······ 164

项目七　茶之鉴 ······ 173
　　任务一：茶叶的审评 ······ 173
　　任务二：茶叶的贮藏 ······ 183

项目八　茶之艺 ······ 187
　　任务一：民族特色茶艺 ······ 187
　　任务二：主题特色茶艺 ······ 201
　　任务三：茶艺编创 ······ 206

项目九　饮茶与健康 ······ 211
　　任务一：茶叶成分及保健功效 ······ 211
　　任务二：科学合理饮茶 ······ 216
　　任务三：养生茶 ······ 221

项目十　茶席的设计 ······ 229
　　任务一：茶席与茶席设计 ······ 229
　　任务二：茶席配备 ······ 231
　　任务三：茶席四艺 ······ 235
　　任务四：茶席设计鉴赏 ······ 247

项目十一　茶艺师服务与管理 ······ 255
　　任务一：茶艺师职业素养 ······ 255
　　任务二：茶会组织 ······ 258
　　任务三：服务管理与培训 ······ 263

参考文献 ······ 273

绪 论

学习目标
- 了解茶艺的溯源
- 了解茶艺的地位和功用
- 掌握茶艺、茶道、茶文化的概念及关系

项目导读

茶作为世界三大饮料之一,在中国有着悠久的历史。五千年的灿烂文化和勤劳朴实的中国劳动人民孕育出了具有深厚底蕴的茶文化和具有很高艺术性的茶艺。本章主要介绍了有关茶艺、茶道、茶文化的概念、特点以及相互关系、茶艺的分类等知识。

任务一:茶艺的认识

茶艺是饮茶的艺术,是一门生活艺术。茶艺起源于中国,后来传播到世界各地,并与各国各地区的文化结合,形成各具特色的茶艺。茶艺是中国人关于生活艺术的伟大发明,是中国人对世界文明的伟大贡献。

一、茶艺的溯源

"茶艺"一词是中国台湾人在 20 世纪 70 年代后期提出的,现在已被海峡两岸茶文化届所认同、接受。虽然当前对茶艺概念的理解众说纷纭,但是,茶艺及茶文化界的主流视茶艺是一门饮茶的艺术。

"茶艺"一词由台湾人所发明,台湾茶人当初提出"茶艺"是作为"茶道"的同义词、代名词。正因为茶艺是新名词、新概念,后来就引发了关于茶艺如何界定的问题。

范增平认为:"什么叫'茶艺'呢?它的界说分成广义和狭义的两种界定。"

"广义的茶艺是,研究茶叶的生产、制造、经营、饮用的方法和探究茶业原理、原则,以达到物质和精神全面满足的学问。""狭义的界说,是研究如何泡好一壶茶的技艺和如何享受一杯茶的艺术。"范增平的茶艺概念范围很广,几乎成了茶文化以至茶学的同义词。

陈香白等认为:"茶艺,就是人类种茶、制茶、用茶的方法与程式。"

王玲认为:"茶艺与茶道精神,是中国茶文化的核心。我们这里所说的'艺',是指制茶、烹茶、品茶等艺茶之术。"丁文认为:"茶艺指制茶、烹茶、饮茶的技术,技术达到炉火纯青便成一门艺术。"林治认为:"'茶艺'是有形的……包括了种茶、制茶、泡茶、敬茶、品茶等一系列茶事活动中的技巧和技艺。"王玲、丁文、林治关于茶艺的观点基本一致,茶艺泛指种茶、制茶、烹茶、品茶的技艺。

蔡荣章认为:"'茶艺'是指饮茶的艺术而言。……讲究茶叶的品质、冲泡的技艺,茶具的玩赏、品茗的环境以及人际间的关系,那就广泛地深入到'茶艺'的境界了。"

丁以寿认为:"所谓茶艺,是指备器、选水、取火、候汤、习茶的一套技艺。"
余悦认为:"茶艺是指泡茶与饮茶的技艺。"

当前海峡两岸茶文化界对茶艺理解主要有广义和狭义两种,广义的理解缘于将"茶艺"理解为"茶之艺",古代如陈师道、张源,当代如范增平、陈香白、王玲、丁文、林治等,主张茶艺包括茶的种植、制造、品饮之艺,有的将其内涵扩大到与茶文化同义,甚至扩大到整个茶学领域;狭义的理解是将"茶艺"理解为"饮茶之艺",古代如皎然、封演、陶谷,当代如蔡荣章、丁以寿、陈文华、余悦等,将茶艺限制在品饮及品饮前的准备——备器、择水、取火、候汤、习茶的范围内,因而种茶、采茶、制茶不在茶艺之列。

二、茶艺的概念与特点

1. 茶艺的概念

目前学术界对茶艺概念的理解有广义和狭义之分。广义上的茶艺主要是指"茶之艺",即包括茶的种植、制造、品饮之艺,有的扩大成与茶文化同义,甚至扩大到整个茶学领域;狭义的茶艺主要是指"饮茶之艺",即将茶艺限制在泡茶和饮茶范围之内,包括选茶、备器、择水、造境、冲泡和品饮等诸多要素。茶艺作为一门新兴学科,我们研究的重点主要是放在"饮茶之艺"上,也就是狭义的茶艺。即茶艺应是泡茶的技艺和品茶的艺术。狭义上的茶艺包含了以下几个方面的内容:

(1) 茶艺应是在茶道精神指导下的茶事实践活动

茶艺必须以道驭艺,以艺示道,尊崇中国茶道道法自然、崇尚俭朴的审美情趣。在艺茶程序上更要顺茶性、合条理,科学的安排程序,灵活掌握时间等每一个环节。

(2) 茶艺应仅限于泡茶和饮茶的范畴

茶艺是茶文化的重要表现形式,通过冲泡和品饮来体现茶文化的精神内涵,茶叶的种植、销售等其他各方面的用茶都不应包括在此行列之内。

(3) 茶艺展现了泡茶和饮茶的技巧

泡茶的技巧实际上是对选茶、备器、择水、冲泡方法等技术的组合。饮茶技巧则包括了对茶汤的品尝、鉴赏技巧。只有熟练地掌握了泡茶和品茶的技巧,才能真正地、更加深入地体会茶艺。

(4) 茶艺体现了泡茶和品茶的艺术

茶艺属于实用美学、生活美学、休闲美学的艺术范畴,它包括了境之美、茶之美、器之美、水之美、艺之美等诸多要素。泡茶的艺术之美主要体现在冲泡人员的仪表美和心灵美的和谐统一,容貌、风度、知识和精神思想内涵能够融合,将人、茶、水、器、艺等诸多美的元素以及茶文化的精神内涵能够淋漓尽致地体现出来。当然,饮茶同样要强调艺术美感,品饮者应做到举止文雅,用语文明礼貌,讲究心灵的沟通,这样的茶艺才真正体现出了艺术的美感。

2. 茶艺的特点

(1) 哲理为先

中国茶艺最重要的是道法自然,崇尚简净。"道法自然"是中国茶艺表演的最高法则,就是与自然相一致,物我两忘,发自心性。它要求茶艺的操作者应从精神上追求自由,举手投足都发自心性,毫不造作。崇尚简净是以简为德,心静如水,怡然自得。

(2) 审美为重

在茶艺表演中,茶艺表演者单有华丽的外表,缺乏深刻的内涵,就会显得浮躁;有深刻的思想内涵却不注重自己的仪表、表演程序与技巧,则显得缺乏礼仪。因此,只有内外并重才会意境高远,韵味无穷。此外,茶艺活动中强调内省自性,主张用自己的心去感受茶事活动,注重怡口悦目、怡心悦意、怡志悦神的审美体验。

(3) 个性为要

茶艺表现形式讲究百花齐放,不拘一格。自古以来我国的泡茶形式就是花样繁多,形式各异,这些茶艺表现形式或儒雅含蓄或热情奔放,或空灵玄妙或禅机遇人,或缤纷多彩或清丽脱俗,可谓尽显个性。

(4) 实用为佳

茶艺注重的是泡茶技巧和品茶艺术的结合,归根结底,茶艺是诠释茶的过程。因此,茶艺不仅注重冲泡方式,更注重饮者的感受。茶艺无论采用何种方式都必须做到能将所泡的茶叶内质发挥得淋漓尽致,泡出一壶色、香、味、形俱美的好茶。

三、茶艺与茶道、茶俗、泡茶的区别

1. 茶艺与茶道

茶道是以养生修心为宗旨的饮茶艺术,包含茶艺、茶礼、茶境、茶修四大要素。茶艺是茶道的基础,是茶道的必要条件。茶艺可以独立于茶道而存在,道以茶艺为载体,依存于茶艺。茶艺的重点在"艺",重点在习茶艺术,主要给人以审美享受;茶道的重点在"道",旨在通过茶艺修身养性、参悟大道。茶道包含茶艺,其内涵大于茶艺。茶艺的外延大于茶道,其外延介于茶道与茶文化之间。

2. 茶艺与茶俗

所谓茶俗,是指一些地区性、民族性的用茶风俗,诸如婚丧嫁娶中的用茶风俗、待客用茶风俗、饮茶习俗等。与茶艺相近的茶俗主要指的是饮茶习俗。

中国地域辽阔,民族众多,饮茶历史悠久,在漫长的历史中形成了丰富多彩的饮茶习俗,不同的民族往往有不同的饮茶习俗,同一民族因居住在不同的省份或地区而有不同的饮茶风俗。茶俗是中华茶文化的构成方面,具有一定的历史价值和文化意义。

茶艺着重在茶的泡饮艺术,追求冲泡意境和品饮情趣。茶俗侧重在喝茶和食茶,目的是满足生理需要、物质需要。有些茶俗经过加工提炼可以上升为茶艺,但是绝大多数的茶俗只是民俗文化、地方文化的一种。这些茶俗虽然也可以表演,具有观赏性,但不能算是茶艺。

3. 茶艺与泡茶

当代茶艺基于日常生活中的泡茶,源于生活又高于生活。泡茶是当代茶艺的基础,但并非所有的泡茶都是茶艺,两者并不完全相等同。泡茶以日用生活为目的,茶艺以文化艺术为目的。

四、茶艺的分类

中国是茶的故乡,茶艺的内容非常丰富。由于划分的依据不同,茶艺的类

型也不同：

(1) 以茶为主体来分：绿茶茶艺、乌龙茶茶艺、红茶茶艺、花茶茶艺等。

(2) 以习茶法来分：壶泡茶艺、杯泡茶艺、盖碗泡茶艺、功夫茶艺等。

(3) 以人为主体来分：宫廷茶艺、文士茶艺、民俗茶艺、宗教茶艺等。

(4) 以表现形式来分：表演型茶艺、待客型茶艺、独饮型茶艺等。

(5) 以适用范围来分：服务型茶艺、生活型茶艺、科普型茶艺等。

任务二：茶艺的地位和功用

一、茶艺的地位

1. 茶艺是茶文化的基础

茶文化在本质上是饮茶文化，是围绕着茶被品饮过程中形成的各种文化现象的集合体。茶文化形成的基础是茶艺及茶俗，茶艺偏于优雅，茶俗偏于世俗，两者共同构成了茶文化的基础。茶艺是茶道最基本的构成要素，茶文学和茶艺术也往往是对茶艺的反映和表现。从一定意义上来说，茶文化最基本的内容就是茶艺文化。

学习茶文化，最基本的是要学习茶艺。掌握了茶艺，也就掌握了茶文化的根本基础。

2. 茶艺是茶文化的有机组成部分

中国茶艺集美学、文学、琴棋书画、插花、服装等于一体，融合了中国传统文化艺术的诸多方面，是综合性的艺术。茶艺是中国人的生活艺术，是中华文化的有机组成部分。学习茶艺，就是学习中国传统文化；弘扬茶艺，就是弘扬中华传统文化。

二、茶艺的功用

茶艺是我们中华民族的瑰宝。茶艺本身是以中华民族五千年灿烂文化内涵为底蕴的。作为一个中国人，弘扬中华文化是责无旁贷的。

学习茶艺可以达到以下四个目的：

1. 净化心灵

茶字由艹、人、木三部分组成。

茶叶作为祭品、图腾，显然是精神寄托与信仰的满足。

茶品、人品往往被人们相提并论。

唐—陆羽—《茶经》说："茶宜精行俭德之人。"

唐—韦应物的茶诗《喜园中茶生》说："洁性不可污,为饮涤尘烦;此物信灵味,本自出山原。聊因理郡余,率尔植荒园;喜随众草长,得与幽人言。"

通过研习茶艺、评茶、品茶,往往能够进入忘我的境界,从而远离尘嚣,远离污染,给身心带来愉悦。因为茶洁净淡泊,朴素自然,茶味无味,乃至味也。茶耐得寂寞,自守无欲,与清静相依。

2. 强身健体

茶是最好的保健饮料,养成饮茶的习惯能让人精神愉快、身体健康。

饮茶能振奋精神,广开思路,消除身心的疲劳,保证旺盛的活力。

茶艺活动能够规范自己的行为,养成良好的习惯,提高生活品质。

以茶入菜,以茶佐菜,可发挥茶的美味营养功效,增添饮食的多样化和生活情趣。

3. 丰富人生

在茶艺这门艺术之中,人们可以寻求探索很多东西,因为茶艺涵盖面较广,涉及学问精深,每一位茶人都必须了解掌握多层面、深层次的自然科学知识。

4. 美化生活

"茶是和平的饮料。"茶道就是生活之道,是生活的一部分。茶可以使人与人心灵相通,化解鸿沟,促进和谐和了解,使人从一般的生活中走出来,代之以美感、价值感和充实感。

 项目回顾

本章介绍了茶艺的溯源由中国台湾人在 20 世纪 70 年代后期提出的,现在已被海峡两岸茶文化届所认同、接受。有关茶艺的定义理解有广义和狭义之分。广义上的茶艺主要是指"茶之艺",即包括茶的种植、制造、品饮之艺,有的扩大成与茶文化同义,甚至扩大到整个茶学领域;狭义的茶艺主要是指"饮茶之艺",即将茶艺限制在泡茶和饮茶范围之内,包括选茶、备器、择水、造境、冲泡和品饮等诸多要素。茶艺与茶道、茶俗、泡茶之间具有一定的区别。茶艺是茶文化的基础、是茶文化的有机组成部分,它具有净化心灵、强身健体、丰富人生、美化生活的作用。

 **技能训练**

1. 通过学习中国茶文化的历史渊源,讨论当代大学生学习传统茶文化对提高自身修养的重要意义。并结合自身情况写出心得体会,字数在 500 字左右。

2. 选择你所在城市中的某一茶艺馆或茶庄,了解该企业所经营的产品种类、开业时间、文化理念及面向消费者的档次等,从而对茶艺服务有一个初步的认识。

 **自我测试**

1. 选择题

(1) 茶艺是( )的基础。
　　A. 茶文化　　　B. 茶情　　　C. 茶道　　　D. 茶俗

(2) 广义茶文化的含义是( )。
　　A. 茶叶的物质与精神财富的总和　　B. 茶叶的物质及经济价值关系
　　C. 茶叶艺术　　　　　　　　　　　D. 茶叶经销

(3) 中国茶文化内涵博大精深,涵盖了文学、艺术等艺术形态的大多领域,是中华文明一份积淀深厚、千古流传的( )和智慧结晶。
　　A. 物质文化遗产　　B. 精神文化遗产　　C. 古老文化遗产

(4) 泡茶和饮茶是( )的主要内容。
　　A. 茶道　　　B. 茶仪　　　C. 茶艺　　　D. 茶宴

(5) ( )是指整个茶业发展历程中精神财富的综合。
　　A. 茶艺　　　B. 茶道　　　C. 茶俗　　　D. 茶文化

2. 简答题

(1) 茶艺的定义及学习茶艺的意义各是什么?

(2) 中国茶文化广义的含义是什么?中国茶文化狭义的含义包括哪些?它们之间有哪些内在的联系?

(3) 中国茶文化内涵是什么?如何表现出来的?

(4) 你认为学习茶文化有哪些好处?

项目一　茶之源

学习目标
- 了解茶的起源，理解并掌握茶起源于中国的相关知识
- 了解茶的传播历史
- 掌握中国茶文化的发展历史和各个历史时期的饮茶习俗
- 掌握茶树的类型及我国的茶区知识

项目导读

中国人最早发现和利用了茶，并将其传向了世界，如今茶已经成为风靡世界的三大软饮料之一。茶文化是中国历史文化的重要组成部分，我国不同时期、不同民族都拥有不同的饮茶文化和习俗。

任务一：茶的起源

茶，是中华民族的举国之饮。茶发乎神农，闻于鲁周公，兴于唐朝，盛在宋代，如今已成为风靡世界的三大无酒精饮料（茶、咖啡和可可）之一，饮茶嗜好者遍及全球；全世界已有60余个国家和地区种茶。追根溯源，世界各国最初所饮的茶叶、引种的茶种，以及饮茶方法、栽培技术、加工工艺、茶事礼俗等都是直接或间接地由中国传播出去的。

一、茶的起源

中国是茶树的原产地，也是世界上最早利用茶叶的国家，至今已有五千年的历史。早在西汉末期，茶叶已成为商品，并开始讲究茶具和泡茶技艺。到了唐代，饮茶蔚为风尚，茶叶生产发达，茶税也成为政府的财政收入之一。茶树种植技术、制茶工艺、泡茶技艺和茶具等方面都达到前所未有的水平，还出现了世界上最早的一部茶书——陆羽的《茶经》。我国饮茶风气在唐代以前就传

入朝鲜和日本,相继形成了"茶礼"和"茶道",至今仍盛行不衰。17世纪前后,茶叶又传入欧洲各国。茶叶如今已成为世界三大饮料之一,这是中国劳动人民对世界文明的一大贡献。

(一) 茶树的发现和利用

茶树是多年生常绿木本植物。传说是"发乎于神农,闻于鲁周公"。茶最初是作为药用,后来发展成为饮料。《神农本草经》约成于汉朝中,记述了"神农尝百草,日遇七十二毒,得荼而解之"的传说,其中"荼"即"茶",这是我国最早发现和利用茶叶的记载。在我国,人们一谈起茶的起源,都将神农列为第一个发现和利用茶的人。

1. 神农的传说

古时中国人最早从发现野生茶树到开始利用茶,是以咀嚼茶树的鲜叶开始的。而传说第一个品尝茶树的鲜叶并发现了它神奇解毒功能的人就是神农氏。汉代药书《神农本草经》中有这样的记载:"神农尝百草之滋味,水泉之甘苦,令民知所避就,当此之时,日遇七十二毒,得荼而解。"

《神农本草经》书云:"茶叶味苦寒,久服安心益气,轻身耐劳。"还记载茶叶可以医头肿、膀胱病、受寒发热、胸部发炎,又能止渴兴奋,使心境爽适。因而可以说,至少在战国时代,茶叶作为一种药物,已为人们所了解。可见,我国人民有着悠久的茶文化史。

2. 中国西南部是茶树的原产地

一般认为,茶树起源至今有 6 000 万—7 000 万年的历史。我国西南地区是世界上最早发现野生茶树和现存野生大茶树最多、最集中的地方。这里的野生大茶树最具有原始的特征和特性,同时这里是最早发现茶、利用茶的地方。根据植物分类,茶科植物共 23 属,380 多种,分布在我国的就有 15 属,260 余种,其中绝大部分分布在云南、贵州和四川一带,并还在不断发现中。

早在三国时期(公元 220—280 年),我国就有关于在西南地区发现野生大茶树的记载。1961 年在云南省的大黑山密林中(海拔 1 500 米)发现一棵高 32.12 米、树围 2.9 米的野生茶树,这棵树单株存在,树龄约 1 700 年。1996 年在云南镇沅县千家寨(海拔 2 100 米)原始森林中,发现一株高 25.5 米、底部直径 1.2 米、树龄 2 700 年左右的野生大茶树,森林中直径 30 厘米以上的野生茶树到处可见。据不完全统计,我国已有 10 个省区共 198 处发现野生大茶树。总之,我国是世界上最早发现野生大茶树的国家,而且树体最大,数量最多,分布最广,由此可以说明中国是茶树的原产地。

(二) 茶的称谓

在古代史料中,茶的名称很多。《诗经》中有"荼"字;《尔雅》中既有"槚",又有"荼";《晏子春秋》中称"茗";《尚书·顾命》称"诧";西汉司马相如《凡将篇》称"荈诧";西汉末年杨雄《方言》称茶为"蔎";《神农本草经》称之为"荼草"或"选";东汉的《桐君录》中谓之"瓜芦木"等。唐代陆羽在《茶经》中提到"其名,一曰茶,二曰槚,三曰蔎,四曰茗,五曰荈"。总之,在陆羽撰写《茶经》前,对茶的提法不下 10 余种,其中用得最多、最普遍的是"荼"。由于茶事的发展,指茶的"荼"字使用越来越多,有了区别的必要,于是从一字多义的"荼"字中,衍生出"茶"字。陆羽在写《茶经》时,将"荼"字减少一画,改写为"茶"。从此,在古今茶学书中,茶字的形、音、义也就固定下来了。

由于茶叶最先是由中国输出到世界各地的,所以,时至今日,各国对茶的称谓,大多数由中国人,特别是由中国茶叶输出地区人民对茶的称谓直译过去的,如日语的"cha"、印度语的"cha"都为茶字原音。俄文的"чай",与我国北方对茶叶的发音相似。英文的"tea"、法文的"thé"、德文的"tee"、拉丁文的"thea",都是照我国广东、福建沿海地区人民的发音转译的。大致说来,茶叶由我国海路传播到的西欧各国,茶的发音大多近似我国福建沿海地区的"te"和"ti"音;茶叶由我国陆路向北、向西传播到的国家,茶的发音近似我国华北的"cha"音。茶字的演变与确定,从一个侧面告诉人们:"茶"字的形、音、义,最早是由中国确定的,至今已成了世界人民对茶的称谓;它还告诉人们:茶出自中国,源于中国,中国是茶的原产地。

值得一提的是,自唐以来,特别是现代,茶是普遍的称呼,较文雅点的才称其为"茗",但在本草文献以及诗词、书画中,却多以茗为正名。可见,茗是茶之主要异名,常为文人学士所引用。

二、中国茶文化发展史

中国有着数千年古老而悠远的文明发展史,这为我国茶文化的形成和发展提供了极为丰富的底蕴。中国茶文化在其漫长的孕育与成长过程中,不断地融入了民族的优秀传统文化精髓,并在民族文化巨大而深远的背景下逐步走向成熟,中国茶文化以其独特的审美情趣和鲜明的个性风采,成为中华民族灿烂文明的一个重要组成部分。

茶自被发现并利用以来,逐渐融入到人们的日常生活中,并与历代的社会、经济、文化等产生了紧密的联系。如今,茶已成为中国,乃至世界人民所喜好的保健饮料。茶文化也已成为世界人民追求和平、安宁的一种媒介和精神寄托，在国际交流中发挥着重要的作用。由此可见，茶的发现和利用，无疑是中国人民为世界所做出的一项重大贡献。茶虽然被包含在茶文化之中，从某种意义上说，茶又是茶文化之源。正是有了神奇的茶树，才有后世茶的发现和利用。千百年来，历朝历代许多文人饮茶成风，而这种饮茶风气的传承和扩大，便逐渐形成了中国的茶文化。

（一）茶文化的萌芽期（魏晋南北朝）

饮茶在我国有着源远流长的历史。我国是茶的原产地。据植物学家考证，地球上有茶树植物已有六七千万年历史，而茶的发现和利用至少也有数千年历史。茶有文化，是人类参与物质、精神创造活动的结果。据说在四千多年以前，我们的祖先就开始饮茶了，当时茶叶主要是作为药用、食物的补充、饮料等为人们所利用。到商周时期，这种饮食茶叶的习惯得到继承和发展；春秋战国时期，茶叶已传播至黄河中下游地区，当时的齐国（今山东境内）也喜食茶叶做成的菜肴。秦汉之际，民间开始将茶当做饮料，这起始于巴蜀地区。到了汉代，有关茶的保健作用日益受到重视，文献记载也开始增多。西汉王褒在《僮约》中提到"烹茶尽具"、"武阳买茶"，说明早在西汉时期，我国四川一带饮茶、种茶已十分普遍，并且有专门买卖茶叶的茶市。东汉以后，饮茶之风向江南一带发展，继而进入长江以北。东汉华佗《食经》中"苦茶久食，益意思"，记录了茶的医学价值。到三国魏代《广雅》中已最早记载了饼茶的制法和食用："荆巴间采叶作饼，叶老者饼成，以米膏出之。"

魏晋南北朝时期，饮茶之风传播到长江中下游，茶叶已成为日常饮料，用于宴会、待客、祭祀等。随着文人饮茶之风渐盛，有关茶的文学作品日渐问世，茶从一种单纯的饮食进入文化领域，被文人赋予了丰富的内涵，茶文学初步兴起。魏晋南北朝时期的《搜神记》、《神异记》、《搜神后记》、《异苑》等小说中就包含一些关于茶的故事。这一时期出现的茶诗还有左思的《娇女诗》、张载的《登成都白菟楼》等。西晋时期的文人杜育专门写了一篇歌颂茶叶的《荈赋》，这是我国文学史上第一篇以茶为题材的散文，内容涉及茶之性灵、生长情况以及采摘、取水、择器、观汤色等各个方面，内容丰富、文辞优美，对后世茶文学作品的创作产生了极大的影响。魏晋南北朝是我国饮茶史上的一个重要阶段，也可以说是茶文化逐步形成的时期。茶已脱离一般形态的饮食走入文化圈，起着一定的精神、社会作用。

饮茶方法在经历含嚼吸汁、生煮羹饮阶段后，至魏晋南北朝时，开始进入烹煮饮用阶段。当时，饮茶的风尚和方式，主要有以茶品尝、以茶伴果而饮、茶宴、茶粥4种类型。这些都是茶进入文化领域的物质基础。

茶作为自然物质进入文化领域,是从它被当做饮料并发现其对精神有积极作用开始的。一般来说,作为严格意义上的文化,总是首先通过文化人和统治阶级倡导而形成的。当统治阶级和文化人将饮茶作为一种高级享受和精神力量,赋予它超出自然使用价值的精神价值后,茶文化才得以出现。这一过程起始于两晋时代。值得重视的是,茶文化一出现,就是作为一种健康、高雅的精神力量与两晋的奢侈之风相对抗。

1. 茶进入文化精神领域

到了公元5世纪末期的南朝,齐国的齐武帝萧赜在他的遗诏中说:"我死了以后,千万不要用牲畜来祭我,只要供上些糕饼、水果、茶、饭、酒和果脯就可以了。"后人对此评价说是齐武帝慧眼识茶。从周武王到齐武帝,茶先后登上大雅之堂,被奉为祭品,可见人们对茶的精神与品格,早就有了认识。

2. 茶开始进入宗教领域

道家修炼气功要打坐、内省,茶对清醒头脑、舒通经络有一定作用,于是出现了一些饮茶可羽化成仙的故事和传说。这些故事和传说在《续搜神记》、《杂录》等书中均有记载。当时人们认为饮茶可养生、长寿,还能修仙。南北朝时佛教开始兴起,当时战乱不已,僧人倡导饮茶,也使饮茶有了佛教色彩,促进了"茶禅一味"思想的产生。

3. 茶开始成为文化人赞颂、吟咏的对象

魏晋时已有文人直接或间接地以诗文赞吟茗饮,如杜育的《荈赋》、孙楚的《出歌》、左思的《娇女诗》等。另外,文人名士既饮酒又喝茶,以茶助谈,开了清谈饮茶之风,出现了一些文化名士饮茶的逸闻趣事。总之,魏晋南北朝时期,饮茶已被一些皇宫显贵和文人雅士看作高雅的精神享受和表达志向的手段。虽说这一阶段还是茶文化的萌芽期,但已显示出其独特的魅力。

(二)唐代茶文化的形成

在我国的饮茶史上,向来有"茶兴于唐,盛于宋"之说。唐代是中国封建社会发展的顶峰,也是封建文化的顶峰。唐代承袭汉魏六朝的传统,同时融合了各少数民族及外来文化之精华,成为中国文化史上的辉煌时期。随着饮茶风尚的扩展,儒、道、佛三教思想的渗入,茶文化逐渐形成独立完整的体系。在唐代以前,我国已有1 000多年饮茶历史。这就为唐代饮茶风气的形成奠定了坚实的基础。唐代中期,社会状况为饮茶风气的形成创造了十分有利的条件,饮茶之风很快传遍全国,上至王公贵族,下至三教九流、士农工商,都加入到饮茶者之列,并开始向域外传播。

随着茶业的发展和茶叶产量的增加,茶已不再是少数人所享用的珍品,已经成了无异于米盐的,社会生活不可缺少的物品。所以陆羽在《茶经·六之饮》中说,茶已成为"比屋之饮"。

1. 社会鼎盛促进了唐代饮茶盛行

社会鼎盛是唐代饮茶盛行的主要原因,具体体现在三个方面:第一,上层社会和文人雅士的传播。第二,朝廷贡茶的出现。由于宫廷大量饮茶,加之茶道、茶宴层出不穷,朝廷对茶叶生产十分重视。第三,佛教盛行。和尚坐禅,需要靠喝茶提神。佛门茶事盛行,也带动了信佛的善男信女争相饮茶,于是促进了饮茶风气在社会上的普及。在唐代形成的茶道有宫廷茶道、寺院茶礼、文人茶道。

2. 茶税及贡茶出现

唐代南方已有43个州、郡产茶,遍及今天南方14个产茶省区。可以说,我国产茶地区的格局,在唐代就已奠定了基础。北方不产茶,其所饮之茶全靠南方运送,因而当时的茶叶贸易非常繁荣。唐朝政府为了增加财政收入,于唐德宗建中元年(公元780年)开始征收茶税。《旧唐书·文宗本纪》记载,太和九年(公元835年),初立"榷茶制"(即茶叶专卖制)。唐朝政府还规定各地每年要选送优质名茶进贡朝廷,还在浙江湖州的顾渚山设专门为皇宫生产"紫笋茶"的贡院茶。

3. 《茶经》问世

唐代集茶文化之大成者是陆羽,他的名著《茶经》的出现是唐代茶文化形成的标志。《茶经》概括了茶的自然、人文科学双重内容,探讨了饮茶艺术,把儒、道、佛三教融入饮茶中,首创中国茶道精神。它是世界第一部在当时最完备的综合性茶学著作,对中国茶叶的生产和饮茶风气都起了很大的推动作用。陆羽也因此被后人称为"茶圣"、"茶神"。继《茶经》后又出现了大量茶书,如《茶述》、《煎茶水记》、《采茶记》、《十六汤品》等。

知识拓展

陆羽与《茶经》

唐代陆羽所撰的《茶经》,是中国第一部论茶专著,也是中国茶文化的一个源头。

陆羽(公元733—804年),字鸿渐,或名疾,字季疵,号竟陵子、东冈子、茶山御使,自称桑苎翁,世称陆文学,复州竟陵(今湖北天门县)人。三岁时被弃置河边,为竟陵龙盖寺和尚智积抱回抚养。幼时给寺里做杂务,放牛群,闲时无意事佛,喜读孔孟之书,学习勤奋,有时骑在牛背上也伏牛练字。无钱买纸笔,使用树枝书写练习。成人后离寺,向往仕途,但不得其志,遂学艺为伶人,献技江湖。从肃宗上元(公元760—761年)年起,隐居吴兴苕溪,闭门著书自娱,曾做诗表态:"不羡黄金垒,不羡白玉杯,不羡朝入省,不羡暮入合。惟羡西江水,曾向竟陵城下来。"常与李季兰、皎然、颜真卿、张志和等人交往。

陆羽一生嗜茶,精于茶道,友人也多是品茶名家,皎然尤其谙熟茶事,常常一道品茗畅谈,使他获得了许多关于茶的知识。他还到过一些产茶区以了解茶事。

《茶经》全书分上、中、下三卷十章,约7 000字。上卷内容包括:一之源,记述茶树的植物学性状、茶字的构造及其同义字,茶树生长的自然条件和栽培方法,鲜叶品质的鉴别方法以及茶的效用等;二茶之具,记述茶的采制工具,分采茶工具、蒸茶工具、成型工具、干燥工具、计数和封藏工具等共19种;三之造,记述唐代饼茶的采制方法和品质鉴别方法;中卷为四之器,详列煮茶与饮茶的24种用具,如风炉、茶釜、纸囊、木碾、茶碗等;下卷包括五之煮,论述饼茶的炙烤、捣末、煮水、调制的方法,还评述煮茶用水的选择;六之饮,论述饮茶的沿革,强调饮茶的特殊意义;七之事,比较全面地收集了从上古至唐代有关茶的历史资料,为后人研究茶的历史提供了很大的方便,这些历史资料包括医药、史料、诗词歌赋、神异、注释、地理、其他七类;八之出,记述唐代茶叶产地,将唐代全国茶区的分布归纳为山南(荆州之南)、浙南、浙西、剑南、浙东、黔中、江西、岭南等八区,并谈各地所产茶叶的优劣;九之略,述说在特定的时间、地点条件下,对采制饼茶的工具和煮茶的器具,可依当时环境,省略某些用具;十之图,说的是把《茶经》全文写在绢素上,陈诸座隅,目击而存。《茶经》系统地总结了当时的茶叶采制和饮用经验,全面论述了有关茶叶起源、生产、饮用等各方面的问题,传播了茶业科学知识,促进了茶叶生产的发展,开中国茶道的先河。

4. 与茶相关的文学作品丰富

在唐代茶文化的发展中,文人的热情参与起了重要的推动作用。著名诗人李白、杜甫、白居易、杜牧、柳宗元、卢仝、皎然、齐已、皮日休、颜真卿、郑谷、元稹等约100余文人写了400多篇涉及茶事的诗歌,正宗的茶诗就有近70首,其中最著名的要算卢仝的《走笔谢孟谏议寄新茶》更是千古绝唱的茶文学的经典,他也因这首茶诗而在茶文化史上留下盛名。唐代还首次出现了描绘饮茶场面的绘画,著名的有阎立本的《萧翼赚兰亭图》、张萱的《烹茶仕女图》、佚名氏的《宫乐图》、周昉的《调琴啜茗图》、《明皇和乐图》等。

5. 茶叶及饮茶方式的外传

中国的茶叶和饮茶方式在唐代才大量向国外传播,特别是对朝鲜和日本的影响很大。唐代是中国饮茶史上和茶文化史上的一个极其重要的历史阶段,也可以说是中国茶文化的成熟时期,是茶文化历史上的一座里程碑。

随着饮茶日趋普遍,人们待客以茶蔚然成风,并出现了一种新的宴请形式——"茶宴"。唐人将茶看做比钱更重要的上乘礼物馈赠亲友,寓深情与厚谊于茗中。有些文人、僧侣将品茗与游玩茶山合而为一。

(三)宋代茶文化的兴盛

宋代是中国历史上茶文化大发展的一个重要时期。茶兴于唐而盛于宋。宋代的茶叶生产空前发展,饮茶之风非常盛行,既形成了豪华极致的宫廷茶文化,又兴起了趣味盎然的市民茶文化。宋代茶文化还继承唐人注重精神意趣的文化传统,将儒学的内省观念渗透到茶饮之中,又将品茶贯穿于各阶层日常生活和礼仪之中,由此一直到元明清各代。与唐代相比,宋代茶文化在以下三个方面呈现了显著的特点。

1. 形成以"龙凤茶"为代表的精细制茶工艺

宋代的气候转冷,常年平均气温比唐代低 2—3℃,特别是在一次寒潮袭击后,众多茶树受到冻害,茶叶生产遭到严重破坏,于是生产贡茶的任务南移。太平兴国二年(公元 977 年),宋太宗为了"取象于龙凤,以别庶饮,由此入贡",派遣官员到建安北苑专门监制"龙凤茶"。宋徽宗在《大观茶论》中写道:"采择之精,制作之工,品第之胜,烹点之妙,莫不成造其极。"

宋代创制的"龙凤茶",把我国古代蒸青团茶的制作工艺推向一个历史高峰,拓宽了茶的审美范围,即由对色、香、味的品尝,扩展到对形的欣赏,为后代茶叶形制艺术的发展奠定了审美基础。现今云南产的"圆茶"、"七子饼茶"之类和一些茶店里还能见到的"龙团"、"凤髓"的名茶招牌,就是沿袭宋代"龙凤茶"而遗留的一些痕迹。

2. 皇宫及上层社会饮茶盛行,茶仪礼制形成

宋代贡茶工艺的不断发展以及皇帝和上层人士的投入,已取代了唐代由茶人与僧人领导茶文化发展的局面。宋代饮茶之风在皇宫及上层社会非常盛行,特别是上层社会嗜茶成风,王公贵族经常举行茶宴。宋太祖赵匡胤是位嗜茶之士,在宫廷中设立茶事机关;此时,宫廷用茶已分等级,茶仪礼制形成。宋

时皇帝常在得到贡茶后举行茶宴招待群臣,以示恩宠;而赐茶也成皇帝笼络大臣、眷怀亲族的重要手段,还作为回赠的礼品赐给国外使节。宋徽宗赵佶对茶进行深入研究,写成茶叶专著《大观茶论》一书。全书共二十篇,对北宋时期蒸青团茶的产地、采制、烹试、品质、斗茶风尚等均有详细记述,其中"点茶"一篇,见解精辟,论述深刻。

3. 宋代"斗茶"习俗的盛行和"分茶"技艺的出现

"斗茶"又称"茗战",就是品茗比赛。斗茶在唐代就已开始,唐代的苏廙所著的《十六汤品》就详细记载了斗茶的过程。到了宋代,制茶技术更加讲究,精益求精。为了评比茶质的优劣和点茶技艺的高低,宋代盛行"斗茶"。宋代斗茶有两条具体标准:一是斗色,看茶汤表面的色泽和均匀程度,鲜白者为胜;二是斗水痕,看茶盏内的汤花与盏内壁直接接触处有无水痕,水痕少者为胜。斗茶时所用的茶盏是黑色,它更容易衬托出茶汤的白色,也更容易看出茶盏上是否有水痕。因此,当时福建生产的黑釉茶盏最受欢迎。

宋代还流行一种技巧性很高的烹茶技艺,叫做分茶。斗茶和分茶在点茶技艺方面有相同之处,但就其性质而言,斗茶是一种茶俗,分茶则主要是茶艺,两者既有联系,又相区别,都体现了茶文化丰富的文化意蕴。

知识拓展

茶百戏

宋代陶谷在《清异录·百茶戏》中说:"近世有下汤适匕,别施妙诀,使汤纹水脉成物象者。禽兽虫鱼花草之属,纤巧如画,但须臾即湮灭。此茶之变也。"时人谓"茶百戏"。玩这种游艺时,碾茶为末,注之以汤,以筅击拂,这时盏面上的汤纹就会变幻出各种图案来,犹如一幅幅水墨画,所以有"水丹青"之称。

4. 茶馆的兴盛

宋代饮茶风气的兴盛还反映在都市里的茶馆文化非常发达。茶馆,又叫茶楼、茶亭、茶肆、茶坊、茶室、茶居等,简而言之,是以营业为目的,供客人饮茶的场所。唐代是茶馆的形成期,宋代则是茶馆的兴盛期。五代十国以后,随着城市经济的发展和繁荣,茶馆、茶楼也迅速发展和繁荣。京城汴京是北宋时期政治、经济、文化中心,又是北方的交通要道,当时茶坊密密层层,尤以闹市和居民集中地为盛。

当时大城市里茶馆兴隆,茶境布置幽雅、茶具精美、茶叶品类众多,馆内乐声悠扬,具有浓厚的文化氛围,不但普通百姓喜欢上茶馆,就是文人学士也爱在茶馆品茶会友、吟诗作画。此外山乡集镇的茶店、茶馆也遍地皆是,它们或设在山镇,或设于水乡,凡有人群处,必有茶馆。南宋洪迈写的《夷坚志》中,提到茶肆多达百余处,说明随着社会经济的发展,茶馆逐渐兴盛起来,茶馆文化也日益发达。

5. 茶文化在文化艺术方面成就突出

宋代在文人中出现了专业品茶社团,有官员组成的"汤社"、佛教徒的"千人社"等。宋代的文人嗜茶、咏茶的也特别多,几乎所有的诗人都写过咏茶的诗歌,著名的大诗人欧阳修、梅尧臣、苏轼、范仲淹、黄庭坚、陆游、杨万里、朱熹等都写了许多脍炙人口的咏茶诗歌。宋代最有名的茶诗,要算范仲淹的《和章岷从事斗茶歌》,简称《斗茶歌》,全面细致生动地描写了宋人崇尚斗茶的盛况。宋代的画家们也绘制了许多反映茶事的绘画作品,如《清明上河图》中就有反映当时首都汴京临河的茶馆景象。

宋代的文人们还将琴棋书画都融进茶事之中,"士大夫以儒雅相尚,若评书、品画、瀹茗、焚香、弹琴、选石等事无一不精"(《长物志·跋》),经常"弹琴阅古画,煮茗仍有期"(梅尧臣诗句),"看画烹茶每醉饱,还家闭门孔寂历"(张耒诗句),"煮茶月巘上,观棋兴未央"(吴则礼诗句),"入夜茶瓯苦上眉,眼花推落石床棋"(谢翱诗句)……这大大提高了宋代茶事的文化品位,也是宋代茶文化成熟的标志。宋代的茶学专著也比较多,有25部,比唐代多19部。

(四)明、清茶文化的普及

在中国古代茶文化的发展史上,元明清也是一个重要阶段,无论是茶叶的消费和生产,还是饮茶技艺的水平、特色等各个方面,都具有令人陶醉的文化魅力。特别是茶文化自宋代深入市民阶层(最突出的表现是大小城市广泛兴起的茶馆、茶楼)后,各种茶文化不仅继续在宫廷、宗教、文人士大夫等阶层中延续和发展,茶文化的精神也进一步植根于广大民众之间,士、农、工、商都把饮茶作为友人聚会、人际交往的媒介。不同地区,不同民族有极为丰富的"茶民俗"。

元代虽然由于历史的短暂与局限,没能呈现文化的辉煌,但在茶学和茶文化方面仍然继续唐宋以来的优秀传统,并有所发展创新。原来与茶无交的蒙古族,自入主中原后,逐渐接受茶文化的熏陶。

1. "废团改散"促进了茶及茶文化的发展

明代饮茶风气鼎盛是中国古代茶文化又一个兴盛期的开始,明代茶叶历史上最重要的事件就是"废团改散"。明太祖朱元璋于洪武二十四年(公元1391年)九月十六日下诏:"罢造龙团,惟采茶芽以进",即从此向皇宫进贡的只要芽叶型的蒸青散茶,并规定了进贡的四个品种:"探春、先春、次春、紫笋"。皇室提倡饮用散茶,民间自然更是蔚然成风。"废团改散"是中国饮茶方法史上的一次革命。"废团改散"促进了茶及茶文化的发展,其重要意义表现在两个方面:第一,促进了茶叶生产。明代在茶叶生产上有许多重要的发明创造,在绿茶生产上除了改进蒸青技术外,还产生了炒青技术;除此之外,乌龙茶、红茶都起源于明代,花茶也在明代得到了极大的发展。第二,进一步促进了茶文化的普及与发展。茶叶生产的发展和其品饮方式的简化,使得散茶品饮这种"简便异常"的生活艺术更容易、更广泛地深入到社会生活的各个层面,植根于广大民间,从而使得饮茶艺术成为整个社会文化生活的一个重要方面。

2. 形成紫砂茶具的发展高峰

紫砂茶具始于宋代,到了明代,由于横贯各文化领域溯流的影响,文化人的积极参与和倡导、紫砂制造业水平提高和即时冲泡的散茶流行等多种原因,逐渐走上了繁荣之路。明代人崇尚紫砂壶几近狂热的程度。"今吴中较茶者,必言宜兴瓷"(周容《宜瓷壶记》),"一壶重不数两,价值每一二十金,能使土与黄金争价"(周高起《阳羡茗壶系》),可见明人对紫砂壶的喜爱之深。在这个时期,由于泡茶简便、茶类众多,烹点茶叶成为人们一大嗜好,饮茶之风更为普及。

3. 形成了更为讲究的饮茶风尚

民间大众饮茶方法的讲究表现在很多方面,如"杭俗烹茶,用细茗置茶瓯,以沸汤点之,名为撮泡"。当时,人们泡茶时,茶壶、茶杯要用开水洗涤,并用干净布擦干,茶杯中的茶渣必须先倒掉,然后再斟。闽粤地区民间嗜饮功夫茶者甚众,故精于此"茶道"之人亦多。明清时期在茶叶品饮方面的最大成就是"功夫茶艺"的完善。功夫茶是适应茶叶撮泡的需要,经过文人雅士的加工提炼而成的品茶技艺。大约在明代形成于江浙一带的都市里,扩展到闽粤等地,在清代转移到闽南、潮汕一带为中心,至今以"潮汕功夫茶"享有盛誉,已成为当今茶艺馆里的主要泡茶方式之一。功夫茶讲究茶具的艺术美,冲泡的程式美,品茶的意境美,此外还追求环境美、音乐美等。总之,明清的茶人已经将茶艺推进到尽善尽美的境地,形成了功夫茶的鼎盛期。

4. 明清茶著、茶画丰富和采茶戏的出现

中国是最早为茶著书立说的国家，明代达到又一个兴盛期，而且形成鲜明特色。茶文化开始成为小说描写对象，诗文、歌舞、戏曲等文艺形式中描绘"茶"内容很多。在明初，由于社会不够安定，许多文人胸怀大志而无法施展，不得不寄情于山水或移情于琴棋书画，而茶正可融合于其中，因此许多明初茶人都是饱学之士。这种情况使得明代茶著极多，计有 50 多部，是茶著最丰富的时期，其中有许多乃传世佳作。

朱权（公元 1378—1448 年），为明太祖朱元璋第十七子，神姿秀朗，慧心敏悟，精于义学，旁通释老。年十四封宁王，后为其兄燕王朱棣所猜疑，朱棣夺得政权后，将朱权改封南昌。从此朱权隐居南方，深自韬晦，托志释老，以茶明志，鼓琴读书，不问世事。用他在《茶谱》中的话来说，就是"予尝举白眼而望青天，汲清泉而烹活火。自谓与天语以扩心志之大，符水火以副内炼之功。得非游心于茶灶，又将有裨于修养之道矣"。表明他饮茶并非只浅尝于茶本身，而是将其作为一种表达志向和修身养性的方式。

朱权对废除团茶后新的品饮方式进行了探索，改革了传统的品饮方法和茶具，提倡从简行事，开清饮风气之先，为后世产生一整套简便新颖的烹饮法打下了坚实的基础。他认为团茶"杂以诸香，饰以金彩，不无夺其真味。然天地生物，各遂其性，莫若叶茶，烹而啜之，以遂其自然之性也"。他主张保持茶叶的本色、真味，顺其自然之性。朱权构想了一些行茶的仪式，如设案焚香，既净化空气，也净化精神，寄寓通灵天地之意。他还创造了古来没有的"茶灶"，此乃受炼丹神鼎之启发。茶灶以藤包扎，后盛颐改用竹包扎，明人称为"苦节君"，寓逆境守节之意。朱权的品饮艺术，后经盛颐、顾元庆等人的多次改进，形成了一套简便新颖的茶烹饮方式，对后世影响深远。自此，茶的饮法逐渐变成如今直接用沸水冲泡的形式。

与前代茶人相比，明代后期"文士茶"也颇具特色，其中尤以"吴中四杰"最为典型。所谓"吴中四杰"指的是文徵明、唐寅、祝允明和徐祯卿 4 人。这都是一些怀才不遇的大文人，棋琴书画无所不精，又都嗜茶，因此他们能够开创明代"文士茶"的新局面。其中文徵明、唐寅于茶一事都有不少佳作传世，为后人留下了宝贵的资料。从宁王朱权到"吴中四杰"，茶引导了明代无数失意政客、落魄文人走向隐逸的道路，是他们生活沙漠中偶逢一憩的绿洲，也是他们精神上的桃源乐土。

到了晚明，文士们对品饮之境的追求又有了新的突破，讲究"至精至美"之境。在他们看来，事物的至精至美的极致之境就是"道"，"道"就存在于事物之

中。张源首先在其《茶录》一书中提出了自己的"茶道"之说:"造时精,藏时燥,泡时洁。精、燥、洁,茶遭尽矣。"他认为茶中有"内蕴之神"即"元神",发射于外者叫做"元体",两者互依互存,互为表里,不可分割。张大复则在此基础上更进一层,他说:"世人品茶而不昧其性,爱山水而不会其情,读书而不得其意,学佛而不破其宗。"他想告诉我们的是,品茶不必计较其水其味之表象,而要求得其真谛,即通过饮茶达到一种精神上的愉快,一种清心悦神、超凡脱俗的心境,以此达到超然物外、情致高洁的化境,一种天、地、人融通一体的境界。这可以说是明人对中国茶道精神的发展与超越。

5. 茶叶外销的历史高峰形成

清朝初期,以英国为首的资本主义国家开始大量从我国运销茶叶,使我国茶叶向海外的输出量猛增。茶叶的输出常伴以茶文化的交流和影响。英国在16世纪从中国输入茶叶后,茶饮逐渐普及,并形成了特有的饮茶风俗,它们讲究冲泡技艺和礼节,其中有很多中国茶礼的痕迹。早期俄罗斯文艺作品中有众多的茶宴茶礼的场景描写,这也是我国茶文化在早期俄罗斯民众生活中的反映。

到了清代后期,由于市场上有六大茶类出售,人们已不再单饮一种茶类,而是根据各地风俗习惯选用不同茶类,如江浙一带人,大都饮绿茶,北方人喜欢喝花茶或绿茶。不同地区、民族的茶习俗也因此形成。

(五) 茶文化的再现辉煌期(当代)

改革开放后的现代茶文化更具有时代特色,使以中国茶文化为核心的东方茶文化在世界范围内掀起一个热潮,这是继唐宋以来茶文化出现的又一个新高潮,主要表现在以下几个方面:

1. 茶艺交流蓬勃发展

20世纪80年代末以来,茶艺交流活动在全国各地蓬勃发展,特别是城市茶艺活动场馆迅猛涌现,已形成了一种新兴产业。目前,中国的许多省、市、自治区,以及一些重要的茶文化团体和企事业单位都相继成立了茶艺交流团(队),使茶艺活动成为一种独立的艺术门类。茶文化社团应运而生。众多茶文化社团的成立对张扬茶文化、引导茶文化步入健康发展之路和促进"两个文明"建设起到了重要作用。

2. 茶文化节和国际茶会不断举办

每年各地都举办规模不一的茶文化节和国际茶会,如西湖国际茶会、中国溧阳茶叶节、中国广州国际茶文化博览会、武夷岩茶节、普洱茶国际研讨会、法门寺国际茶会、中国信阳茶叶节、中国重庆永川国际茶文化旅游节等,都已举办过多次。这些活动从不同侧面、不同层次、不同方位,深化了茶文化的内涵。

3. 茶文化书刊推陈出新

不少专家学者对茶文化进行系统的、深入的研究,已出版了数百部相关茶文化的专著,还有众多茶文化专业期刊和报纸、报道信息、研讨专题,使茶文化活动具有较高的文化品位和理论基础。

4. 茶文化教学研究机构相继建立

目前,中国已有20余所高等院校设有茶学专业,培养茶业专门人才。有的高等院校还成立茶文化研究所,开设茶艺专业和茶文化课程。一些主要的产茶省自治(区)也设立了相应的省级茶叶研究所。许多茶叶主要产销省、市自治区还成立了专门的茶文化研究机构,如中国国际茶文化研究会、北京大学东方茶文化研究中心、上海茶文化研究中心、上海市茶业职业培训中心、香港中国国际茶艺学会等。此外,随着茶文化活动的高涨,除了原有综合性博物馆有茶文化展示外,杭州的中国茶叶博物馆、四川茶叶博物馆、漳州天福茶博物院、上海四海茶具馆、香港茶具馆等也已相继建成。

5. 茶馆业的发展突飞猛进

20世纪80年代以来,中华茶文化全面复兴,茶馆业的发展更是突飞猛进。现代茶艺馆如雨后春笋般地涌现,遍布都市城镇的大街小巷。目前中国每一座大中城市都有茶馆(茶楼、茶坊、茶社、茶苑等),许多酒店也附设茶室。鉴于现代茶馆业的迅猛发展,中国国家劳动和社会保障部于1998年将茶艺师列入国家职业大典,茶艺师这一新兴职业走上中国社会舞台。2001年又颁布了《茶艺师国家职业标准》,规范了茶馆服务行业。茶艺馆成为当代产业发展中亮丽的风景。

6. 少数民族茶文化异彩纷呈

中国有55个少数民族,由于所处地理环境、历史文化及生活风俗的不同,形成了不同的饮茶风俗,如藏族的酥油茶、维吾尔族的香茶、回族的刮碗子茶、蒙古族的咸奶茶、侗族和瑶族的打油茶、土家族的擂茶、白族的三道茶、哈萨克族的土锅茶、布朗族的青竹茶等。当代少数民族的茶文化也有长足的发展,云南等少数民族较集中的省区成立了茶文化协会,民族茶文化异彩纷呈。

三、我国历史上的饮茶方式和习俗的发展与变化

人类食用茶叶的方式大体上经过吃、喝、饮、品四个阶段。"吃"是指将茶叶作为食物来生吃或熟食的,"喝"是指将茶叶作为药物熬汤来喝的,"饮"是指将茶叶煮成茶汤作为饮料来饮的,"品"是指将茶叶进行冲泡作为欣赏对象来

品尝的。

1. 原始的鲜叶咀嚼

古时中国人最早从发现野生茶树到开始利用茶,是以咀嚼茶树的鲜叶开始的。而传说第一个品尝茶树的鲜叶并发现了它神奇解毒功能的人就是神农氏。汉代药书《神农本草经》中有这样的记载:"神农尝百草之滋味,水泉之甘苦,令民知所避就,当此之时,日遇七十二毒,得荼而解。"神农氏是传说中的农业和医药的发明者。远古人民过着采集和渔猎的生活,他发明制作木耒、木耜,教会人们农业生产,反映了中国原始时代由采集、渔猎向农耕生产进步的情况。又传说他遍尝百草,发现药材,教会了人们医治疾病。传说神农一生下来就是个"水晶肚",几乎是全透明的,五脏六腑全都能看得见,还能看得见吃进去的东西。那时候,人们经常因乱吃东西而生病,甚至丧命。神农为此决心尝遍百草,能食用的放在身体左边的袋子里,介绍给别人吃,作药用;不能够食用的就放在身体右边的袋子里,提醒人们注意不可以食用。

古人最初利用茶的方式是口嚼生食,后来便以火生煮羹饮,好比今天煮菜汤一样。在茶的利用之最早阶段是谈不上什么制茶的。那时人们将它做羹汤来饮用或以茶做菜来食用。

2. 春秋时代的生煮羹饮

到了周朝和春秋时代,古人为了长时间保存茶叶以用作祭品,慢慢学会了将茶叶晒干,随时取用的方法。这种将茶叶晒干、用水煮羹的饮茶法持续了很长时间。晋朝人郭璞为《尔雅》这部古代字典作注时还说,茶叶"可煮作羹饮",说明晋朝人曾采用这种饮茶法。

羹饮法也叫粥茶法。饮茶的方法在不同时期有所不同。汉代是煮饮,是原始的粥茶法,即将茶树的枝叶砍下,用水烧煮后饮用。秦汉至魏晋南北朝这漫长的800多年间,茶的饮用采取的基本是混煮羹饮的方法。到三国时,饮茶方法有了变化。在古荆巴一带,人们把采摘下来的茶叶做成饼状,饮用之前,先将茶饼炙烤成红色,再捣成细末放在瓷器中,然后冲入沸水,并辅以葱、姜等调味品。尽管这个时期的饮茶还停留在粗放的阶段上,但是已经开始了对茶叶的加工。从现有的文献记载来看,直到三国时期为止,我国饮茶的方式一直停留在药用和饮用阶段,如汉代文献提到茶叶时都只强调其提神、保健的功效。

3. 唐代的煎茶

中国的饮茶不仅能满足解渴的生理需要,而且是一门艺术,更是一种文化。具体表现在唐代的"煎茶"。到唐朝,盛行饼茶煮茶法,即烹茶法,也称煎茶法。煎茶这个词原先是表示一个制作食用茶的一道工序,即用水煮采集的嫩茶叶。

我们的祖先最先是将茶叶当做药物,从野生的大茶树上砍下枝条,采集嫩梢,先是生嚼,后是加水煮成汤饮。大约在秦汉以后,出现了一种半制半饮的煎茶法,这可以在三国魏张辑的《文雅》中找到依据:"荆巴间采叶作饼,叶老者,饼成以米膏出之。欲煮茗饮,先炙令赤色,捣末置瓷器中,以汤浇覆之,用葱、姜、桔子芼之。"表明此时沏茶已由原来用新鲜嫩梢煮作羹饮,发展到将饼茶先在火上灼成"赤色",然后斫开打碎,研成细末,过罗倒入壶中,用水煎煮,之后再加上调料煎透的饮茶法。但陆羽认为如此煎茶犹如"沟渠间弃水耳",其煎茶法与早先相比更讲究技法。按陆羽《茶经》所述,唐时人们饮的主要是经蒸压而成的饼茶,在煎茶前,为了将饼茶碾碎,就得烤茶,即用高温"持以逼火",并且经常翻动,"屡其正",否则会"炎凉不均",烤到饼茶呈"蛤蟆背"状时为适度。烤好的茶要趁热包好,以免香气散失。至饼茶冷却再研成细末。唐代煎茶用具的制作工艺也达到了较高的水准,煎茶需用风炉和釜作烧水器具,以木炭和硬柴作燃料,再加鲜活山水煎煮。煮茶时,当烧到水有"鱼目"气泡,"微有声"即一沸时加适量的盐调味,并除去浮在表面、状似"黑云母"的水膜,否则"饮之则其味不正"。接着继续烧到水边缘气泡"如涌泉"连珠,即"二沸"时先在釜中舀出一瓢水,再用竹笑在沸水中边搅边投入碾好的茶末。如此烧到釜中的茶汤气泡如"腾波鼓浪",即"三沸"时加进"二沸"时舀出的那瓢水,使沸腾暂时停止,以"育其华",这样茶汤就算煎好了。同时陆羽主张饮茶要趁热连饮,因为"重浊凝其下,精华浮其上",茶一旦冷了,"则精英随气而竭,饮啜不消亦然矣"。书中还谈到,饮茶时舀出的第一碗茶汤为最好,称为"隽永",以后依次递减,到第四、五碗以后,如果不特别口渴,就不值得喝了。

唐人的煎茶法细煎品饮后,将饮茶由解渴升华为艺术享受。一道道繁琐工序之后,才能获得一种轻啜慢品的享用之乐,使人忘情世事,沉醉于一种恬淡、安谧、陶然而自得的境界,得到了物质与精神的双重满足,因而煎茶之法创自陆羽在整个唐代风行不衰。

4. 宋代的点茶

宋代是中国历史上茶文化大发展的一个重要时期。宋代贡茶工艺的不断发展,以及皇帝和上层人士的精诚投入,已取代了唐代由茶人与僧人领导茶文化发展的局面。从唐代开始出现的散茶,到了宋代使民间茶风更为普及,而茶坊、茶肆的出现使茶开始走向世俗,并形成了有关茶的礼仪。

宋代福建北苑茶的兴起引发了"斗茶"技艺的形成。"斗茶"古时又称"茗战"、"点茶"、"点试"、"斗试"、"斗碾",采用一种当代创作的点茶技法,既比试茶质的优劣,也比试点茶技艺的高低,而点茶技艺又比唐代煮茶技艺有了很大的提高。斗茶过程一般为:列具、炙茶、碾茶、罗茶、汤瓶煮水至二沸、盏、置茶、调膏、冲点击拂、观赏汤花、闻香、尝味等。其中列具、炙茶、碾茶、罗茶同唐代煮茶法一样,煮水则改用细小如茶壶的汤瓶,盏为用沸水将茶盏预热,调膏为冲入少许沸水调成膏状,冲点击拂是一边冲沸水,一边用茶筅击出汤花。所击出的汤花又称"饽沫",要求"色白、行美、久而不散",在茶盏边壁不留水痕者为最佳状态,点茶法不添加食盐,从而保持了茶的真味。斗茶技法要求一赏汤花,二闻茶香,三尝滋味。苏轼有诗云:"蟹眼已过鱼眼生,飕飕欲作松风鸣。蒙耳出磨细珠落,眩转绕瓯飞雪轻。"

除了斗茶,分茶也很盛行。分茶步骤有三:第一步要严格选茶,即茶取青白色而不取黄白色,取自然芳香者而不取添加香料者,这一步骤相当于评审茶样;第二步要对选好的茶叶进行炙烤碾罗再加工,即将取用的团茶先行炙烤以激发香气,然后进行碾罗,碾与罗是冲泡沫茶的特殊要求,即用净纸密裹团茶将其捶碎,再进行熟碾与罗筛(筛眼宜细不宜粗);第三步是点汤,点汤要选好茶盏的质地、颜色,控制好茶汤与茶末的比例,掌握好投茶注水顺序和水温及击拂的手法。

5. 明代的泡茶

明洪武二十四年(公元1391年)九月,明太祖朱元璋下诏废团茶,改贡叶茶(散茶)。其时人于此评价甚高,明代沈德符撰《野获编补遗》载:"上以重劳民力,罢造龙团,惟采芽茶以进……按茶加香物,捣为细饼,已失真味……今人惟取初萌之精者,汲泉置鼎,一瀹便啜,遂开千古茗饮之宗。"

两宋时的斗茶之风消失了,饼茶为散形叶茶所代替。碾末而饮的唐煮宋点饮法变成了以沸水冲泡叶茶的瀹饮法,品饮艺术发生了划时代的变化。明人认为,这种品饮法"简便异常,天趣悉备,可谓尽茶之真味矣"。这种瀹饮法应该说是在唐宋就已存在于民间的散茶饮用方法的基础上发展起来的。早在南宋及元代,民间"重散略饼"的倾向已十分明显,朱元璋"废团改散"的政策恰好顺应了饼茶制造及其饮法日趋衰落,和散茶加工及其品饮风尚日盛的历史潮流,并将这种风尚推广于宫廷生活之中,进而使之遍及朝野。

散茶被诏定为贡茶,无疑对当时散茶生产的发展起了很大的推动作用。从此散茶加工的工艺更为精细,外形与内质都有了改善与提高,各种品类的茶和各种加工方法都开始形成。散茶的许多"名品"也在此时形成雏形。

茶叶生产的发展和加工及品饮方式的简化,使得散茶品饮这种"简便异常"的生活艺术更容易、更广泛地深入到社会生活的各个层面,植根于广大民间,从而使得茶之品饮艺术从唐宋时期宫廷、文士的雅尚与清玩转变为整个社会的文化生活的一个重要方面。从这个意义上来讲,正因为有散茶的兴起,并逐渐与社会生活、民俗风尚及人生礼仪等结合起来,才为中华茶文化开辟了一个崭新的天地;同时也提供了相应的条件,使得传统的"文士茶"对品茗境界的追求达到了一个新的高度。

6. 清代的品茶

清代查仁《莲坡诗话》中有一首诗:"书画琴棋诗酒花,当年件件不离它,而今七事都更变,柴米油盐酱醋茶。"这就是清代时茶最生动的写照了。清代时期,康熙、乾隆首办了新华宫茶宴,于每年元旦的后3天举行。据记载,在新华宫举行的茶宴达60次之多,这种情况使得清代上层阶级品茶风气尤胜,进而也影响到民间。

清进伊始就废弃了一切禁令,允许自由种植茶叶,或设捐统收,以讫于民国的茶政。这样茶迅速地深入市井,走向民间。茶馆文化、茶俗文化取代了前代以文人领导茶文化发展的地位。茶已经成为了百姓生活的必需品。此时已出现蒸青、炒青、烘青等各茶类,茶的饮用方法也已改成"撮泡法"。即直接抓一撮茶叶放入茶壶或茶杯中用开水沏泡,即可饮用。撮泡法不仅简单,而且保留了茶叶的清香味,受到讲究品茶情趣的文人们的欢迎,这是我国饮茶历史上的一次革命,直到今天仍为广大群众所沿用。最典型的撮泡法是形成于明代完善于清代至今盛行于闽、粤、台沿海一带的"功夫茶",它是乌龙茶特有的泡茶方式,在整个冲泡过程中呈现出浓郁的艺术韵味,是中国传统茶艺宝库中的一颗明珠。

任务二:中国茶区

全世界种茶面积约为250万公顷,茶叶年总产量约为290万吨,其中红茶产量约占总产量的75%,主要产国有印度、斯里兰卡、肯尼亚、土耳其、印度尼西亚和格鲁吉亚等;绿茶产量约占22%,主要产国有中国、日本、越南等;乌龙茶等其他茶类约占3%,主要产在中国的福建、广东、台湾。

世界上产茶量最大的国家是印度,其次是中国、肯尼亚、斯里兰卡、土耳其和印度尼西亚。据统计,亚洲的茶叶产量约占世界总产量的80%,非洲约占13%,其他地区约占总产量的7%。国际茶叶贸易量每年约为110万吨,出口茶叶较多的国家是印度、中国、肯尼亚、斯里兰卡和印度尼西亚。

我国的茶区分布极为广阔,南自18°N附近的海南五指山麓,北至38°N附近的山东蓬莱,所占纬度达20°;西从94°E附近的西藏灵芝起,东迄122°E的台湾阿里山,横跨经度约28°。东西南北中,纵横千里,茶园遍及浙江、湖南、四川、重庆、福建、安徽、云南、广东、广西、贵州、湖北、江苏、江西、河南、海南、台湾、西藏、山东、陕西、甘肃等20个省、自治区、直辖市的近千个县市。种茶区域地跨热带、亚热带和温带,地形复杂,气象万千。在垂直分布上,茶树最高种植在海拔2 600米的高山上,最低仅距海平面几十米或百米。不同地区生长着不同类型和不同品种的茶树,从而决定着茶叶的品质和茶叶的适应性、适制性,生产出的茶叶无论是在外观、香气还是口感上,都有细微的差别,因而形成了中国茶种的多样。我国现有茶园面积110万公顷,全国分为四大茶区:西南茶区、华南茶区、江南茶区和江北茶区。

一、西南茶区

西南茶区位于中国西南部,包括云南省、贵州省、四川省、西藏自治区东南部,是中国最古老的茶区,也是中国茶树原产地的中心所在。该区地形复杂,海拔高低悬殊,大部分地区为盆地、高原;气候温差很大,大部分地区属于亚热带季风气候,冬暖夏凉;土壤类型较多,云南中北地区多为赤红壤、山地红壤和棕壤,四川、贵州及西藏东南地区则以黄壤为主。本茶区茶树品种资源丰富,盛产绿茶、红茶、黑茶和花茶等,是我国发展大叶种红碎茶的主要基地之一,名茶有蒙顶甘露、都匀毛尖、云南普洱、竹叶青、重庆沱茶等。

图 2-3-1　西南茶区

图 2-3-2　华南茶区

二、华南茶区

华南茶区位于中国南部,包括广东省、广西壮族自治区、福建省、中国台湾省、海南省等,是中国最适宜茶树种植的地区。这里年平均气温为19—22 ℃(少数地区除外),年降水量在 2 000 mm 左右,为中国茶区之最。华南茶区资源丰富,土壤肥沃,有机物质含量很高,土壤大多为赤红壤,部分为黄壤;茶树品种资源也非常丰富,集中了乔木、小乔木和灌木等类型的茶树品种,部分地区的茶树无休眠期,全年都可以形成正常的芽叶,在良好的管理条件下可常年采茶,一般地区一年可采7—8 轮;适宜制作红茶、黑茶、乌龙茶、白茶、花茶等,所产大叶种红碎茶,茶汤浓度较大。名茶有:安溪铁观音、武夷大红袍、台湾冻顶乌龙、小种红茶、广西六堡茶等。

三、江南茶区

江南茶区是我国茶叶的主要产区,位于长江中下游南部,包括浙江、湖南、江西等省和安徽、江苏、湖北三省的南部等地,其茶叶年产量约占我国茶叶总产量的 2/3,是我国茶叶主要产区。这里气候四季分明,年平均气温为 15—18 ℃,年降水量约为 1 600 mm。茶园主要分布在丘陵地带,少数在海拔较高的山区。茶区土壤主要为红壤、部分为黄壤。茶区种植的茶树多为灌木型中叶种和小叶种,以及少部分小乔木型中叶种和大叶种,生产的主要茶类有绿茶、红茶、黑茶、花茶以及品质各异的特种名茶。该茶区是西湖龙井、洞庭碧螺春、黄山毛峰、君山银针、太平猴魁、安吉白茶、白毫银针、六安瓜片、祁门红茶、正山小种、庐山云雾等名茶的原产地。

四、江北茶区

江北茶区位于长江中下游的北部,包括河南、陕西、甘肃、山东等省和安徽、江苏、湖南三省的北部。江北茶区是我国最北的茶区,气温较低,积温少,年平均气温为 15—16 ℃,年降水量约 800 mm,且分布不均,茶树较易受旱。茶区土壤多为黄棕壤或棕壤,江北地区的茶树多为灌木型中叶种和小叶种,主要以生产绿茶为主,是信阳毛尖、午子仙毫、恩施玉露等名茶的原产地。

世界上有茶园的国家虽然不少,但是中国、印度、斯里兰卡、印尼、肯尼亚、土耳其等几国的茶园面积之和就占了世界茶园总面积的 80% 以上。世界上每年的茶叶产量大约有 300 万吨,其中 80% 左右产于亚洲。

图 2-3-3　江南茶区　　　　　　　图 2-3-4　江北茶区

 知识拓展

世界主要产茶区

从49°N到33°S，全世界有50多个国家和地区产茶，主要集中在亚洲、非洲和拉丁美洲，大洋洲和欧洲较少。

1. 亚洲的主要产茶国

亚洲的产茶国主要有中国、印度、斯里兰卡、孟加拉国、印度尼西亚、日本、土耳其、伊朗、马来西亚、越南、老挝、柬埔寨、泰国、缅甸、巴基斯坦、尼泊尔、菲律宾、韩国等。

2. 非洲的主要产茶国

非洲的产茶国主要有肯尼亚、马拉维、乌干达、莫桑比克、坦桑尼亚、刚果、毛里求斯、罗得西亚、卢旺达、喀麦隆、布隆迪、扎伊尔、南非、埃塞俄比亚、马里、几内亚、摩洛哥、阿尔及利亚、津巴布韦等。

3. 美洲的主要产茶国

美洲的产茶国主要有阿根廷、巴西、秘鲁、墨西哥、玻利维亚、哥伦比亚、危地马拉、厄瓜多尔、巴拉圭、圭亚那、牙买加等。

4. 欧洲的主要产茶国

欧洲的产茶国主要有俄罗斯、葡萄牙、格鲁吉亚、阿塞拜疆等。

任务三：茶的传播

一、亚洲：日本、韩国

1. 日本

茶原本不是日本所固有的产物，茶传到日本的契机，是因为遣唐使与留学生从中国将茶带回日本而开始，在那时茶还是以药用为主，或是以宗教仪式为主。日本的茶道源于中国，却具有日本民族的特点。它有自己的形成、发展过程和特有的内涵。日本茶道是在"日常茶饭事"的基础上发展起来的，它将日常生活行为与宗教、哲学、伦理和美学熔为一炉，成为一门综合性的文化艺术活动。它不仅仅是物质享受，而且通过茶会学习茶礼、陶冶性情，培养人的审美观和道德观念。

唐朝时，中国的茶传入日本。公元805年，最澄和尚从中国带回茶籽，并在日本寺院种植茶树，推广佛教茶会。同一时期的空海和尚和永忠和尚，也将中国饮茶的生活习惯带回日本。至公元815年，嵯峨天皇（公元809—823年）游历江国滋贺韩崎时，经过位于京都西北的崇福寺和梵释寺，大僧永忠和尚亲自煎茶奉献给天皇品饮，给天皇留下深刻的印象。于是，在宫廷开辟了茶园，设立早茶所，开启了日本的古代饮茶文化。此期间是唐文化在日本盛行的时代，茶文化是其中最高雅的文化，也是日本饮茶文化的黄金时代。直到平安时代（公元794—1185年）的末期，喝茶已是天皇、贵族和高级僧侣等上层社会模仿唐风的风雅之事，是一种超脱俗世的最高精神享受。这个时期的饮茶文化，无论从形式上或是精神境界上都与中国唐朝陆羽的《茶经》中叙述的类似，这是日本茶道史上的初创时期。

镰仓时代，日本从宋朝学习饮茶方法，并把茶当作一种救世灵药在寺院利用。到室町时代，饮茶成为一种娱乐活动，在新兴的武士阶层、官员、有钱人中流行。于是日本饮茶活动从上而下逐渐普及开来。

在室町幕府逐渐衰落时，日本饮茶文化已普及民间，此时，在日本的文化土壤上，日本茶道鼻祖村田珠光（公元1423—1502年），将禅宗思想引入茶道，完成了茶与禅、民间茶与贵族茶的结合，提出"谨、敬、清、寂"的茶道精神，从而将日本茶文化上升到了"道"的层次。后来，日本茶道宗师武野绍鸥（公元1502—1555年）承先启后，将日本的歌道理论中表现日本民族特有的素淡、纯净、典雅的思想导入茶道,对珠光的茶道进行了补充和完善,使日本茶道进一步民族化、正规化。

在日本历史上真正把喝茶提高到艺术水平上的则是千利休(公元1522—1591年)。16世纪末千利休继承吸取村田珠光等人的茶道精神提出的"和、敬、清、寂",一直是日本茶道仪式的核心。"和"指的是和谐、和悦,表现为主客之间的和睦;"敬"指的是尊敬、诚实,表现为上下关系分明,主客间互敬互爱,有礼仪;"清"就是纯洁、清静,表现在茶室茶具的清洁、人心的清静;"寂"就是凝神、摒弃欲望,表现为茶室中的气氛恬静、茶人们表情庄重,凝神静气。"和、敬、清、寂"要求人们通过茶事中的饮茶进行自我思想反省,彼此思想沟通,于清寂之中去掉自己内心的尘垢和彼此的芥蒂,以达到和敬的目的。

图 2-4-1　日本种植茶树

图 2-4-2　千利休

2. 韩国

韩国饮茶也有数千年的历史。公元7世纪时,饮茶之风已遍及全国,并流行于广大民间,因而韩国的茶文化也就成为韩国传统文化的一部分。

在历史上,韩国的茶文化也曾兴盛一时,源远流长。在我国的宋元时期,全面学习中国茶文化的韩国茶文化,以韩国"茶礼"为中心,普遍流传中国宋元时期的"点茶"。约在我国元代中叶后,中华茶文化进一步为韩国理解并接受,而众多"茶房"、"茶店"、茶食、茶席也更为时兴、普及。

20世纪80年代,韩国的茶文化又再度复兴、发展,并为此还专门成立了"韩国茶道大学院"教授茶文化。

源于中国的韩国茶道,其宗旨是"和、敬、俭、真"。"和"即善良之心地;"敬"即彼此间敬重、礼遇;"俭"即生活俭朴、清廉;"真"即心意、心地真诚,人与人之间以诚相待。我国的近邻——韩国历来通过"茶礼"的形成,向人们宣传、传播茶文化,并有机地引导社会大众消费茶叶。

二、欧洲的英式下午茶

1. 英国饮茶方式

茶是英国人普遍喜爱的饮料,80%的英国人每天饮茶,茶叶消费量约占各种饮料总消费量的一半。英国本土不产茶,而茶的人均消费量占全球首位,因此,茶的进口量长期遥居世界第一。

英国人饮茶始于17世纪。1662年葡萄牙凯瑟琳公主嫁与英王查尔斯二世,将饮茶风尚带入英国皇室。凯瑟琳公主视茶为健美饮料,嗜茶、崇茶,被人称为"饮茶皇后"。由于她的倡导和推动,使饮茶之风在朝廷盛行起来,继而又扩展到王公贵族和贵豪世家,乃至深入普通百姓之家。为此,英国诗人沃勒在凯瑟琳公主结婚一周年之际,特地写了一首有关茶的赞美诗:"花神宠秋月,嫦娥矜月桂;月桂与秋色,难与茶比美。"

英国人好饮红茶,特别崇尚汤浓味醇的牛奶红茶和柠檬红茶。目前,英国人喝茶,多数在上午10时至下午5时进行。倘有客人进门,通常也只有在这时间段内,才有用茶敬客之举。英国人特别注重午后饮茶,在英国的饮食场所、公共娱乐场所,都供应下午茶。在英国的火车上还备有茶篮,内放茶、面包、饼干、红糖、牛奶、柠檬等,供旅客饮下午茶用。下午茶实际上是一餐简化了的茶点,一般只供应一杯茶和一碟糕点。只有招待贵宾时,内容才会丰富。品饮下午茶已成为当今英国人的重要生活内容,并已开始传向欧洲其他国家,并有扩展之势。

2. 正统英式维多利亚下午茶的基本礼仪

喝下午茶的最正统时间是下午四点钟,就是一般俗称的"low tea"。在维多利亚时代,下午茶时男士着燕尾服,女士则身着长袍。现在每年在白金汉宫举行的正式下午茶会,男性来宾仍着燕尾服,戴高帽及手持雨伞;女性则穿白色洋装,且一定要戴帽子。通常是由女主人着正式服装亲自为客人服务。除非不得已才请女佣协助,以表示对来宾的尊重。一般来讲,下午茶的专用茶为大吉岭与伯爵茶、火药绿茶,或斯里兰卡茶传统口味纯味茶,若是喝奶茶,则是先加牛奶再加茶。

正统的英式下午茶的点心是用三层点心瓷盘装盛,第一层放三明治,第二层放传统英式点心Scone,第三层则放蛋糕及水果塔,由下往上开始吃。至于Scone的吃法是先涂果酱,再涂奶油,吃完一口,再涂下一口。

这是一种绅士淑女风范的礼仪,最重要的是当时因茶几乎仰赖中国的输入,英国人对茶品有着无与伦比的热爱与尊重,因此在喝下午茶过程难免流露出严谨的态度。甚至为了预防茶叶被偷,还有一种上了锁的茶柜,每当下午茶时间到了,才委由女佣取钥匙开柜取茶。

3. 正统英式维多利亚下午茶的标准配备器具

下午茶标准配器包括:瓷器茶壶有两人壶、四人壶或六人壶,均视招待客人的数量而定;滤匙及放过滤器的小碟子、杯具组、糖罐、奶盅瓶、三层点心盘、茶匙、七人点心盘、茶刀——涂奶油及果酱用、吃蛋糕的叉子、放茶渣的碗、餐巾、一盆鲜花、保温罩、木头托盘等。另外,蕾丝手工刺绣桌巾或托盘垫是维多利亚下午茶很重要的配备,因为是象征着维多利亚时代贵族生活的重要饰物。

有了精美的茶器,优雅的气氛更要用优美的装饰来点缀。在摆设时可利用花、漏斗、蜡烛、照片或在餐巾纸上绑上缎花等,来衬托气氛。不过现在的下午茶用具已经简化不少,很多繁冗的细节都不再那么注重了。

项目回顾

茶及茶文化是中国文化史的重要瑰宝,也是我国传给世界各国的重要礼物。中国人最早发现和利用了茶,茶文化源远流长,在不同历史时期茶文化的发展具有不同特点,也由此产生了深厚的茶文化和多样的饮茶习俗。本章主要介绍了茶的起源、茶文化的发展历史和各时期的饮茶方式、中国产茶区以及茶的传播。现代生活高品质的标志不可缺少茶香气息,作为中华儿女应该了解和弘扬我国传统的茶文化,用高雅的茶艺美化生活。

技能训练

通过学习中国茶文化的历史渊源,讨论当代大学生学习传统茶文化对提高自身修养的重要意义。并结合自身情况写出心得体会,字数在1 000字左右。

1. 选择题

(1) 唐代主流饮茶方式是(　　)。

　　A. 粥茶法　　　　B. 煎茶法　　　　C. 点茶法　　　　D. 撮泡法

(2) 世界上产茶量最大的国家是(　　)。

　　A. 中国　　　　　B. 印度　　　　　C. 肯尼亚　　　　D. 斯里兰卡

2. 简答题

(1) 影响茶树生长的环境要素是什么?

(2) 从树型上分,茶树可以分为哪几类?每种树型的特征是什么?

3. 判断题

(1) 中国是世界上最早利用茶树的国家。   ( )

(2) 全国可以分为四大产茶区:西南茶区、华南茶区、江南茶世和江北茶区。   ( )

4. 思考题

中国茶文化发展大致经历哪几个阶段,简述各阶段的特点和饮茶方式。

项目二 茶之造

学习目标
- 了解茶树的生长环境、生长习性和茶树类型
- 掌握茶叶的分类知识
- 掌握基本茶类的加工工艺过程

项目导读

中国是茶树的故乡,不但茶区分布较广,而且茶叶种类多样,每种茶叶无论是在外观、香气或是口感上,都有细微的差别,因而造就了中国茶叶的多样风貌。本项目茶之造中主要介绍了茶叶的分类标准和六大茶类的加工工艺知识。

任务一:茶树的基本知识

一、茶树基本知识

茶树(学名:*Camellia sinensis*),茶树属山茶科山茶属,为多年生常绿木本植物。一般分为灌木型、乔木型和小乔木型。茶树的叶子可制茶(有别于油茶树),种子可以榨油,茶树材质细密,其木可用于雕刻。分布主要集中在南纬16°至北纬30°之间,茶树喜欢温暖湿润气候,平均气温10 ℃以上时芽开始萌动,生长最适温度为20 ℃—25 ℃;年降水量要在1 000毫米以上;喜光耐阴,适于在漫射光下生育;一生分为幼苗期、幼年期、成年期和衰老期。树龄可达一二百年,但经济年龄一般为40—50年。我国西南部是茶树的起源中心,目前世界上有60个国家引种了茶树。

(一)品种分类

茶树是多年生常绿木本植物。根据我国对茶树品种主要性状和特性的研

究,并照顾到现行品种分类的习惯,我们将茶树品种按树型、叶片大小和发芽迟早三个主要性状,分为三个分类等级,作为茶树品种分类系统。

1. 按照树型分类

第一级分类系统称为"型"。分类性状为树型,主要以自然生长情况下植株的高度和分枝习性而定,分为乔木型、小乔木型、灌木型。

(1) 乔木型

图 3-1-1　乔木型/小乔木型/灌木型茶树

此类是较原始的茶树类型。分布于和茶树原产地自然条件较接近的自然区域,即我国热带或亚热带地区。植株高大,从植株基部到上部,均有明显的主干,呈总状分枝,分枝部位高,枝叶稀疏。叶片大,叶片长度的变异范围为10—26厘米,多数品种叶长在14厘米以上。叶片栅栏组织概为一层。

(2) 小乔木型

此类属进化类型。抗逆性较乔木类强,分布于亚热带或热带茶区。植株较高大,从植株基部至中部主干明显,植株上部主干则不明显。分枝较稀,大多数品种叶片长度在10—14厘米之间,叶片栅栏组织多为两层。

(3) 灌木型

此类亦属进化类型。包括的品种最多,主要分布于亚热带茶区,我国大多数茶区均有分布。植株低矮,无明显主干,从植株基部分枝,分枝密,叶片较小,叶片长度变异范围大,为 2.2—14 厘米之间,大多数品种叶片长度在 10 厘米以下。叶片栅栏组织为 2—3 层。

2. 按照树叶分类

第二级分类系统称为"类"。分类性状为叶片大小,主要以成熟叶片长度,并兼顾其宽度而定。分为特大叶类、大叶类、中叶类和小叶类。

(1) 特大叶类

叶长在 14 厘米以上,叶宽 5 厘米以上。

(2) 大叶类

叶长 10—14 厘米,叶宽 4—5 厘米。

(3) 中叶类

叶长 7—10 厘米,叶宽 3—4 厘米。

(4) 小叶类

叶长 7 厘米以下,叶宽 3 厘米以下,茶树开花。

3. 树种分类

第三级分类系统称为"种"。这里所谓的"种",乃是指品种或品系,不同于植物分类学上的种,此处系借用习惯上的称谓。分类性状为发芽时期,主要以头轮营养芽,即越冬营养芽开采期(即一芽三叶开展盛期)所需的活动积温而定。分为早芽种、中芽种和迟芽种。根据我们在杭州对全国主要茶树品种营养芽物候学的观察结果,将第三级分类系统作如下划分:

(1) 早芽种

发芽期早,头茶开采期活动积温在 400 ℃ 以下。

(2) 中芽种

发芽期中等,头茶开采期活动积温 400—500 ℃ 之间。

(3) 迟芽种

发芽期迟,头茶开采期活动积温在 500 ℃ 以上。

(二) 野生品种

野生茶,是没有被人类栽培驯化、大量利用的茶树。野茶是茶饮最早的源头,不论是饮茶之始还是历史名茶研发,都是从野茶开始的。目前,市场上的野茶分两种,自然型野茶和栽培型野茶。自然型野茶指自然出生成长于山野林间,零零散散这一颗那一颗,性状不一,最为难得。栽培型野茶指人工栽培的茶树,因无人管理,茶园荒芜,几十年的自然生长后,重复开发利用的茶树,因此类茶园较少,故栽培型野茶产量也不大。

当今已知有云南思茅镇沅千家寨 2 700 年野生大茶树,这棵茶树由天福集团所认养。另一棵具有代表性的野生茶树是勐海大黑山巴达野生大茶树,高 32 米,树龄为 1 700 年。

另外,具有代表性的为思茅澜沧县邦葳野生茶树,树龄为 1 000 年,高 12 米。此树为野生茶树与栽培型茶树所杂交而成,因此称为"过渡型野生茶树"。

"栽培型野生茶"基本上是由野生茶树移植下来的,也称之为家茶,大叶种、中叶种、小叶种掺杂其中,无人采摘或少为人采摘,简单说就是荒废的茶园。此茶树至少百年以上。景迈万亩古茶园全为此树种,树高约为 2 至 3 米以上。古"六大茶山"之曼丽茶区,也有很多类似茶园。勐海南糯山人工栽培的茶树,树龄为 800 年,最具代表性,但已枯死。有些地区的茶树由老百姓多年采摘及照顾,高度多为1至2米,有些茶树茶农为了方便采摘,将其砍矮,在易武茶区、曼庄茶区、革登茶区及倚邦茶区甚至基诺茶区皆是此种状况,而这些茶区都未喷洒农药,所以也称之为生态或有机茶。云南茶区台地茶茶园最多,光是大渡岗茶厂就有2万多亩茶园。台地茶为现在使用最多的茶园,因为台地茶种植较容易管理、产量多,但唯一缺点就是没有遮阴且有的茶园会喷洒农药。

  知识拓展

澳洲茶树

澳洲茶树主要用来提取茶树精油,英文名:tea tree/ti-tree,学名:Melaleuca ahemifolia,中文名:互叶白千层;澳洲茶树,科名:桃金娘科 Myrtaceae。

此种茶树最初在澳洲发现,这种树源自新南威尔士,树高大约3公尺,在低湿地带长得特别茂盛,虽叫茶树,但和茶一点关系也没有,有时被拼成 Tea Tree,但不是山茶花的"茶"。其枝条长,花白色,生命力旺盛,即使被砍断,也能维持生命一段时间,两年后仍能再次采收。精油是萃取其枝条及叶片,呈透明无色,香味很像松油及尤加利。

二、茶树的生长环境

人们常说,名山名水出茶。茶树与其生长环境是相互联系、相互影响的,因此,茶树的性状、茶叶的品质特征无不打上环境因素的烙印。从来佳茗似佳人,茶叶的优良品质的形成离不开一方水土的养育。

茶树的生长离不开光、热、气、土壤等条件。茶树喜欢温暖、潮湿、荫蔽的生长环境,需要适当的温度、水分、光照和土壤条件。影响茶树生长的自然环境条件主要是气候和土壤,在选择茶地发展新茶园和日常栽培管理上必须重视。

1. 茶树对土壤的要求

茶树是喜酸性土壤的作物,它在酸性土壤中才能生长,要求土壤pH值在4—6.5之间,以4.5—5.5最适合茶树生长。茶树不喜欢钙质,土壤中如含有石灰质(活性钙含量超过0.2%),就会影响到茶树生长,甚至逐渐死亡。通常看到种在坟堆上的茶树低矮黄瘦,生长不良,主要就是灰廊引起的。灰廊以大量石灰掺和细沙、黏土生成,使茶根不能深扎,灰廊还不断释放碱性石灰质,造成周围土壤钙质过多,影响茶树生长。

土层深厚对茶树生长有利,一般要求超过 80 厘米。底土不能有粘盘层或硬盘层,不然容易积水。土壤的通透性要好,以便蓄水积肥,地下水位过高,孔隙堵塞,根系产生缺氧呼吸,就会造成烂根,因此地土层深厚对茶树生长有利,下水位必须控制在 80 厘米以下。

2. 茶树对温度的要求

温度和茶树生长发育的快慢、采摘期的迟早和长短、鲜叶的产量以及成茶的品质,都有密切关系。茶树生长最适宜的温度在 15—30 度,10 度左右开始发芽。在 35 度以上的高温及土壤水分不足的条件下,茶树生长就会受到抑制,幼嫩芽叶会灼伤。在 10 度以下,茶树生长缓慢或停止;到零下 13 度左右,茶树地上部会冻枯甚至死亡。低温加燥风,茶树最易受冻。

3. 茶树对水分的要求

茶树幼嫩芽叶的含水量为 74%—77%,嫩茎的含水量在 80% 以上,水是茶树进行光合作用必不可少的原料之一,当叶片失水 10% 时,光合作用就会受到抑制。茶树虽喜潮湿,但也不能长期积水。茶树最适宜的年降水量在 1 500 mm 左右。根据年降雨量 1 044—1 600 mm 来看,是能满足茶树生长需要的。茶树要求土壤相对持水量在 60%—90% 之间,以 70%—80% 为宜。空气湿度以 80%—90% 为宜。土壤水分适当,空气湿度较高,不仅新梢叶片大,而且持嫩性强,叶质柔软,角质层薄,茶叶品质优良。

4. 茶树对光照的要求

茶树耐阴,但也需要一定的光照,在比较荫蔽、多漫射光的条件下,新梢内含物丰富,嫩度好,品质高。因为漫射光中含紫外线较多,能促进儿茶素和含氮化合物的形成,对品质有利。直射光中过强的红外线只能促使茶叶纤维素的形成,叶片容易老化,致使茶叶品质下降。人们常说"高山云雾出好茶"其道理就在于高山云雾多,漫射光多,光质和强度起了变化,有利于茶树的光合作用,促进了茶叶质量的提高。

任务二:茶叶的分类

我国是一个多茶类的国家,茶类之丰富,茶名之繁多,在世界上是独一无二的。茶叶界有句行话:"学茶学到老,茶名记不了",这便是指的我国琳琅满目的茶叶品名,即使是从事茶叶工作一辈子也不见得能够全部记清楚。当今社会关于茶的划分有多种方法及不同标准,我们将其归纳为以下几种类型:

一、依据产茶季节分类

中国及日本的许多产茶区,均按季节性来为茶分类。

1. 春茶

又名头帮茶或头水茶。为清明至夏至节(三月上旬至五月中旬)所采之茶。茶叶至嫩,品质甚佳。采摘期约20日至40余日,随各地气候而异。春季温度适中,雨量充沛,加上茶树经半年冬季的休养生息,使得春梢芽叶肥硕,色泽翠绿,叶质柔软,特别是氨基酸及相应的全氮量和多种维生素,不但使春茶滋味鲜活,香气蹭鼻,且富保健作用。

2. 夏茶

又称二帮茶或二水茶,即在夏至节前后(五月中下旬),也就是春茶采后二三十日所新发的茶叶采制成的茶。夏季天气炎热,茶树新梢芽叶生长迅速,使得能溶解茶汤的水浸出物含量相对减少,特别是氨基酸及全氮量的减少,使得茶汤滋味、香气多不如春茶强烈。由于带苦涩味的花青素、咖啡因、茶多酚含量比春茶高,不但使紫色芽叶增加,色泽不一,而且滋味较为苦涩。

3. 秋茶

又称三水茶,即夏茶采后一个月所采制的茶。秋季气候条件介于春夏之间,茶树经春夏二季生长、摘采,新梢芽内含物质相对减少,叶片大小不一,叶底发脆,叶色发黄,滋味、香气显得比较平和。

4. 冬茶

即秋分节以后所采制成的茶,我国东南茶区甚少采制,仅云南及台湾,因气候较为温暖,尚有采制。秋茶采完气候逐渐转凉,冬茶新梢芽生长缓慢,内含物质逐渐堆积,滋味醇厚,香气浓烈。

除此之外,尚有所谓明前茶,系清明节前采制;雨前茶,系谷雨节前采制;六月白,系每一次夏茶之后秋茶之前,于农历六月间采制;白露茶,系白露节后所制;霜降茶,系霜降节后所采制者。

二、依据茶树生长环境分类

依据茶叶的生长环境来分类,有"高山茶"和"平地茶"之分。高山茶即出产于高山的茶,平地茶是产自于平坦低地的茶。通常高山茶品质优于平地茶,素有"高山出好茶"之说。

平地茶:茶芽叶较小,叶底坚薄,叶张平展,叶色黄绿欠光润。加工后的茶叶条索较细瘦,骨身轻,香气低,滋味淡。

高山茶： 由于环境适合茶树喜温、喜湿、耐阴的习性。故有高山出好茶的说法。随着海拔高度的不同，造成了高山环境的独特特点，从气温、降雨量、湿度、土壤到山上生长的树木，这些环境对茶树以及茶芽的生长都提供了得天独厚的条件。因此高山茶与平地茶相比，高山茶芽叶肥硕，颜色绿，茸毛多。加工后之茶叶，条索紧结、肥硕。白毫显露，香气浓郁且耐冲泡。

 **小思考**

高山为何出好茶？

明代陈襄古诗曰："雾芽吸尽香龙脂"，说高山茶的品质所以好，是因为在云雾中吸收了"龙脂"的缘故。其实，高山之所以出好茶，是优越的茶树生态环境造就的。据考证，茶树的原产地在我国西南部的多雨潮湿的原始森林中，经过长期的历史进化，逐渐形成了喜温、喜湿、耐阴的生活习性。高山出好茶的奥妙，就在于那里优越的生态条件，正好满足了茶对生长的需要。这主要表现在以下三方面：

(1) 茶树生长在高山多雾的环境中，一是由于光线受到雾珠的影响，使得红橙黄绿蓝靛紫七种可见光的红黄光得到加强，从而使茶树芽叶中的氨基酸、叶绿素和水分含量明显增加；二是由于高山森林茂盛，茶树接受光照时间短、强度低，漫射光多，这样有利于茶叶中含氮化合物，诸如叶绿素、全氮量和氨基酸含量的增加；三是由于高山有葱郁的林木，茫茫的云海，空气和土壤的湿度得以提高，从而使茶树芽叶光合作用形成的糖类化合物缩合困难，纤维素不易形成，茶树新梢可在较长时期内保持鲜嫩而不易粗老。在这种情况下，对茶叶的色泽、香气、滋味、嫩度的提高，特别是对绿茶品质的改善，十分有利。

(2) 高山植被繁茂，枯枝落叶多，地面形成了一层厚厚的覆盖物，这样不但土壤质地疏松、结构良好，而且土壤有机质含量丰富，茶树所需的各种营养成分齐全，从生长在这种土壤的茶树上采摘下来的新梢，有效成分特别丰富，加工而成的茶叶，当然是香高味浓。

(3) 高山的气温对改善茶叶的内质有利。一般说来，海拔每升高100米，气温大致降低0.5摄氏度。而温度决定着茶树中酶的活性。现代科学分析表明，茶树新梢中茶多酚（儿茶素）的含量随着海拔高度的升高，气温的降低而减少,从而使茶叶的浓涩味减轻;而茶叶中氨基酸和芳香物质的含量却随着海拔升高气温的降低而增加,这就为茶叶滋味的鲜爽甘醇提供了物质基础。茶叶中的芳香物质在加工过程中会发生复杂的化学变化,产生某些鲜花的芬芳香气,如苯乙醇能形成玫瑰香,茉莉酮能形成茉莉香,沉香醇能形成玉兰香,苯丙醇能形成水仙香等。许多高山茶之所以具有某些特殊的香气,其道理就在于此。

从上可见,高山出好茶,乃是由于高山的气候与土壤综合作用的结果。如果在制作时工艺精湛,那就更会锦上添花。当然,只要气候温和,雨量充沛,云雾较多,湿度较大,以及土壤肥沃,土质良好,即使不是高山,但具备了高山生态环境的地方,同样会生产出品质优良的茶叶。

三、依据茶的销售区域分类

茶叶作为世界三大饮料之一,在国际商品市场上茶叶的总贸易额虽然还不及咖啡和可可,但茶叶除有公认的药理功效和一定的营养价值外,副作用较小,而且售价亦较低廉,因此日益为人们所重视。二次大战以后,世界茶叶发展更快,茶产地不断扩大,产量逐渐上升,质量亦有提高,销量日益增多。目前已成为世界各国人民普遍喜爱的饮料。我国茶叶无论是产量和出口量,曾长期占据世界首位。茶叶质量誉称世界第一。

以销售区域划可分为内销茶、边销茶、外销茶和侨销茶四类。

1. 内销茶

内销茶以国内内地消费者为销售对象。因各地消费习惯不同,喜好的茶类也有差别。如华北和东北以花茶为主,长江中下游地区以绿茶为主,台湾、福建、广东特别喜爱乌龙茶,西南和中南部分地区则消费当地生产的晒青绿茶。

2. 边销茶

边销茶实际也是内销茶,只是消费者为边疆少数民族,因长期形成的习惯,特别喜欢饮用紧压茶。外销茶与内销茶相比茶类较少,主要是红茶、绿茶,其他茶类很少。

3. 外销茶

外销茶除讲究产品质量外,对农残和重金属等有害物质含量要求很严;对商品包装也很讲究,尤其在包装的容量、装潢用色、文字与图案设计等方面要照顾进口国的传统、宗教和风俗习惯,注意不要触犯其忌讳。如日本忌荷花,伊斯兰教国家忌猪,故在销往这些国家的茶叶包装上就不能出现这些图案或近似图案。

4. 侨销茶

侨销茶实际也是外销茶,不过消费者是侨居国外的华侨,特点是喜饮乌龙茶。

四、依据茶的加工工艺分类

在影响茶叶品质的诸多因素中,生产工艺无疑是最直接也是最主要的,任何茶叶产品,只要是以同一种工艺进行加工而成就会具有相同或相似的基本品质特征。因此依据茶叶的制作工艺划分茶类是目前比较常用的茶叶划分方法。

根据茶叶加工工艺可分为基本茶类和再加工茶类两种。

1. 基本茶类

凡是采用常规的加工工艺,茶叶产品的色、香、味、形符合传统质量规范的,叫做基本茶类,如常规的绿茶、红茶、乌龙茶等。

表 3-2-2　基本茶类的分类

基本茶类	绿茶	蒸青绿茶	煎茶、玉露
		晒青绿茶	滇青、川青、陕青
		炒青绿茶	眉茶	炒青、特珍、珍眉、凤眉、秀眉
			珠茶	平水珠茶
			细嫩炒青	龙井、大方、碧螺春、雨花茶
		烘青绿茶	普通炒青	闽烘青、浙烘青、徽烘青、苏烘青
			细嫩烘青	黄山毛峰、太平猴魁、高桥银峰
	白茶	白芽茶	白毫银针
		白叶茶	白牡丹、贡梅
	黄茶	黄芽茶	君山银针、蒙顶黄芽
		黄小茶	北港毛尖、沩山毛尖、温州黄汤
		黄大茶	霍山大黄芽、广东大叶青
	乌龙茶	闽北乌龙	武夷岩茶、水仙、大红袍、肉桂
		闽南乌龙	铁观音、奇兰、黄金桂
		广东乌龙	凤凰单枞、凤凰水仙、岭头单枞
		台湾乌龙	冻顶乌龙、包种乌龙

(续表)

基本茶类	红茶	小种红茶	正山小种、外山小种
		工夫红茶	滇红、川红、祁红、闽红
		红碎茶	叶茶、片茶、碎茶、末茶
	黑茶	湖南黑茶	安化黑茶
		湖北老青茶	
		四川边茶	南路边茶、西路边茶
		滇桂黑茶	普洱茶、六堡茶

2. 再加工茶类

进一步加工,使茶叶基本质量性状发生改变的,叫做再加工茶类,其范围主要包括六大类,即:花茶、紧压茶、萃取茶、药用茶、功能性茶食品、果味香茶(含有茶饮料)等。

表 3-2-3　再加工茶的分类

再加工茶类	花茶	玫瑰花茶、茉莉花茶、桂花茶
	紧压茶	黑砖、方砖、茯砖、饼砖
	萃取茶	速溶茶、浓缩茶、罐装茶
	果味茶	荔枝红茶、柠檬红茶、猕猴桃红茶
	药用保健茶	减肥茶、杜仲茶、降脂茶
	含茶饮料	茶可乐、茶汽水

任务三:六大基本茶类

茶叶品种繁多,其中中国最多。我们日常所喝到的红茶、绿茶、白茶、乌龙茶等茶叶,都是采摘茶树上的芽叶加工而成。根据制法与品质的系统性和加工中的内质主要变化,尤其是多酚类物质氧化程度的不同,通常把茶叶分成绿茶、红茶、黄茶、白茶、青茶(乌龙茶)、黑茶六大类。

一、六大茶类加工工艺流程

绿茶	黄茶	黑茶	白茶	红茶	青茶(乌龙茶)
鲜叶	鲜叶	鲜叶	鲜叶	鲜叶	鲜叶
杀青	杀青	杀青	萎凋	萎凋	萎凋
揉捻	揉捻	揉捻	干燥	揉捻	做青
干燥	闷黄	渥堆		发酵	炒青
	干燥	干燥		干燥	揉捻
					干燥

图 3-3-1　六大茶类工艺流程一览图

六大茶类的基本制法是分别在杀青、萎凋、揉捻、发酵(或做青)、渥闷(渥堆和闷黄)和干燥等六道工序中，选取几道工序组成，其中三种茶类由杀青开始，另三种从萎凋着手，而最后一道工序都是干燥。工序组合不同，形成的茶类亦不同。虽然工序类同，但由于某工序的技术措施不同，则产品品质亦异。其中存在着量变与质变交错的辩证关系。

1. 杀青

杀青是茶叶初制关键工序之一。青指鲜叶，杀青的主要目的是在短时间内利用高温破坏鲜叶中的多酚氧化酶活性，抑制多酚类酶促氧化，使内含物在非酶促作用下，形成绿茶、黑茶、黄茶的色、香、味品质特征；同时，叶片在高温失水的情况下，会变得柔软，方便揉捻；此外，杀青还可以除去鲜叶的青草气，散发良好香味。

2. 萎凋

萎凋是制红茶、白茶和青茶的第一道工序，即将鲜叶进行摊放、晾晒，使鲜叶适度失水和内含物得到转化，从而使叶片变得柔软，便于造型，形成茶香。萎凋可分为自然萎凋和萎凋槽萎凋两种。

3. 揉捻

揉捻是初步做形的工序，揉捻主要是借助外力来破坏茶叶的组织细胞，使茶汁流出，黏于条表，增进色香味浓度；同时还可以使芽叶卷曲成条，增进茶叶外形美观。

4. 闷黄

将杀青或揉捻或初烘后的茶叶趁热堆积，使茶坯在湿热作用下逐渐黄变的特有工序。按茶坯含水量的不同又分为湿坯闷黄和干坯闷黄。

闷黄是黄茶制作特有的一道工序。根据黄茶种类的差异,进行闷黄的先后也不同,可分为湿胚闷黄和干胚闷黄。如黄山毛尖是在杀青后趁热闷黄;温州黄芽是在揉捻后闷黄,属于湿胚闷黄,水分含量多且变黄快;打晃茶则是在初干后堆积闷黄;君山银针在炒干过程中交替进行闷黄;霍山黄芽是炒干和摊放相结合的闷黄,称为干胚闷黄,含水量少,变化时间长。叶子含水量的多少和叶表温度是影响闷黄的主要因素。湿度和温度越高,变黄的速度越快。闷黄是形成黄茶金黄的色泽和醇厚茶香的关键工序。

5. 渥堆

渥堆是黑茶制造中的特有工序,也是形成黑茶品质的关键性工序。经过这道特殊工序,使叶内的内含物质发生一系列复杂的化学变化,以形成黑茶特有的色、香、味。当茶叶采收经过初制成为毛茶后,用人工的方法加速茶叶陈化,一般而言,方法是在毛茶上洒水,促进茶叶酵素作用的进行,期间也有微生物参与发酵,待茶叶转化到一定的程度后,再摊开来晾干。经过渥堆后的茶叶,随着渥堆程度的差异,颜色已经由绿转黄、栗红、栗黑,在学术上被归类为黑茶类。

推测渥堆工艺约在清朝中后期以后自然发明。相传是在茶马古道运送紧压茶的过程中,由于路程遥远历时数月,雨水弄湿茶制品,偶然发现湿热能使普洱茶加速陈化、更快适合饮用,并且在市场上更受欢迎。在民国时期,这种偶然的发现,被刻意作为一种加工手法,相传最早大规模的渥堆发生在广东,后来再传回云南。但也有部分学者认为,这种渥堆工艺,在广西的六堡茶制作以及北方黄茶的闷黄制作上,老早行之有年,历史更为长远,可能是受此影响所及。

6. 发酵

发酵时,将揉捻叶呈一定厚度摊放,茶叶中的茶多酚在多酚氧化酶等作用下氧化聚合,产生一定的颜色、滋味与香味。通过控制发酵程度,可使茶叶有不同的色香味表现。其实在制茶的过程当中,从揉捻开始,发酵都一直在其间进行着作用。

7. 干燥

干燥是六大茶类初制的最后一道工序,干燥过程除了去水分达到足干,便于贮藏,以供长期饮用外,还有在前几道工序基础上,进一步形成茶叶特有的色、香、味和形状的作用。

二、六大茶类

1. 绿茶

绿茶是一种不发酵的茶。是我国产量最多的一类茶叶,其花色品种之多居世界首位。

基本特征:绿茶为不发酵茶,特点是"绿叶清汤",可分为炒青、烘青、晒青和蒸青绿茶(按杀青的受热方式划分),按形状分有条形、圆形、扁形、片形、针形、卷曲形等,香气的类型则有豆香型、板栗香型、花香型和鲜爽的毫香型,滋味鲜爽回甘、浓醇,具有收敛性。

加工工艺:鲜叶——杀青——揉捻——干燥。

典型代表:龙井、碧螺春、信阳毛尖、六安瓜片、安吉白茶、太平猴魁、黄山毛峰等。

冲泡方法:绿茶的冲泡方法视不同的品类而有较大的差别,一般分为名优绿茶和大众绿茶。名优绿茶中又分上投法、下投法和中投法,视具体的茶叶品质特征而定,如龙井采用中投法,碧螺春采用上投法,而一些烘青如黄山毛峰则采用下投法。具体冲泡名优绿茶水温为80—85度,若水温过高,容易起泡沫,水温不够,茶味不鲜爽;使用清澈透明的玻璃杯冲泡,因为要观赏茶叶的外形。冲泡时间约为3分钟,用量约为玻璃杯容积的八分之一。而大众绿茶则可使用盖碗冲泡,用量约为三分之一到一半,水温略高,约为90—95度,冲泡时间约6秒—10秒。

保健功效:清肝明目、护肤养颜、抗癌抗辐射、提神醒脑和杀菌消毒,这些是绿茶最为显著的功效,因为绿茶含有较多的茶多酚。

知识拓展

> ### 绿茶的历史典故:周总理情系六安瓜片
>
> 1975年的深秋,我们的总理周恩来徘徊在生死的病痛边缘。一天,沉疴在身的总理突然问医护人员:"有没有六安瓜片茶?我想喝点六安瓜片茶!"当周总理喝着工作人员找遍京城大小商场才觅得的六安瓜片沏的热茶时,他回味良久,神情凝重地对医护人员说:"谢谢同志们,我想喝六安瓜片,是因为想起了战友们,想起了叶挺将军,喝到了六安瓜片茶,就好像见到了他们⋯⋯"

在总理被病痛折磨的时候，惦记的是六安茶。周恩来与六安茶的相识，始于他的革命生涯中曾经接触过的一大批六安人。1924年初秋，从法国归国不久的周恩来出任黄埔军校政治教官，不久后升任政治部主任。在黄埔军校和中共两广区委中，有一大批六安人，仅黄埔一期就有许继慎、王逸常、杨溥泉、曹渊、孙一中、廖运泽、彭干臣等。周恩来那时和这些六安人朝夕相处，并多次派许继慎等人回乡建党。周恩来情系六安瓜片，并非仅仅是为品味香茗，而是为了重温一段重要的情感记忆。

2007年3月26日至28日，胡锦涛主席访问俄罗斯期间，将充分体现中国茶文化"清、静、雅、和"的黄山毛峰、太平猴魁、六安瓜片和绿牡丹4种名茶，作为"国礼茶"赠送给俄罗斯领导人。

2. 红茶

红茶是一种全发酵的茶，发酵度为80%—90%。

基本特征：红茶为深发酵或者全发酵茶，基本特点为"红汤红叶"，分为红碎茶、小种红茶和工夫红茶，工夫红茶滋味要求醇厚带甜，汤色红浓明亮，果香浓郁，发酵较为充分；而红碎茶要求汤味浓、强、鲜，发酵程度略轻，汤色橙红明亮，香气略清；而小种红茶是采用小叶种茶树鲜叶制成的红茶，并加以炭火烘烤，如武夷山的正山小种，具有桂圆味，松烟香。

加工工艺：鲜叶——萎凋——揉捻——发酵——干燥，其中萎凋和发酵是红茶制茶过程中最为关键的两个步骤。

典型代表：正山小种、烟小种、祁红（安徽祁门）、滇红（云南）、川红（四川宜宾）、英红（广东英德）。

冲泡方法：红茶分为清饮和加奶调饮，若为清饮，宜采用盖碗或者玻璃杯冲泡，用量约为杯体的三分之一，水温约90—100度，冲泡时间约为6—10秒，汤色不易太深，否则过浓；而加奶则适宜先把茶汤冲泡好，再向杯中加入牛奶混合，还可以加糖调味，而牛奶和茶汤的比例约为1∶4—1∶3较为适宜，具体用量根据个人口味而定，采用欧式白瓷口杯调饮有另一番异国风味。

保健功效：暖胃，性温，降低心脑血管疾病几率，如心脏病、心肌梗塞等，还可抗衰老，护肤美容。

知识拓展

红茶的历史典故：正山小种的由来

历史上，正山小种红茶最辉煌的年代在清朝中期。据史料记载，嘉庆前期，中国出口的红茶中有85%冠以正山小种红茶的名义，鸦片战争后，正山小种红茶对贸易顺差的贡献作用依然显著。在正山小种红茶享誉海外的同时，福建的宁德、安徽的祁门等地也开始学习正山小种红茶的种植加工技术，正山小种红茶的加工技艺也逐渐地传入国内各地各大绿茶、乌龙茶、普洱茶产区，最终形成了如今闻名全国的工夫红茶。

武夷山国家级自然保护区核心区武夷山市星村镇桐木关，就像一块保留地，内涵隽永却又无声无息。明朝中后期，世界红茶鼻祖——正山小种红茶就诞生在桐木关。

据桐木关老人传说，明朝时的一支军队由江西进入福建时路过桐木关，夜宿茶农的茶厂，由于正值采茶时节，茶厂铺满了刚采下的鲜叶，准备做绿茶的鲜叶成了军人的床垫；当军队离去时，心急如焚的茶农赶紧用当地盛产的松木烧火烘干，烘干后把变成"次品"的茶叶挑到星村贩卖。本以为走霉运的农民在第二年竟然被人要求专门制作去年耽搁了加工的"次品"，第三年、第四年的采购量还越来越大，以致使桐木关不再制作绿茶，专门制作这种以前没有做过的茶叶。这种生产量越来越大的"次品"便是如今享誉国内外的正山小种红茶，只是当时的桐木关茶农并不知道他们眼中的次品却是英国女王伊丽莎白的珍爱。

3. 青茶

又称乌龙茶，属于半发酵茶，独具鲜明特色的茶叶品类。

基本特征：青茶又叫乌龙茶，是半发酵的一类茶叶。总体上，按工艺划分为浓香型和清香型，也即传统工艺和现代工艺之分，但具体的花色品类之间仍然有较大的差异。青茶基本上又可分为四大派别：闽北武夷岩茶、闽南铁观音、广东单枞和台湾乌龙。传统工艺讲究金黄靓汤，绿叶红镶边，三红七绿发酵程度，总体风格香醇浓滑且耐冲泡；而新工艺讲究清新自然，形色翠绿，高香悠长，鲜爽甘厚，但不耐冲泡，如铁观音。闽北的武夷岩茶和其他各类青茶相比，有较大的差异，主要是岩茶后期的碳焙程度较重，色泽乌润，汤色红橙明亮,有较重的火香或者焦炭味,口味较重,但花香浓郁,回甘持久,如大红袍,在火味中透着纯天然的花香,是十分难得的。青茶的香型较多,一般为花香、果香。铁观音的特点是兰花香馥郁,滋味醇滑回甘,观音韵明显;单枞的特点是香高味浓,非常耐冲泡,回甘持久;台湾乌龙口感醇爽,花香浓郁,清新自然。

加工工艺: 鲜叶——晒青——凉青——做青——杀青——揉捻——包揉做型——干燥——精制。

典型代表: 茗皇茶、大红袍、水仙、肉桂、铁观音、单枞、台湾高山乌龙、冻顶乌龙等。

冲泡方法: 乌龙茶的冲泡方法要求使用盖碗或者紫砂壶冲泡,水温为沸腾的100度,因为只有这样才能使得香气冲泡出来,溶解于茶汤中,茶量约为茶具容积的三分之一(铁观音、乌龙)至三分之二(单枞),冲泡时间根据具体的茶而定,一般为8秒到15秒钟。

保健功效: 较为突出的功效为减肥、美容、降血脂、降血压。

知识拓展

青茶的历史典故:漳平水仙茶

福建漳平市是中国南方茶叶的重要产地之一。漳平水仙茶,福建省漳平市特产,中国地理标志产品。水仙茶属乌龙茶系列,有水仙茶饼和水仙散茶两种产品。漳平九鹏溪地区是漳平水仙茶主产区,其优越的自然环境条件,形成了漳平水仙茶独特的品质。水仙茶饼更是乌龙茶类唯一紧压茶,品质珍奇,风格独一无二,极具浓郁的传统风味,香气清高悠长,具有如兰气质的天然花香,滋味醇爽细润,鲜灵活泼,经久藏,耐冲泡,茶色赤黄,细品有水仙花香,喉润好,有回甘,更有久饮多饮而不伤胃的特点,畅销于闽西各地及广东、厦门一带,并远销东南亚国家和地区。

"漳平水仙茶"独特的色、香、味得益于九鹏溪两岸土壤、水、空气的优越地理环境条件。漳平市位于福建中南,闽西东部,闽南金三角北端,素有"九山半水半分田"之称。市境地处亚热带南缘,属亚热带季风气候,温热湿润,雨水充足,冬无严寒,夏无酷暑。年平均气温16.9℃—20.7℃,降水1450—2100毫米,无霜期251—317天,多年平均日照时数1853小时,有利于作物多熟和林木速生,适宜多种动植物生长繁育。为茶叶的生产提供有利的自然条件。

漳平水仙茶叶有悠久的历史和深远厚重的茶文化。从元代就开始了茶叶种植,到明清时期已有相当规模,并有了专门茶叶加工作坊。1894年(清光绪二十年),由"泰昌茶庄"选送的漳平水仙茶叶获得了巴拿马博览会和上海博览会金奖。而在境内出土的明代紫砂茶壶,说明漳平很早以前就盛行功夫茶、讲究饮茶文化了。漳平双洋中村茶人邓观金于1914年用独创的工艺创制了世界上独一无二的茶类——水仙茶饼,在漳平生产的数十种乌龙茶品种中,堪称一枝独秀。

4. 白茶

白茶属轻度发酵的茶,发酵度为20%—30%,是我国的特产。

基本特征:白茶外形毫心肥壮,叶张肥嫩,叶态自然伸展,叶缘垂卷,芽叶连枝,毫心银白,叶色灰绿或者铁青色,内质汤色黄亮明净,毫香显著,滋味鲜醇,叶底嫩匀,要求鲜叶"三白",即嫩芽及两片嫩叶满披白色茸毛。

加工工艺:白茶的工艺较为简单,为室内自然晾干或者烘干。鲜叶——萎凋——烘焙(阴干)——挑剔——复火。

典型代表:白毫银针、白牡丹、贡眉。主要产地是福建的福鼎、政和、松溪和建阳等。

冲泡方法:水温80—85度,冲泡时间视具体茶量和茶具容积而定,一般冲泡银针适宜采用清澈透明的玻璃杯,用量约为玻璃杯容积的八分之一,采用上投法,约浸泡5分钟左右即可饮用,饮到一半加水;用盖碗冲泡则投三分之一的茶量,先把开水倒进茶海降温,待降到沸水温(80—85度)再用来冲泡,时间控制约为10—15秒。

保健功效:白茶含丰富的氨基酸,其性寒凉,具有退热、消暑和解毒的功效,此外,能使人心情平静、消除烦恼,主要是由于较多茶氨酸成分的作用。

知识拓展

白茶的历史典故：老白茶知识

老白茶，即贮存多年的白茶，其中的"多年"是指在一个合理的保质期内，比如10—20年；在多年的存放过程中，茶叶内部成分缓慢地发生着变化，香气成分逐渐挥发、汤色逐渐变红、滋味变得醇和，茶性也逐渐由凉转温。就老白茶的储存形态可分为散茶和茶饼。二者主要的区别在于，外形上：一为色泽银白透黄的散白茶，一为压制成茶饼色泽深重带褐色的白茶；内在的区别：老白茶饼经过压制这道工序，存放的过程中会自然发酵，而散装老白茶则不会。

一般的茶保质期为两年，因为过了两年的保质期，即使保存的再好，茶的香气也已散失殆尽，白茶却不同，它与生普洱一样，储存年份越久茶味越是醇厚和香浓，素有"一年茶、三年药、七年宝"之说，一般五六年的白茶就可算老白茶，十几二十年的老白茶已经非常难得。白茶存放时间越长，其药用价值越高，因此老白茶极具收藏价值。

老白茶不仅在现代中医处方中可作药引，而且老白茶的功效是越久越显著，非新茶可比拟。

5. 黄茶

黄茶是微发酵的茶，发酵度为10%—20%。黄茶也是我国特有的茶类。

基本特征：黄茶也是轻发酵茶，与绿茶相比，黄茶在干燥前或后增加了一道"闷黄"的工序，因此黄茶香气变纯，滋味变醇。黄茶的基本特点为"黄汤黄叶"，汤色黄亮，滋味醇厚回甘。又分黄芽茶、黄小茶和黄大茶。

加工工艺：鲜叶——杀青——揉捻——闷黄——干燥。

典型代表：君山银针、霍山黄芽。

冲泡方法：君山银针使用玻璃杯冲泡，采用上投法或者下投杯壁下注法，冲泡时间约为6—7分钟，水温90度左右，茶量为杯体的八分之一。

保健功效：消食化腻，抗癌抗辐射，性凉，可清热解毒。

6. 黑茶

黑茶属后发酵的茶，其发酵度为100%，是我国特有的茶类。

基本特征：黑茶是一种后发酵的茶叶，其发酵过程中有大量微生物的形成和参与，黑茶香味变得更加醇和，汤色橙黄带红，干茶和叶底色泽都较暗褐。

外形分为散茶和紧压茶等,有饼的、砖的、砣的和条的,香型有陈香或者樟香等。黑茶中的六堡茶有松木烟味和槟榔味,汤色深红透亮,滋味醇厚回甘。

加工工艺: 鲜叶——杀青——揉捻——晒干——渥堆——晾干——精制。

典型代表: 湖南黑毛茶、湖北老青茶、广西六堡茶、云南普洱茶和四川边茶。

冲泡方法: 用盖碗或者紫砂壶冲泡,水温100度,沸腾,茶量约为壶体的四分之一至三分之一,洗茶2遍至3遍,冲泡时间约为10秒至15秒,汤色要求深红或者褐红透亮,不易过黑,此外年份久远的陈茶建议洗茶3遍以上。

保健功效: 补充膳食营养,主要是维生素;助消化,解油腻,顺肠胃;防治"三高"疾病,即高血脂、高血压和高血糖;还能降血糖,防治糖尿病。

 知识拓展

茯砖茶小知识

茯砖茶约在公元1368年(洪武元年即朱元璋"明太祖"建立明朝初)问世,采用湖南、陕南、四川等茶为原料,手工筑制,因原料送到泾阳筑制,称"泾阳砖";因在伏天加工,故称"伏茶"。以其药效似土茯苓,就由"伏茶"美称为"茯茶"或"福砖"。由于系用官引制造,清代前期须在兰州府缴纳三成至五成砖茶作为税金,交给官府销售,又叫"官茶"、"府茶"。其余的砖茶由茶商按照政府指定的销区销售,故称为"附茶"。

茯砖茶分为特制茯砖(简称特茯)和普通茯砖(简称普茯),均不分等级。茯砖茶外形为长方砖形,现在茯砖大小规格不一。特制茯砖砖面色泽黑褐,内质香气纯正,滋味醇厚,汤色红黄明亮,叶底黑汤尚匀。普通茯砖砖面色泽黄褐,内质香气纯正,滋味醇和尚浓,汤色红黄尚明,叶底黑褐粗老。泡饮时汤红而不浊,耐冲泡。每片砖净重均为2公斤。茯砖茶在泡饮时,要求汤红不浊,香清不粗,味厚不涩,口劲强,耐冲泡。特别要求砖内金黄色霉苗(俗称"金花")颗粒大,干嗅有黄花清香。新疆维吾尔族人民最爱茯砖茶,他们把"金花"多少视为检查茯砖茶品质好坏的唯一标志。青海、西藏的藏族同胞及甘肃、宁夏等省区的兄弟民族都需要它,以兰州为集散地,从主要产地益阳运送供应。泡饮时汤红而不浊,耐冲泡。煮饮时,要求汤红不浊,香清不粗,味厚不涩。

任务四:再加工类茶

1. 花茶

用茶叶和香花进行拼和窨制,使茶叶吸收花香而制成的香茶,亦称:熏花茶。窨制花茶的香花有茉莉花、玫瑰花、珠兰花、米兰花、代代花、柚子花、白兰花、桂花、栀子花、金银花等,花茶的茶坯,主要用烘青绿茶。而近年来,也用细嫩绿茶如毛峰、毛尖、银毫、大方等做茶坯的也较多,好花配好茶,花茶质量更上档次。花茶的花香浓郁程度决定于下花量和窨制次数,下花量大,窨制次数多,花香更浓郁。著名花茶的产地有福州、苏州、金华、桂林、广州、重庆、成都、台北等地。当今全国产茉莉花最大县是广西横县,其茉莉花面积有 10 万亩。全国多数茶商在那里加工茉莉花茶。而花茶主销区是华北、东北、山东、四川等省区。

2. 紧压茶

各种散茶经再加工蒸压成一定形状的茶叶称紧压茶或压制茶。根据原料茶类的不同可分为绿茶紧压茶、红茶紧压茶、乌龙茶紧压茶和黑茶紧压茶等 4 种,如绿茶紧压茶有云南大理的沱茶、普洱方茶、竹筒茶及广西的粑粑茶等;红茶紧压茶有湖北的米砖茶、小京砖等;乌龙茶紧压茶有福建的水仙饼茶;黑茶紧压茶主要有湖南的湘尖、黑砖、花砖、茯砖,湖北的老青砖,四川的康砖、金尖、方包茶,云南的紧茶、圆茶、饼茶以及广西的六堡茶等。

3. 萃取茶

以成品茶或半成品茶为原料,用热水萃取茶叶中的可溶物,过滤弃去茶渣,获得的茶汁经浓缩或不浓缩制成液态茶,浓缩后经干燥制成固态茶,而今采用超临界二氧化碳(CO_2)萃取技术,分离茶叶中有效成分,如茶多酚的主要产品,用于罐装的茶饮料、浓缩茶及速溶茶等。

4. 果味香茶

茶叶半成品或成品加入香料或果汁后制成。这类茶叶既有茶味,又有香味或果味,适应现代市场的需求。主要的香味茶有丁香茶、薄荷茶、香兰茶等;果味茶有荔枝红茶、柠檬红茶、猕猴桃茶、橘汁茶、椰汁茶、山楂茶、草莓茶、苹果茶、桂圆茶等。

5. 药用茶或功能性茶食品

用茶叶或茶叶中含有硒、锌等微量元素和某些中草药与食品拼和调配后制成的各种保健茶,使本来就有营养保健作用的茶叶,更加强化了它的某些防病治病的功效。保健茶的种类繁多,功效也各不相同。由于保健茶饮用方便,又能达到保健的目的,所以很受消费者青睐。

6. 含茶饮料

将茶汁融化在饮料中制成各种各样的含茶饮料,诸如茶可乐、茶汽水、茶露、茶乐、多味茶、绿茶冰淇淋、茶冰棒、茶香槟、茶酒。

 项目回顾

通过本项目的学习,使学习者了解茶叶的分类方法及学习茶叶理论知识的重要性,掌握六大茶类的品质和特性,认识主要茶类中的代表茶。

 技能训练

1. 教师在实训室展示不同品种的茶叶,学习者识别六大茶类。
2. 选择几家有代表性的茶叶商店进行参观考察,熟悉各种茶叶种类及各类茶的品质特征。

 自我测试

1. 选择题

(1) 世界上有哪三大无酒精饮料?(　　)。

　　A. 咖啡　B. 牛奶　C. 果汁　D. 可可　E. 茶　F. 汽水

(2) 下列属于广东乌龙的是(　　)。

　　A. 水金龟　B. 奇兰　C. 凤凰单枞　D. 凤凰水仙　E. 岭头单枞

　　F. 本山

2. 简答题

(1) 如何将茶叶进行分类?

(2) 根据茶叶的制作工艺可以将茶叶分为哪几类?

(3) 什么是再加工茶类?

3. 判断题

(1) 再加工茶类是在基本茶类的基础上进一步加工而发生了本质变化形成的茶类。(　　)

(2) 绞股蓝茶、菊花茶、八宝茶等被称为保健茶。(　　)

（3）茶叶还可以根据形状来分类，如散茶、条茶、碎茶、正茶、圆茶、副茶等。（　　）

（4）乌龙茶属于全发酵茶，加工工艺是萎凋—揉捻—渥堆—干燥。（　　）

项目三 茶之具

学习目标
- 了解茶具的发展演变过程及茶具的种类
- 掌握现代常用茶具的功能、茶具的选配要求与方法

项目导读

茶具,是中国茶文化中不可分割的重要组成部分。中国茶具种类繁多、造型优美,兼具实用和鉴赏价值,为历代饮茶爱好者所青睐。茶具的使用、保养、鉴赏和收藏,已成为专门的学问世代不衰。珍贵的茶品和精美的茶具相配,给茶艺本身增添了无穷魅力,正所谓"茶因器美而生韵,器因茶珍而增彩"。茶具的选配和使用技艺也是茶艺服务中应掌握的重要技能之一。

任务一:茶具的演变与发展

自从茶被发现、利用以来,由于各历史时期人们饮茶风俗的不同,以及人们审美情趣的进步,随之而来的,饮用器具也发生了相应的变化。

一、茶具与食具通用

据史料记载分析,在汉代茶具已问世,西汉辞赋家王褒《僮约》中提到的"烹茶尽具",被认为是我国最早的有关"茶具"的记载。但当时还基本停留在与食器、酒器混用的阶段,自成体系的专用茶具还没有诞生,这一时期为茶具的萌芽阶段。及至晋代,士大夫们嗜酒饮茶,崇尚清谈,促进了民间饮茶之风的兴起。

二、茶具的专用细分化

随着茶事活动的逐渐增多,人们饮茶方式开始不断发生变革,对饮茶用具

也逐渐产生了特殊需求,从而引起了茶具由通用到专用化的改变。

唐宋时期,中国的茶文化进入全盛时期,翻开了茶具文化的崭新一页。人们喝茶不仅是为了解渴,而且还讲究茶叶本身的色、香、味、形四佳,同时也追求茶具的精巧完美,以及制茶、冲茶、品茶过程中的艺术美感,真正达到感观享受和性情陶冶合二为一的境界。唐朝时的喝茶习惯是将茶饼碾碎煎煮茶汁,为此,出现了专门喝茶的器具,而且品类繁杂,在陆羽的《茶经》中出现的"二十四器",除煮茶、饮茶和储存用的茶具外,还有碾茶用的茶碾和茶罗。自宋代开始,饮茶方法由唐的煎茶法逐渐改为点茶法,而宋代斗茶风气的盛行,为黑釉茶具的崛起创造了条件。当时的文人墨客和僧人以斗茶为雅事和乐事,士大夫们更乐此不疲。团茶碾碎经"点注"后,茶汤色泽已近"白色",当时认为只有用黑色的茶具才能区分出茶汤的好坏,黑茶盏于是应运而生。

到了元代,喝茶的习惯又发生了根本变化,用沸水冲泡散形条茶的方法逐渐被人们接受,这种喝茶方式相比于唐宋简洁许多。因为没有碾茶这道工序,而且是直接冲泡不需炙煮,也就自然不需要那么多纷繁复杂的茶具,喝茶也就更显得方便和从容,这和近代的喝茶习惯已经十分接近了。当时,景德镇青白瓷茶具已远近闻名风靡海外。

明清时期不仅注重茶具的实用价值,更讲究茶具质地的细腻和外表的装饰,出现了"三才杯",并开始追求壶的雅趣,从茶具上体现的人文气息愈发浓厚。清代是茶具制作的鼎盛时期,陶制茶具和瓷制茶具得到了进一步的发展,形成了闻名世界的景德镇瓷器和宜兴紫砂陶器两个系列。而明清时期,返璞归真的茶风,更为茶具走向辉煌提供了有利条件,使茶具的发展终于步入正轨,并达到顶峰。

纵观茶具发展的脉络,茶具可以说是五花八门、各有千秋,既有古朴典雅的紫砂,又有晶莹剔透的玻璃,还有洁白细腻的瓷器,当然也不乏高科技所带来的各种人工合成材料制成的茶具。而最大的不同是快速的现代生活节奏所引发的饮茶习惯的革命——茶饮料的出现,及因此带来的各种包装材料的革新和创新技术的应用。

任务二:茶具质地

我国的茶具,自唐代开始发展很快。中唐时,不但茶具门类齐全,而且讲究茶具质地,注意因茶择具,这在陆羽的《茶经·四之器》中有详尽记述。按茶具的质地可划分为：金属茶具、陶土茶具、瓷器茶具、漆器茶具、玻璃茶具、竹木茶具、搪瓷茶具、玉石茶具等。

一、瓷质茶具

瓷器是中国汉文明的一面旗帜，瓷器茶具与中国茶的匹配，让中国茶传播到全球各地。中国茶具最早以陶器为主，瓷器是在陶器的基础上发展起来的。自唐代起，随着我国的饮茶之风大盛，茶具生产获得了飞跃的发展。唐、宋、元、明、清代相继涌现了一大批生产茶具的著名窑场，其制品精品辈出，所产瓷器茶具有青瓷茶具、白瓷茶具、黑瓷茶具和青花瓷茶具等。

1. 青瓷茶具

青瓷茶具是汉族陶瓷烧制工艺的珍品。早在东汉年间，已开始生产色泽纯正、透明发光的青瓷。晋代浙江的越窑、婺窑、瓯窑已具相当规模。宋代，作为当时五大名窑之一的浙江龙泉哥窑生产的青瓷茶具，已达到鼎盛时期，远销各地。明代，青瓷茶具更以其质地细腻，造型端庄，釉色青莹，纹样雅丽而蜚声中外。当代，浙江龙泉青瓷茶具又有新的发展，不断有新产品问世。这种茶具除具有瓷器茶具的众多优点外，因色泽青翠，用来冲泡绿茶，更有益汤色之美。不过，用它来冲泡红茶、白茶、黄茶、黑茶，则易使茶汤失去本来面目，似有不足之处。

图 4-2-1 青瓷茶具

图 4-2-2 白瓷茶具

图 4-2-3 黑瓷茶具

图 4-2-4 彩瓷茶具

2. 白瓷茶具

白瓷具有坯质致密透明,上釉、成陶火度高,无吸水性,音清而韵长等特点。因色泽洁白,能反映出茶汤色泽,传热、保温性能适中,加之色彩缤纷,造型各异,堪称饮茶器皿中之珍品。早在唐时,河北邢窑生产的白瓷器具已"天下无贵贱通用之"。这些产品质薄光润,白里泛青,雅致悦目,并有影青刻花、印花和褐色点彩装饰。到了元代,景德镇因烧制青花瓷而闻名于世。直至今天,景德镇的瓷器仍是世界中的佼佼者。如今,白瓷茶具更是面目一新。这种白釉茶具,适合冲泡各类茶叶。加之白瓷茶具造型精巧,装饰典雅,其外壁多绘有山川河流,四季花草,飞禽走兽,人物故事,或缀以名人书法,又颇具艺术欣赏价值,所以,使用最为普遍。

3. 黑瓷茶具

黑瓷茶具,始于晚唐,鼎盛于宋,延续于元,衰微于明、清。这是因为自宋代开始,饮茶方法已由唐时煎茶法逐渐变为点茶法,而宋代流行的斗茶,又为黑瓷茶具的崛起创造了条件。福建建窑、江西吉州窑、山西榆次窑等,都大量生产黑瓷茶具,成为黑瓷茶具的主要产地。黑瓷茶具的窑场中,建窑生产的"建盏"最为人称道。蔡襄《茶录》中这样说:"建安所造者……最为要用。出他处者,或薄或色紫,皆不及也。"建盏配方独特,在烧制过程中使釉面呈现兔毫条纹、鹧鸪斑点、日曜斑点,一旦茶汤入盏,能放射出五彩纷呈的点点光辉,增加了斗茶的情趣。明代开始,由于"烹点"之法与宋代不同,黑瓷建盏"似不宜用",仅作为"以备一种"而已。

4. 彩瓷茶具

彩瓷茶具的品种花色很多,其中尤以青花瓷茶具最引人注目。青花瓷茶具,其实是指以氧化钴为呈色剂,在瓷胎上直接描绘图案纹饰,再涂上一层透明釉,尔后在窑内经1 300 ℃左右高温还原烧制而成的器具。然而,对"青花"色泽中"青"的理解,古今亦有所不同。古人将黑、蓝、青、绿等诸色统称为"青",故"青花"的含义比今人要广。它的特点是:花纹蓝白相映成趣,有赏心悦目之感;色彩淡雅幽菁可人,有华而不艳之力。加之彩料之上涂釉,显得滋润明亮,更平添了青花茶具的魅力。直到元代中后期,青花瓷茶具才开始成批生产,特别是景德镇,成了我国青花瓷茶具的主要生产地。由于青花瓷茶具绘画工艺水平高,特别是将中国传统绘画技法运用在瓷器上,因此这也可以说是元代绘画的一大成就。元代以后除景德镇生产青花茶具外,云南的玉溪、建水,浙江的江山等地也有少量青花瓷茶具生产,但无论是釉色、胎质,还是纹饰、画技,都不能与同时期景德镇生产的青花瓷茶具相比。明代,景德镇生产的青花瓷茶具,诸如茶壶、茶盅、茶盏,花色品种越来越多,质量愈来愈精,无论是器形、造型、纹饰等都冠绝全国,成为其他生产青花茶具窑场模仿的对象。清代,特别是康熙、雍正、乾隆时期,青花瓷茶具在古陶瓷发展史上,又进入了一个历史高峰,它超越前朝,影响后代。康熙年间烧制的青花瓷器具,更是史称"清代之最"。综观明、清时期,由于制瓷技术提高,社会经济发展,对外出口扩大,以及饮茶方法改变,都促使青花茶具获得了迅猛的发展,当时除景德镇生产青花茶具外,较有影响的还有江西的吉安、乐平,广东的潮州、揭阳、博罗,云南的玉溪,四川的会理,福建的德化、安溪等地。此外,全国还有许多地方生产"土青花"茶具,在一定区域内,供民间饮茶使用。

二、紫砂器具

紫砂茶具早在北宋初期已经崛起,并在明代大为流行。紫砂茶具,由陶器发展而成,属陶器茶具的一种。陶器中的佼佼者首推江苏宜兴紫砂茶具。

1. 紫砂壶的特性

紫砂器具和一般的陶器不同,其里外都不敷釉,采用当地的紫泥、红泥、绿泥等天然泥料精制焙烧而成。这些紫砂土是一种颗粒较粗的陶土,含有大量的氧化铁等化学元素。它的原料呈沙性,其沙性特征主要表现在两个方面:第一,虽然硬度高,但不会瓷化。第二,从胎的微观方面观察它有两层孔隙,即内部呈团形颗粒,外层是鳞片状颗粒,两层颗粒可以形成不同的气孔,正是由于这两大特点,使紫砂茶壶具有非常好的透气性,能较好地保持茶叶的色、香、味。

紫砂茶具的色泽,可利用紫砂泥泽和质地的差别,经过"澄"、"洗",使之出现不同的色彩,如可使青泥呈暗肝色,蜜泥呈淡赭石色,石黄泥呈朱砂色,梨皮泥呈冻梨色等;另外,还可通过不同质地紫泥的调配,使之呈现古铜、淡墨等色。优质的原料,天然的色泽,为烧制优良紫砂茶具奠定了物质基础。

由于紫砂成陶火温较高,在1 100—1 200摄氏度之间,烧结密致,胎质细腻,既不渗漏,又具有透气性能,经久使用,还能吸附茶汁,蕴含茶香,并且传热较慢,不太烫手。紫砂茶具有一定的透气性和低微的吸水性,用来泡茶,既利于保持茶的原香、原味,又不会产生熟汤气;即使在盛夏,壶中茶汤也不会变质发馊。因此,历史上曾有"一壶重不数两,价重每一二十金,能使土与黄金争价"之说。紫砂茶壶对温度的适应性也很好,在高温和寒冷的低温下不会爆裂,冬天放在火上煨烧,不会爆裂。紫砂茶具的缺点是颜色较深,难以观察茶汤的色泽和壶(杯)中茶叶的姿态变化。

紫砂茶具其使用年代越久,色泽越光亮照人、古雅润滑,常年久用,茶香愈浓,所以有人形容说:饮后空杯,留香不绝。由于紫砂壶造型丰富多彩,工艺精湛超俗,具有很高的艺术价值,因而成为人们竞相收藏的艺术品。

图 4-2-5　紫砂壶的构造

2. 紫砂壶的分类

紫砂壶可分五大类:光身壶、花果型、方壶、筋纹型、陶艺装饰壶。光壶是以圆为主,它的造型是在圆型的基础上加以演变,用线条、描绘、铭刻等多种手法来制作。满足不同藏家的爱好。花壶是以瓜、果、树、竹等自然界的物种来作题材,加以艺术创作,使其充分表现出自然美和返璞归真的原理。方壶是以点、线、面相结合的造型,来源于器皿和建筑等题材,以书画、铭刻、印版、绘塑等当作装饰手段,壶体庄重稳健。最近方壶创作中更注意到方圆的结合,刚柔相间,更能体现人体美学。筋纹菱花壶俗称"筋瓢壶",是以壶顶中心向外围射有规则线条之壶,竖直线条叫筋,横线称纹,故也称"筋纹器"。

图 4-2-6　光身壶

图 4-2-7　龙纹壶

三、金属茶具

金属用具是指由金、银、铜、铁、锡等金属材料制作而成的器具。它是我国最古老的日用器具之一,早在公元前18世纪至公元前221年秦始皇统一中国之前的1500年间,青铜器就得到了广泛的应用,先人用青铜制作盘盛水,制作爵、尊盛酒,这些青铜器皿自然也可用来盛茶。

自秦汉至六朝,茶叶作为饮料已渐成风尚,茶具也逐渐从与其他饮具共享中分离出来。大约到南北朝时,我国出现了包括饮茶器皿在内的金属器具。到隋唐时,金属器具的制作达到高峰。

本世纪80年代中期,陕西扶风法门寺出土的一套由唐僖宗供奉的鎏金茶具,可谓是金属茶具中罕见的稀世珍宝。但从宋代开始,古人对金属茶具褒贬不一。元代以后,特别是从明代开始,随着茶类的创新,饮茶方法的改变,以及陶瓷茶具的兴起,才使金属茶具逐渐消失,尤其是用锡、铁、铅等金属制作的茶具,用它们来煮水泡茶,被认为会使"茶味走样",以致很少有人使用。但用金属制成贮茶器具,如锡瓶、锡罐等,却屡见不鲜。这是因为金属贮茶器具的密闭性要比纸、竹、木、瓷、陶等好,具有较好的防潮、避光性能,这样更有利于散茶的保藏。因此,用锡制作的贮茶器具,至今仍流行于世。

图 4-2-8 金属茶具

四、其他器具

1. 漆器

漆器的历史十分悠久,在长沙马王堆西汉墓出土的器物中就有漆器。以脱胎漆器作为茶具,大约始于清代,其产地主要在福建的福州一带。

漆器茶具是采用天然漆树汁液,经掺色后,再制成绚丽夺目的器件。在浙江余姚的河姆渡文化中,已有木胎漆碗。但长期以来,有关漆器的记载很少,直至清代,福建福州出现了脱胎漆茶具,才引起人们的关注。

脱胎漆茶具,制作精细复杂,先要按茶具设计要求,做成木胎或泥胎模子;其上以夏布或绸料和漆裱上;再连上几道漆灰料;然后脱去模子;再经真灰、上漆、打磨、装饰等多道工序。脱胎漆茶具通常成套生产,盘、壶、杯常是呈一色,以黑色为多,也有棕色、黄棕、深绿等色。

福州生产的漆器茶具多姿多彩,有"宝砂闪光"、"金丝玛瑙"、"釉变金丝"、"仿古瓷"、"雕填"、"高雕"和"嵌白银"等品种,特别是创造了红如宝石的"赤金砂"和"暗花"等新工艺以后,更加鲜丽夺目,逗人喜爱。

漆器茶具表面晶莹光洁,嵌金填银,描龙画凤,光彩照人;其质轻且坚,散热缓慢。虽具有实用价值,但这些制品红如宝石,绿似翡翠,犹如明镜,光亮照人,人们多将其作为工艺品陈设于客厅、书房。

图 4-2-9　漆器茶具

图 4-2-10　竹木茶具

图 4-2-11　玻璃茶具

图 4-2-12　搪瓷茶具

2. 竹木器具

竹木茶具是人类先民利用天然竹木砍削而成的器皿。隋唐以前,我国饮茶虽渐次推广开来,但属粗放饮茶。当时的饮茶器具,除陶瓷器外,民间多用竹木制作而成。陆羽在《茶经四之器》中开列的24种茶具，多数是用竹木制作的。这种茶具，来源广，制作方便，因此，自古至今，一直受到茶人的欢迎。但缺点是易于损坏，不能长时间使用，无法长久保存。到了清代，在四川出现了一种竹编茶具，它既是一种工艺品，又富有实用价值，主要品种有茶杯、茶盅、茶托、茶壶、茶盘等，多为成套制作。

竹编茶具由内胎和外套组成，内胎多为陶瓷类饮茶器具，外套用精选慈竹，经劈、启、揉、匀等多道工序，制成粗细如发的柔软竹丝，经烤色、染色，再按茶具内胎形状、大小编织嵌合，使之成为整体如一的茶具。20世纪以来，竹编茶具已由本色、黑色或淡褐色的简单茶纹，发展到运用五彩缤纷的竹丝，编织成精致繁复的图案花纹，创造出疏编、扭丝编、雕花、漏花、别花、贴花等多种技法。这种茶具，不但色调和谐，美观大方，而且能保护内胎，减少损坏；同时，泡茶后不易烫手，并富含艺术欣赏价值。因此，多数人购置竹编茶具，不在其用，而重在摆设和收藏。

3. 玻璃茶具

玻璃茶具古时又称琉璃茶具，是由一种有色半透明的矿物质制作而成，色泽鲜艳，光彩照人。玻璃茶具在中国起步较早，陕西法门寺地宫刑出土的素面圈足淡黄色琉璃茶盏和茶托，就是证明。宋时，中国独特的高铅琉璃器具问世。元、明是规模较大的琉璃作坊在山东、新疆等地出现。清康熙时，在北京还开设了宫廷琉璃厂。随着生产的发展，如今玻璃茶具已成为大宗茶具之一。

由于玻璃茶具可直观杯中泡茶的过程，茶汤的鲜艳色泽，茶叶的细嫩柔软，茶叶在冲泡过程中的上下浮动，叶片的逐渐舒展等，可以一览无余，可说是一种动态的艺术欣赏，更增添品味之趣。特别是冲泡细嫩名茶，茶具晶莹剔透，杯中轻雾缥缈，澄清碧绿，芽叶朵朵，亭亭玉立，观之赏心悦目，别有风趣。如在沏碧螺春茶时，可见嫩绿芽叶缓缓舒展，碧绿的茶汁慢慢浸出的全过程。

玻璃杯最大特点是质地透明，光泽夺目，可塑性大，造型多样；因大批生产，故价格低廉，深受广大消费者的欢迎。缺点是传热快，易烫手，且易碎。

4. 搪瓷茶具

搪瓷茶具以其坚固耐用，图案清新，轻便耐腐蚀而著称。它起源于古代埃及，之后传入欧洲。但现在使用的铸铁搪瓷始于19世纪初的德国与奥地利。搪瓷工艺传入我国，大约是在元代。明代景泰年间（公元1450—1456年），我国创制了珐琅镶嵌工艺品景泰蓝茶具，清代乾隆年间（公元1736—1795年）景泰蓝从宫廷流向民间，这可以说是我国搪瓷工业的肇始。

我国真正开始生产搪瓷茶具是20世纪初。特别在80年代以来，新生产的品种：瓷面洁白、细腻、光亮，不但形状各异，而且图案清新，有较强的艺术感，可与瓷器媲美的仿瓷茶具；饰有网眼或彩色加网眼，且层次清晰，有较强艺术感的网眼花茶杯；式样轻巧，造型独特的鼓形茶杯和蝶形茶杯；能起保温作用，且携带方便的保温茶杯，以及可作放置茶壶、茶杯用的加彩搪瓷茶盘，受到不少茶人的欢迎。但搪瓷茶具传热快，易烫手，放在茶几上，会烫坏桌面，加之"身价"较低，所以，使用时受到一定限制，一般不作待客之用。

在日常生活中，除了使用上述茶具之外，还有玉石茶具及一次性的塑料、纸制茶杯等。不过最好别用保温杯泡饮，保温杯易闷熟茶叶，有损风味。

任务三：茶具的选配

我国地域辽阔，茶类繁多，又因民族众多、民俗差异，饮茶习惯便各有特点，所用器具更是异彩纷呈。选择茶具，很多人首先注意的都是器具外观的颜色，也有部分人还会注重器具的质地，其实，除了外观跟质地外，挑选茶具还有很多盲点没被大家多注意到，例如茶具的容量，茶具颜色与汤色的搭配等。选购茶具时，还必须考虑茶具的功能、容量、风俗三者统一协调，才能选配出完美的茶具。陶瓷茶具的色泽与胎或釉中所含矿物质成分密切相关，而相同的矿物质成分因其含量高低，也可变化出不同的色泽。

一、茶艺器具的名称及用途

依据泡茶时各茶具的使用功能可将其分为主泡器、助泡器、煮水器和储茶器四大类。

（一）主泡器

1. 茶壶

茶壶为主要的泡茶容器，一般以陶壶为主，此外尚有瓷壶、石壶等。上等的茶，强调的是色香味俱全，喉韵甘润且耐泡；而一把好茶壶不仅外观要美雅、质地要匀滑，最重要的是要实用。空有好茶，没有好壶来泡，无法将茶的精华展现出来；空有好壶没有好茶，总叫人有美中不足的感觉。一个好茶壶应具备之条件有：

（1）壶嘴的出水要流畅，不淋滚茶汁，不溅水花。

（2）壶盖与壶身要密合，水壶口与出水的嘴要在同一水平面上。壶身宜浅不宜深，壶盖宜紧不宜松。

(3) 无泥味、杂味。
(4) 能适应冷热急遽之变化,不渗漏,不易破裂。
(5) 质地能配合所冲泡茶叶之种类,将茶之特色发挥得淋漓尽致。
(6) 方便置入茶叶,容水量足够。
(7) 泡后茶汤能够保温,不会散热太快,能让茶叶成分在短时间内合宜浸出。

2. 茶船

茶船,用来放置茶壶的容器,茶壶里塞入茶叶,冲入沸开水,倒入茶船后,再由茶壶上方淋沸水以温壶,淋浇的沸水也可以用来洗茶杯,又称茶池或壶承。其常用的功能大致为:盛热水烫杯;盛接壶中溢出的茶水;保温。

图 4-3-1　茶海　　　　　　　图 4-3-2　各式盖碗

图 4-3-3　各式茶盘

3. 茶海

又称茶盅或公道杯。茶壶内之茶汤浸泡至适当浓度后,茶汤倒至茶海,再分倒于各小茶杯内,以求茶汤浓度之均匀。亦可于茶海上覆一滤网,以滤去茶渣、茶末。没有专用的茶海时,也可以用茶壶充当。其大致功用为:盛放泡好之茶汤,再分倒各杯,使各杯茶汤浓度相同和沉淀茶渣。

4. 茶杯

茶杯的种类、大小应有尽有。喝不同的茶用不同的茶杯。近年来更流行边喝茶边闻茶香的闻香杯。根据茶壶的形状、色泽,选择适当的茶杯,搭配起来也颇具美感。为便于欣赏茶汤颜色,及容易清洗,杯子内面最好上釉,而且是白色或浅色。对杯子的要求,最好能做到握、拿舒服,就口舒适,入口顺畅。

5. 盖碗

盖碗,或称盖杯,也可称三才杯。分为茶碗、碗盖、托碟三部分,置茶三公克于碗内,冲水约150毫升,加盖5—6分钟后饮用。以此法泡茶,通常喝上一泡已足,至多再加冲一次。

(二) 助泡器

泡茶、饮茶时所需的各种辅助用具,既能增加美感,又能便于操作。

1. 茶盘

泡茶时摆放茶具的托盘。用竹木、金属、陶瓷、石等制成,有规则形、自然形、排水形等多种。

2. 茶巾

一般为小块正方形棉、麻织物,用于擦洗、抹拭茶具,托垫茶壶等。

3. 奉茶盘

用以盛放茶杯、茶碗、茶点或其他茶具,奉送至宾客面前的托盘。

4. 茶荷

敞口无盖小容器,用于赏茶、投茶与置茶计量。

5. 茶道六君子

主要由茶则、茶匙、茶夹、茶针、茶漏和箸匙筒等六部分组成,用于辅助泡茶操作。

茶则:用来量取茶叶,确保投茶量准确。用它从茶叶罐中取茶入壶或杯,多为竹木制品。

图 4-3-4　茶道六君子

茶匙：又称茶拨，常与茶荷搭配使用，将茶叶拨入茶壶或盖碗等容器中。

茶夹：用来清洁杯具或夹取杯具，或将茶渣自茶壶中夹出。

茶针：由壶嘴伸入用于疏通茶叶阻塞，使之出水流畅的工具。也可以作翻挑盖碗杯盖时使用。

茶漏：圆形小漏斗，当用小茶壶泡茶时，投茶时将其置壶口，使茶叶从中漏进壶中，以防茶叶洒到壶外。

箸匙筒：插放茶则、茶匙、茶针、茶夹和茶漏等器具的有底筒状器物。

6. 盖置

放置茶壶、杯盖的器物，保持盖子清洁，多为紫砂或瓷器制成。

7. 茶滤和茶滤架

茶滤为过滤茶汤碎末用。形似茶漏，中间布有细密的滤网。其主要材质有金属、瓷质、竹木或其他。

茶滤架用于承托茶滤，其材质与茶滤相同，造型各异。

图 4-3-5　各式茶滤

8. 计时器

用以计算泡茶时间的工具，有定时钟和电子秒表。

（三）备水器

1. 煮水器

由汤壶和茗炉两部分组成。常见的"茗炉"以陶器、金属制架，中间放置酒精灯。茶艺馆及家庭使用最多的是"随手泡"，用电烧水，方便实用。

泡茶的煮水器在古代用风炉，目前较常见者为酒精灯及电壶，此外尚有用瓦斯炉及电子开水机，常用电炉和陶壶。

2. 水方

敞口较大的容器，用于贮存清洁的用水。

3. 水盂

盛放弃水、茶渣以及茶点废弃物的器皿，多用陶瓷制作而成，亦称"滓盂"。

(四) 备茶器

储存茶叶的罐子，必须无杂味、能密封且不透光，其材料有马口铁、不锈钢、锡合金及陶瓷等。

1. 茶叶罐

又称贮茶罐，贮藏茶叶用，茶量一般为250—500克。其材质金属、陶瓷均可。

2. 茶瓮

用于大量贮存茶叶的容器。

二、茶具的选配

选配茶具，不仅是一门综合的学问，更是一门综合性的艺术。不但要注意种类、质地、产地、年代、大小、轻重、厚薄，更要注意茶具的形式、花色、颜色、光泽、声音、书法、文字、图画、釉质。成套的茶具应该是具备贮茶、煮茶、沏茶、品茶之功能，并使盏、盖、托等器件完美结合，色、香、味、形俱臻上乘。

(一) 茶具选配基本原则

1. 因地而异

东北、华北一带，喜用较大的瓷壶泡茶，然后斟入瓷盅饮用；江浙一带多用有盖瓷杯或玻璃杯直接泡饮；广东、福建饮乌龙茶，必须用一套特小的瓷质或陶质茶壶、茶盅泡饮，选用"烹茶四宝"；潮汕风炉、玉书煨、孟臣罐、若琛瓯泡茶，以鉴赏茶的韵味；西南一带常用上有茶盖、下有茶托的盖碗饮茶，俗称"盖碗茶"；西北甘肃等地，爱饮用"罐罐茶"，是用陶质小罐先在火上预热，然后放进茶叶，冲入开水后，再烧开饮用茶汁；西藏、蒙古族等少数民族，多以铜、铝等金属茶壶熬煮茶叶，煮出茶汁后再加入酥油、鲜奶，称"酥油茶"或"奶茶"。

2. 因人而异

古往今来，茶具配置在很大程度上反映了人们的不同地位和身份。如陕西法门寺地宫出土的茶具表明，唐代皇宫选用金银茶具、秘色瓷茶具和琉璃茶具饮茶，而民间多用竹木茶具和瓷器茶具。宋代，相传大文豪苏东坡自己设计了一种提梁紫砂壶，至今仍为茶人推崇。清代慈禧太后对茶具更加挑剔，喜用白玉作杯，黄金作托的茶杯饮茶。这种情况在曹雪芹《红楼梦》中，就写得更为入微，如栊翠庵尼姑妙玉在庵中待客用茶配具时，就是因对方地位和与客人的亲近程度而异。现代人饮茶,对茶具的要求虽没有如此严格,但也根据各自习惯和文化底蕴,结合自己的目光与欣赏力,选择自己最喜爱的茶具供自己使用。

另外,不同性别、不同年龄、不同职业的人,对茶具要求也不一样。如男性习惯于用较大而素净的壶或杯泡茶;女士爱用小巧精致的壶或杯冲茶。又如老年人讲究茶的韵味,注重茶的香和味,因此,多用茶壶泡茶;年轻人以茶为友,要求茶香清味醇,重在品饮鉴赏,因此多用茶杯冲茶。再如脑力劳动者崇尚雅致的茶壶或茶杯细啜缓饮;而体力劳动者推崇大碗或大杯,大口急饮,重在解渴。

3. 因茶而定

中国民间,向有"老茶壶泡,嫩茶杯冲"之说。老茶用壶冲泡,一是可以保持热量,有利于茶汁的浸出;二是较粗老茶叶,由于缺乏欣赏价值,用杯泡茶,暴露无遗,用来敬客,不太雅观,又有失礼之嫌。而细嫩茶叶,选用杯泡,一目了然,会使人产生一种美感,达到物质享受和精神欣赏双丰收,正所谓"壶添茗情趣,茶增壶艺价值"。

随着红茶、绿茶、乌龙茶、黄茶、白茶、黑茶等茶类的形成,人们对茶具的种类和色泽,质地和式样,以及茶具的轻重、厚薄、大小等提出了新的要求。一般来说,为保香可选用有盖的杯、壶或碗泡茶;饮乌龙茶,重在闻香啜味,宜用紫砂茶具泡茶;饮用红碎茶或功夫茶,可用瓷壶或紫砂壶冲泡,然后倒入白瓷杯中饮用;冲泡西湖龙井茶、洞庭碧螺春、君山银针、黄山毛峰、庐山云雾茶等细嫩名优茶,可用玻璃杯直接冲泡,也可用白瓷杯冲泡。

但不论冲泡何种细嫩名优茶,杯子宜小不宜大。大则水量多,热量大,而使茶芽泡熟,茶汤变色,茶芽不能直立,失去姿态,进而产生熟汤味。

此外,冲泡红茶、绿茶、乌龙茶、白茶、黄茶,使用盖碗,也是可取的,只是碗盖的使用,则应依茶而论。

(二) 茶具选配基本方法

1. 特别配置

讲究精美、齐全、高品位和艺术性。一般会根据某种文化创意选配一个茶具组合,件数多、分工细,使用时一般不使用替代物件,力求完备、高雅,甚至件件器物都能引经据典,具有文化内涵。

2. 全配

以能够满足各种茶的泡饮需要为目标,只是在器件的精美、质地、艺术等要求上较"特别配置"低些。

3. 常配

即一种中等配置原则，以满足日常泡饮需求为目标。用常见茶具进行合理组合搭配，在大多数饮茶家庭和办公接待场合均可使用。

4. 简配

一种是日常生活需求的茶具简配，一种为方便旅行携带的简配。家用、个人用简配一般在"常配"基础上。省去茶海、茶池、略减杯盏等，不求茶品的个性对应，只求方便使用而已。

综上所述，茶具选择要考虑实用、有欣赏价值和有利于茶性的发挥。不同质地的茶具性能也不一样，陶瓷茶具能保温，传热适中，可以较好的保持茶叶的色、香、味、形之美，而且洁白卫生，不污染茶汤。紫砂茶具泡茶既无熟汤味，又可保持茶香持久，但难以对茶汤和茶形起衬托作用。玻璃茶具泡名茶，茶姿汤色历历在目，可增加饮茶情趣，但传热快、不透气、茶香易散失。

至于用搪瓷茶具、塑料茶具、保暖茶具泡茶，都不能充分发挥出茶的特性。而金玉茶具、漆器茶具则因价格昂贵、艺术品价值高而只能作为一种珍品供人们收藏了。

品茶在今天的中国已不再仅是满足口腹之欲，而进化为一门艺术，讲究的是名茶配名器，珠联璧合，相得益彰。陶瓷茶具不仅仅要有实用价值，还要有观赏价值，而且由于一大批中国茶人的推崇，使得茶具的文化品位十足，从而成为人们寄托情怀、涤荡心灵的载体。

 知识拓展

日本茶具小知识

日本茶事活动中使用的茶道具经过400多年的演化，种类极其繁多，其中最具有艺术和美学价值的，也是最多在游戏中出现的，主要有：凉炉、茶杯、茶釜、茶入和茶碗。著名煎茶道"小川流"的创始人可进在其著作《饮茶说》一书中曾谈到："茶具无论新旧，重要在于可以活用。茶具的优劣要看是否起到了给茶提味的效果。茶具终究是一种消费品——充分利用它，然后使之自然消亡；这就是煎茶道的美学意识。"

凉炉主要是用来煮水的。为了沏茶首先要有开水。因此凉炉自然就成了茶具之首。煎茶道讲究"活火熟汤"。按照这个要求凉炉也被不断改良，发展至今。同时还为了满足随处可以作茶这一要求,凉炉也不断趋向于轻便,而且随处可以点火烧水。

在煎茶道最盛行的时期,曾大量进口过中国的凉炉,并视为珍品。传说其兴起人就是江户时代初期人士——隐元禅师。其中主要是用白泥制成的白泥凉炉洁净高雅被人们爱用至今。照片上介绍的这个凉炉还配有荷叶形的盖子,这是为了防止风把炉灰吹起。这种带盖子的凉炉并不普及,但是一般都不是日本造的。

茶杯,在日本,谈到茶具人们自然会联想到茶杯。由此可见茶杯在茶具中所占的地位。人们第一次欣赏煎茶道时首先为其茶杯之小和茶量之少而吃惊。追求小而精这一点在日本煎茶界早有共识。可以说,在当时是为了确立煎茶道的独有的特征。为什么要使用小茶杯,各说不一。有人认为是使用了现成的酒杯,而有人则认为是受中国的功夫茶的影响。

茶釜,就是茶事中烧水用的锅、壶,在茶人的手中,创造出了千姿百态的艺术珍品。日本的芦屋、天明、京都,是三大茶釜产地,"××芦屋"、"××天明"名字的茶器,就是产自这两个地方的名物。据说茶釜没有两个是完全重样的,全部是手工制作,和劳斯车一样。松永久秀的"平蜘蛛"就是非常名贵的茶釜。

茶入,是盛浓茶粉的小罐。茶事中要点两种茶:浓茶与薄茶,前者浓稠如粥,后者浓度近似咖啡,其中浓茶是茶事的关键。因此茶入也是最为重要的茶道具之一。茶入最早来自于中国,据说是中国人盛放火药的容器,也有说是中国人盛头油用的(有名的"初花"茶入据说就是杨贵妃用过的油盒)。茶入分为"唐物"和"和物",战国时期,主要还是使用从中国少量进口的"唐物"茶入,因此十分珍贵,拥有一定级别的名唐物茶入,是武将身份和权势的象征。即使到了江户幕府,茶入仍是地方大名与将军家关系疏近的证明物。只有德川一族或者谱代重臣,才有将军下赐的名贵茶入也。

茶碗,顾名思义,喝茶的碗也。这是茶道具中品种最多、价值最高、最为考究的一种,甚至被作为所有茶道具的代称。茶碗是陶制的,因此直接体现了日本陶器工艺的最高成就,非常著名的"乐窑"、"织部窑"、"志野窑"出产的茶碗,就是在名茶人的直接指导下,由能工巧匠生产出来的极品和物茶碗。除了和物茶碗外,茶碗的另外两个重要来源是中国的天目山建安窑和高丽国。前者被称为"天目茶碗",是茶道中最早使用的茶碗,十分名贵,但随着利休等人逐渐将茶道引向朴拙自然,天目茶碗不再流行,现在已经极少使用。

而高丽茶碗实际上就是高丽民间的饭碗,十分简单粗糙,但在利休等大茶人眼里,却恰好体现茶道的本质,因此被大量的使用。高丽茶碗的代表是井户茶碗。

除了茶釜、茶入和茶碗外,茶道具还有:

壁龛用:挂轴、花入(插花瓶)、香盒。

烧水用:风炉、地炉、炉灰(垫在炭下起炉底作用的草垫子)。

添炭用:炭斗(乌府)、羽帚、釜环(可装卸的茶釜把)、火箸、釜垫(垫在釜下隔热用的)、灰器(盛灰的)。

点茶用:薄茶盒、茶勺,茶刷、清水罐、水注(就是带嘴儿的水壶)、水勺、水勺筒、釜盖承、污水罐、茶巾、绢巾、茶具架等。

林林总总数十种,涉及陶器、漆器、瓷器、竹器、木器、金属器皿等。可以说茶道具集中反映了日本手工业的总体成就。

项目回顾

通过本项目的学习,使学习者了解茶具的起源与发展概况,掌握茶具的类型,学会根据所学知识对茶具进行简单搭配与评价。

技能训练

回忆生活中使用的泡茶器具;教师展示实训室现有的茶具与茶叶,将学习者分成小组,将不同类型的茶具分散后再进行与茶叶配茶具的科学搭配,最后让学习者观察并用文字记录下所学习到的知识,教师点评。

自我测试

1. 选择题

(1) 茶具一词最早出现在?(　　)。

　　A. 商代　B. 周朝　C. 春秋时期　D. 汉代　E. 宋代　F. 清代

(2) 茶具可以分为拿几类?(　　)。

　　A. 陶土茶具　B. 紫砂茶具　C. 瓷器茶具　D. 漆器茶具　E. 竹木茶具　F. 玻璃茶具

2. 简答题

（1）茶具的发展经历了哪些主要的历史朝代？

（2）瓷器茶具有哪些分类，分类中有哪些代表派？

（3）选配茶具时，要注重哪些方面？

3. 判断题

（1）"茶具"一词最早出现在西汉时期。（　　）

（2）陶器中最为突出的是紫砂茶具。（　　）

（3）生活中常使用的一次性纸杯不属于茶具。（　　）

（4）长沙马王堆汉墓中出现了漆器茶具。（　　）

4. 思考题

如何科学使用不同类型的茶具冲泡不同类型的茶叶？

项目四 茶之水

学习目标
- 了解水质对茶的重要性；以及泡茶用水的选择和标准
- 掌握泡茶四要素，能够根据不同茶类泡好一壶茶
- 了解中国的名泉佳水
- 掌握煮水的基本要求

项目导读

泡茶就是用开水浸泡茶叶，使其成为茶汤的过程。我国历代茶人对取水一事，颇多讲究，有人取"初雪之水"、"朝露之水"、"清风细雨中的无根水"，你知道是为什么吗？现代社会人人都会喝茶，但冲泡未必得法。茶叶的种类繁多，水质也各有差异，冲泡技术不同，泡出的茶汤就会有不同的效果。

任务一：择水标准

一、泡茶用水的选择

"水乃茶之母"，水质的好坏直接影响茶汤的质量。自古人们都是把烹茶用水当作专门的学问来研究的。明人许次纾在《茶疏》中说："精茗蕴香，借水而发，无水不可与论茶也"。明代张源在《茶录》中则称："茶者，水之神；水者，茶之体。非真水莫显其神，非精茶曷窥其体。"明代张大复在《梅花草堂笔谈·试茶》中讲得更为透彻："茶情必发于水，八分之茶，遇十分之水，茶亦十分矣；八分之水，试十分之茶，茶只八分耳。"这是古人对茶与水关系的精辟阐述，可见佳茗必须有好水相匹配，方能相得益彰。因而历史上就有"龙井茶，虎跑水"杭州双绝、"蒙顶山上茶，扬子江心水"、"㴲河中心水，车云顶上茶"之说，在我

国茶艺中名泉伴名茶,相互辉映。

(一)泡茶用水的标准

郑板桥写有一副对联:"从来名士能评水,自古高僧爱斗茶。"这副对联极生动地说明了"评水"是茶艺的一项基本功,所以茶人们常说"水是茶之母"或"水是茶之体"。泡茶用水究竟以何种为好,自古以来就引起人们的重视和兴趣。陆羽《茶经》说:"其水,用山水上、江水中、井水下,拣乳泉、石池慢流者上。"宋徽宗赵佶《大观茶论》:"水以清、轻、甘、冽为美。轻甘乃水之自然,独为难得……"历代茶人对于茶品的研究同时也注重研究水品,后人在他提出的"清、轻、甘、冽"的基础上,又增加了"活",认为"清、轻、甘、冽、活"五项俱佳的水,才称得上宜茶美水。

其一,水质要清。水之清表现为"朗也、静也、澄水貌也"。水清则无杂、无色、透明、无沉淀物,最能现出茶的本色。故清澄明澈之水称为"宜茶灵水"。

其二,水体要轻。轻指含杂质少。明朝末年有论证说:"各种水欲辨美恶,以一器更酌而称之,轻者为上。"清代乾隆皇帝很赏识这一理论,每到一地便用一个银斗称量各地名泉的比重,并按水从轻到重的比重,钦定京师玉泉山的玉泉水为"天下第一泉"。

其三,水味要甘。田艺蘅在《煮泉小品》中写道:"甘,美也;香,芬也。""泉惟甘香,故能养人。"所谓水甘,即水一入口,舌尖顷刻便会有甜滋滋的美妙感受,咽下去后,喉中也有甜爽的回味,用这样的水泡茶自然会增茶之香味。

其四,水温要冽。冽即冷寒之意。因为寒冽之水多出于地层深处的泉脉之中,所受污染少,泡出的茶汤滋味纯正。

其五,水源要活。"活水"即流动之水,"流水不腐,户枢不蠹"。现代科学证明了在流动的活水中细菌不易繁殖,同时活水有自然净化作用,在活水中氧气和二氧化碳等气体的含量较高,泡出的茶汤特别鲜爽可口。

 知识拓展

泡茶用水的讲究

在选择泡茶用水时,还必须了解水的硬度和茶汤品质的关系。天然水可分硬水和软水两种,根据现代的科学分析,水中通常都含有处于电离状态下的钙和镁的碳酸盐和氯化物,凡含有较多量的钙、镁离子的水称为硬水;不溶或只含少量钙、镁离子的水称为软水。如果水的硬度是由含有碳酸钙或碳酸氢镁引起的,这种水称暂时硬水,可以通过煮沸将所含碳酸氢盐分解,生成不溶性的碳酸盐而沉淀,这样硬水就变为了软水。1公升水中含有碳酸钙1毫克的称硬度为1度,硬度小于8度的为软水,8度以上为硬水。如水中含钠离子多,茶味则咸;钙离子多,茶味则涩;硫离子多,茶味则苦;镁离子多,则茶汤色变淡;铁离子多,茶汤变黑等。

(二) 泡茶用水的分类

泡茶用水可分为天水、地水、再加工水三大类。

1. 天水类

天水类包括了雨、雪、霜、露、雹等。天水由于是大气中的水蒸气凝结降落,一般水质较清,含杂质也较少,受历代茶人所推崇,被誉为"天泉",但因季节不同而有很大差异。秋季天高气爽,尘埃较少,雨水清冽,泡茶滋味爽口回甘;梅雨季节和风细雨,有利于微生物滋长,泡茶水质较差;夏季雷阵雨,常伴飞沙走石,水质不净,泡茶茶汤浑浊,不宜饮用。

用雪水泡茶,一向被重视。唐代大诗人白居易《晚起》诗云"融雪煎香茗",辛弃疾词曰"细写茶经煮香雪",元朝刘敏中说"旋扫太初岩顶雪,细烹阳羡贡余茶",元代诗人谢宗可《雪煎茶》诗中的"夜扫寒英煮绿尘",乾隆皇帝"遇佳雪每收取,以松实、梅英、佛手烹茶,谓之'三清'",都是描写用天水泡茶的。而如今,由于大气及环境污染严重,天水已不适宜直接用于煮水泡茶。

2. 地水类

地水类包括了泉水、溪水、江水、河水、湖水、池水、井水等。古代人认为地水以"泉水上,江水中,井水下",泉水是最宜泡茶的水,这不仅因为多数泉水都符合"清、轻、甘、冽、活"的标准,还因为泉水以其涓涓的风姿和淙淙的声响引人遐想,可为茶艺平添几分野韵、幽玄、神秘的美感。泡茶用水虽以泉水为佳,但溪水、江水与河水等常年流动之水,用来沏茶也并不逊色。宋代诗人杨万里曾写诗描绘船家用江水泡茶的情景,诗云:"江湖便是老生涯,佳处何妨且泊家,自汲淞江桥下水,垂虹亭上试新茶。"明代许次纾在《茶疏》中写道:"黄河之水天上来,浊者土色也,澄之既净,香味自发。"这就说明有些江河之水,尽管浑浊度高,但澄清之后,仍可饮用。通常靠近城镇之处,江(河)水易受污染,所以需要净化处理后才能泡茶饮用。如取大江之水,应在上游、中游植被良好的幽静之处,于夜间取水,置入缸中,左右旋搅,三日后,自缸心轻轻舀入另一空缸,至七八分即将原缸渣水沉淀皆倾去。如此,搅拌、沉淀、取舍3遍即可,这是天然水的保养法。

井水属地下水,是否适宜泡茶,不可一概而论。有些井水水质甘美,是泡茶好水,如北京故宫博物院文华殿东传心店内的"大庖井",曾经是皇宫里的重要饮水来源。一般来说,深层地下水有耐水层的保护,污染少,水质洁净;浅层地下水易被地面污染,水质较差。城市里的井水,受污染多,多咸味,不宜泡茶;而农村井水,受污染少,水质好,适宜泡茶。湖南长沙市内著名的"白沙井"的水是从砂岩中涌出的清泉,水质好,而且终年长流不息,取之泡茶,香味俱佳。

3. 再加工水类

再加工水类是指经过工业净化处理的饮用水,包括自来水、纯净水(含蒸馏水、太空水等)、矿泉水、活性水(含磁化水、矿化水、高氧水、离子水、生态水等)、净化水等五种。

这些水中,纯净水属于软水很适于用来泡茶,净化水一般也适宜泡茶。自来水一般都是经过人工净化、消毒处理过的江河湖水,凡达到我国卫生部制定的饮用水卫生标准的自来水都适宜泡茶。但有时自来水中用过量氯化物消毒,气味很重,若直接泡茶会严重影响茶汤品质。为了消除氯气,可将自来水贮存在缸中静置一昼夜,待氯气自然消失,再用来煮沸泡茶。所以,经过处理后的自来水也是比较理想的泡茶用水。泡茶用水常用的处理方法有:过滤法、澄清法和煮沸法。另外,矿泉水和活性水则应选用软性的品种,含矿物质多的硬水泡茶效果不佳。

总之,泡茶用水在茶艺中是一重要项目,它不仅要合于物质之理、自然之理,还包含中国茶人对大自然的热爱和高雅的审美情趣。

知识拓展

陆羽鉴水

在唐代宗年间,湖州刺史李季卿至维扬(今江苏扬州),遇见了陆羽。李季卿久闻陆羽精通茶艺茶道,十分倾慕,这次能在扬州相逢,自然十分高兴。便下令停船,邀请陆羽一同品茗相谈。李季卿说:"素闻扬子江南零之水特别好,为天下一绝,再加上相逢名满四海的陆羽,可谓二妙相遇,实乃千载难逢。"遂命兵士驾船到江中去汲取南零水,并乘着取水间隙。将品茶用具一一布置妥当。

不久，南零水取到。陆羽用杓在水面一扬后说道："这水倒是扬子江的水，但不是南零段的，好像是临岸之水。"兵士急忙禀报："这水是我亲自驾船到南零去汲取的，有很多人看见，我怎么敢撒谎呢？"陆羽并不作答，将所取之水倒去一半，再用杓在水面一扬后高兴地说："这才是南零之水。"兵士听后大惊失色，忙伏地叩头说："我从南零取水回来时，不想到岸边时，由于船身晃动，使得所取之水溢出一半，担心水不够用，便从岸边取水加满。没曾想先生如此明鉴，再次谢罪。"

李季卿与数十位随从都惊叹于陆羽鉴水之神奇，李季卿便向陆羽讨教说："那么先生所经历过的水，哪些好哪些不好呢？"陆羽回答说："楚水第一，晋水最下。"李季卿忙命手下用笔一一记录下来。由此，"陆羽鉴水"的故事一时传为佳话，为茶圣一生的传奇又平添一段风韵。

（三）泡茶要素

茶叶中的化学成分是组成茶叶色、香、味的物质基础，其中多数能在冲泡过程中溶解于水，从而形成了茶汤的色泽、香气和滋味。泡茶时，应根据不同茶类的特点，调整水的温度、浸润时间和茶叶的用量，从而使茶的香味、色泽、滋味得以充分地发挥。综合起来，泡好一壶茶主要有四大要素：第一是茶叶用量，第二是泡茶水温，第三是冲泡时间，第四是冲泡次数。

1. 茶叶用量

茶叶用量就是每杯或每壶中放适当分量的茶叶。泡好一杯茶或一壶茶，首先要掌握茶叶用量。每次茶叶用多少，并没有统一标准，主要根据茶叶种类、茶具大小以及消费者的饮用习惯而定。根据研究，茶水比为1∶7、1∶18、1∶35和1∶70时，水浸出物分别是干茶的23％、28％、31％和34％，说明在水温和冲泡时间一定的前提下，茶水比越小，水浸出物的绝对量就越大。另一方面，茶水比过小，茶叶内含物被溶出茶汤的量虽然较大，但由于用水量大，茶汤浓度会显得很低，茶味淡，香气薄。相反，茶水比过大，由于用水量小，茶汤浓度过高，滋味苦涩，而且不能充分利用茶叶的有效成分。试验表明，不同茶类、不同泡法，由于香味成分含量及其溶出比例不同，以及不同饮茶习惯，对香、味程度要求各异，对茶水比的要求也不同。

一般认为，冲泡红、绿茶及花茶，茶水比可掌握在1∶（50—60）为宜。若用玻璃杯或瓷杯冲泡，每杯约放3克茶叶，注入150—200毫升沸水。品饮铁观音等乌龙茶时，因习惯浓饮，注重品味和闻香，故要汤少味浓，用茶量以茶叶与茶壶比例来确定，投茶量大致是茶壶容积的1/3—1/2。广东潮、汕地区，投茶量达到茶壶容积的1/2—2/3。紧压茶,如金尖、康砖、茯砖和方苞茶等,因茶原料比较粗老,用煮渍法才能充分提取出茶叶香、味成分;而原料较为细嫩的饼茶则可采用冲泡法。用煮渍法时,茶水比可用1∶80,冲泡法则茶水比略大,约1∶50。品饮普洱茶,如用冲泡法,茶水比一般用1∶(30—40),即5—10克茶叶加150—200毫升水。茶、水的用量还与饮茶者的年龄、性别有关。一般来说,中老年人比年轻人饮茶要浓,男性比女性饮茶要浓。如果饮茶者是老茶客或是体力劳动者,一般可以适量加大茶量;如果饮茶者是新茶客或是脑力劳动者,可以适量少放一些茶叶。但通常茶不可泡得太浓,因为浓茶有损胃气,对脾胃虚寒者更甚,茶叶中含有鞣酸,太浓太多,可收缩消化黏膜,引起便秘和牙黄;同时,太浓的茶汤和太淡的茶汤不易体会出茶香嫩的味道。古人谓饮茶"宁淡勿浓"是有一定道理的。

2. 冲泡水温

古人对泡茶水温十分讲究。宋代蔡襄在《茶录》中说:"候汤(即指烧开水煮茶——作者注)最难,未熟则沫浮,过熟则茶沉,前世谓之蟹眼者,过熟汤也。沉瓶中煮之不可辨,故曰候汤最难。"明代许次纾在《茶疏》中说得更为具体:"水一入铫,便需急煮,候有松声,即去盖,以消息其老嫩。蟹眼之后,水有微涛,是为当时;大涛鼎沸,旋至无声,是为过时;过则汤老而香散,决不堪用。"以上说明,泡茶烧水,要大火急沸,不要文火慢煮。以刚煮沸起泡为宜,用这样的水泡茶,茶汤香味皆佳。如水沸腾过久,即古人所称的"水老"。此时溶于水中的二氧化碳挥发殆尽,泡茶鲜爽味便大为逊色。未沸滚的水,古人称为"水嫩",也不适宜泡茶,因水温低,茶中有效成分不易泡出,使香味低淡,而且茶浮水面,饮用不便。据测定,用60℃的开水冲泡茶叶,与等量100℃的水冲泡茶叶相比,在时间和用茶量相同的情况下,茶汤中的茶汁浸出物含量,前者只有后者的45%—65%。这就是说,冲泡茶的水温高,茶汁就容易浸出,茶汤的滋味也就愈浓;冲泡茶的水温低,茶汁浸出速度慢,茶汤的滋味也相对愈淡。"冷水泡茶慢慢浓"说的就是这个意思。

泡茶水温的高低,与茶的老嫩、松紧、大小有关。大致说来,茶叶原料粗老、紧实、整叶的,要比茶叶原料细嫩、松散、碎叶的,茶汁浸出要慢得多,所以冲泡水温要高。当然,水温的高低,还与冲泡的茶叶品种有关。

具体说来,高级细嫩名茶,特别是名优高档的绿茶,冲泡时水温为80℃左右。只有这样泡出来的茶汤清澈不浑,香气醇正而不钝,滋味鲜爽而不熟,叶底明亮而不暗,使人饮之可口,视之动情。如果水温过高,汤色就会变黄;茶芽因"泡熟"而不能直立,失去欣赏性;维生素遭到大量破坏,降低营养价值;咖啡因、茶多酚很快浸出,又使茶汤产生苦涩味,这就是茶人常说的把茶"烫熟"了。反之,如果水温过低,则渗透性较低,往往使茶叶浮在表面,茶中的有效成分难以浸出,结果茶味淡薄,同样会降低饮茶的功效。大宗红、绿茶和花茶,由于茶叶原料老嫩适中,故可用 90 ℃左右的开水冲泡。冲泡乌龙茶、普洱茶等特种茶,由于原料并不细嫩,加之用茶量较大,所以须用刚沸腾的 100 ℃开水冲泡。特别是乌龙茶为了保持和提高水温,要在冲泡前用滚开水烫热茶具;冲泡后用滚开水淋壶加温;目的是增加温度,使茶香充分发挥出来。至于边疆地区民族喝的紧压茶,要先将茶捣碎成小块,再放入壶或锅内煎煮后,才供人们饮用。

判断水的温度可先用温度计和计时器测量,等掌握之后就可凭经验来断定了。当然,所有的泡茶用水都得煮开,以自然降温的方式来达到控温的效果。

3. 冲泡时间

茶叶冲泡时间差异很大,与茶叶种类、泡茶水温、用茶数量和饮茶习惯等都有关。茶叶的冲泡时间长短,对茶叶内含的有效成分的利用也有很大影响。据测定,用沸水泡茶,首先浸泡出来的是咖啡因、维生素、氨基酸等;大约到 3 分钟时,浸出物浓度最佳,这时饮起来,茶汤有鲜爽醇和之感,但缺少饮茶者需要的刺激味;之后随着时间的延续,茶多酚浸出物含量逐渐增加。

泡饮普通红、绿茶,经冲泡 3—4 分钟后饮用,获得的味感最佳。时间少则缺少茶汤应有的刺激味;时间长,喝起来鲜爽味减弱,苦涩味增加;只有当茶叶中的维生素、氨基酸、咖啡因等有效物质被沸水冲泡后溶解出来,茶汤喝起来才能有鲜爽醇和的感觉。

对于注重香气的乌龙茶、花茶,泡茶时为了不使茶香散失,不但需要加盖,而且冲泡时间不宜过长。由于泡乌龙茶时用茶量较大,因此第一泡较短浸泡时间就可将茶汤倾入杯中,自第二泡开始,每次比前一泡增加 15 秒左右,这样泡出的茶汤比较均匀。

白茶由于加工时未经揉捻,细胞未遭破碎,所以茶汁很难浸出,因此浸泡时间须一般在 4—5 分钟后,浮在水面的茶叶才开始徐徐下沉,这时品茶者可以欣赏为主,观茶形、察沉浮,从不同的茶姿、颜色中使自己的身心得到愉悦,一般到十分钟后方可品饮茶汤;否则不仅失去了品茶艺术的享受,而且饮起来淡而无味。

另外,冲泡时间还与茶叶老嫩和茶的形态有关。一般说来,凡原料较细嫩,茶叶松散的,冲泡时间可相对缩短;相反,原料较粗老,茶叶紧实的,冲泡时间可相对延长。

4. 冲泡次数

通常茶叶冲泡第一次，可溶性物质浸出55%左右，第二次为30%，第三次为10%，第四次就只有1%—3%了。茶叶中的营养成分，如维生素C、氨基酸、茶多酚、咖啡因等，第一次冲泡时已浸出80%左右，第二次已浸出95%，第三次就所剩无几了。香气滋味也是头泡香味鲜爽，二泡茶浓而不鲜，三泡茶香渐淡，四泡少滋味，五六泡则近似白开水了。所以茶叶还是以冲泡三次为宜，如饮用颗粒细小、揉捻充分的红碎茶和绿碎茶，由于这类茶的成分很容易被沸水浸出，一般都是冲泡一次就将茶渣滤去，不再重泡；速溶茶，也是采用一次冲泡法；工夫红茶则可冲泡2—3次；而条形绿茶如眉茶、花茶通常只能冲泡2—3次；白茶和黄茶一般也只能冲泡1—2次。品饮乌龙茶多用小型紫砂壶，在用茶量较多时（约半壶）的情况下，可连续冲泡4—6次，甚至更多。

其实任何品种的茶叶都不宜浸泡过久或冲泡次数过多，最好是即泡即饮，否则有益成分被氧化，不但减低营养价值，还会泡出有害物质。

任务二：名泉介绍

一、天下第一泉

对天下第一泉的排序，历来争议颇多。人们普遍认为的天下第一泉有七处，分别是：济南的趵突泉、镇江的中泠泉、北京的玉泉、庐山的谷帘泉、峨眉山的玉液泉、安宁碧玉泉、衡山水帘洞泉。其中以趵突泉、中泠泉、玉泉和谷帘泉最为著名。

1. 庐山康王谷谷帘泉

被陆羽列为"天下第一泉"的谷帘泉又名三叠泉，在江西庐山主峰大汉阳峰南面的康王谷中。据唐代张又新《煎茶水记》记载，陆羽曾经应李季卿的要求，对全国各地20处名泉排出名次，其中第一名就是"庐山康王谷谷帘泉"。

谷帘泉四周山体，多由砂岩组成，加之当地植被繁茂，下雨时雨水通过植被，再慢慢沿着岩石节理向下渗透，最后通过岩层裂缝，汇聚成一泓碧泉，从崖涧喷洒散飞，纷纷数十百缕，款款落入潭中，形成"岩垂练千丝落"（苏轼诗）的壮丽景象。因水如垂帘，故又称为"水帘泉"或"水帘水"。

谷帘泉经陆羽评定后，声誉倍增，驰名四海。历代众多文人墨客都以能亲临观赏这一胜景和亲品"琼浆玉液"为幸。宋代陆游一生好茶，在入川途中路过江西时，也对谷帘泉称赞不已，在他的日记中这样写道："前辈或斥水品以为不可信，水品因不必尽当，然谷帘泉卓然，非惠山所及，则亦不可诬也。"此外，宋代名士王安石、朱熹、秦少游等也都慕名到此品茶品水，公认谷帘泉水"甘馥清泠，具备诸美而绝品也！"人们普遍认为谷帘泉的泉水具有八大优点，即清、冷、香、柔、甘、净、不噎人、可预防疾病。

2. 江苏镇江中泠泉

中泠泉也叫中濡泉、南泠泉，意为大江中心处的一股清冷的泉水，泉水清澈，"绿如翡翠，浓似琼浆"，泉水甘洌醇厚，特宜煎茶。相传有"盈杯之溢"之说，贮泉水于杯中，水虽高出杯口二三分都不溢，水面放上一枚硬币，不见沉底。

中泠泉位于江苏镇江金山寺外，被唐代刘伯刍评为"天下第一泉"。诗"扬子江心水，蒙顶山上茶"即指此泉。唐宋之时，金山还是"江心一朵芙蓉"，中泠泉也在长江中。据记载，泉水在江中，江水来自西方，受到石牌山和鹘山的阻挡，水势曲折流转，分为三泠（三泠为南泠、中泠、北泠），而泉水就在中间一个水曲之下，故名"中泠泉"。因位置在金山的西南面，故又称"南泠泉"。因长江水深流急，汲取不易。据传打泉水需在正午之时将带盖的铜瓶子用绳子放入泉中后，迅速拉开盖子，才能汲到真正的泉水。南宋爱国诗人陆游曾到此，留下了"铜瓶愁汲中濡水，不见茶山九十翁"的诗句。后来因长江主干北移，令金山与南岸相连，中泠泉才移至陆地上。

3. 北京玉泉山玉泉

北京玉泉位于西郊颐和园以西的玉泉山，自山间石隙中喷涌而出，淙淙之声悦耳。下泄泉水，艳阳光照，犹如垂虹，明时已列为"燕京八景"之一。因此地随地皆泉，故名为玉泉山。玉泉泉水水清而碧，澄洁似玉，自石雕的龙口中喷出，白如雪花，曾名为"喷玉泉"。

据传，清帝乾隆为验证该水水质，命太监特制一个银质量斗，用以称量全国各处送京来的名泉水样，其结果是：北京玉泉水每银斗重一两，为最轻；济南珍珠泉水重一两二钱；镇江中泠泉水重一两三钱；无锡惠山泉、杭州虎跑泉水均为一两四钱。所以乾隆皇帝赐玉泉为"天下第一泉"，还特地撰写了《玉泉山天下第一泉记》："水之德在养人，其味贵甘，其质贵轻。朕历品名泉……则凡出於山下而有洌者，诚无过京师之玉泉，故定为天下第一泉。"

北京玉泉自明清两代，均为宫廷用水水源。清代皇宫饮水都是从玉泉取来，运水车每天清早就从西直门运水入城，车上插着龙旗，故北京西直门有"水门"之称。

4. 济南趵突泉

趵突泉又名槛泉,位于济南市中心的趵突泉公园,这里是一座以泉水为主的自然山水公园。济南素以泉水多而著称,有"济南泉水甲天下"的赞誉。趵突泉位列济南七十二泉之首,被誉为"天下第一泉",南倚千佛山,北靠大明湖,是泺水的源头,如今已有两千七百年的历史。"趵突泉,三窟并发,声如隐雷","泉源上奋,水涌若轮","倒喷三窟雪,散作一池珠","千年玉树波心立,万叠冰花浪里开"是趵突泉的真实写照。趵突泉水清醇甘洌,烹茶甚为相宜,宋代曾巩说"润泽春茶味更真"。

趵突泉被誉为"第一泉"始见于明代晏璧的诗句"渴马崖前水满川,江水泉进蕊珠圆。济南七十泉流乳,趵突洵称第一泉。"后来还传说乾隆皇帝下江南途经济南时品饮了趵突泉水,觉得这水竟比他赐封的"天下第一泉"玉泉水更加甘洌爽口,于是赐封趵突泉为"天下第一泉",并写了一篇《游趵突泉记》,还为趵突泉题书了"激湍"两个大字。此外,蒲松龄也把天下第一的桂冠给了趵突泉。他曾写道:"尔其石中含窍,地下藏机,突三峰而直上,散碎锦而成绮垂……海内之名泉第一,齐门之胜地无双。"趵突泉是泉城济南的象征与标志,与千佛山、大明湖并称为济南三大名胜。

二、无锡惠山泉

惠山泉位于江苏无锡惠山寺附近,原名漪澜泉,相传为唐朝无锡县令敬澄派人开凿的,共两池,上池圆,下池方,故又称二泉。由于惠山泉水源于若冰洞,是地下水的天然露头,免受环境污染,加多细流透过岩层裂缝汇集成流,水质自然清澈晶莹,质轻而味甘,富含矿物质营养,深受茶人赞许。唐代大宝进士皇甫冉称此水来自太空仙境;唐元和进士李绅说此泉是"人间灵液,清鉴股骨,漱开神虑,茶得此水,尽皆芳味"。

惠山泉盛名,始于中唐,其时饮茶之风大兴,品茗之艺术化使之对水有更高的要求。据张又新的《煎茶水记》载,最早评点惠山泉水品的是唐代刑部侍郎刘伯刍和"茶圣"陆羽,都将惠山泉列为"天下第二泉";宋徽宗赵佶更把惠山泉水列为贡品;元代翰林学士、大书法家赵孟頫专为惠山泉书写了"天下第二泉"五个大字,至今仍完好地保存在泉亭后壁上。近代,这种汲惠山泉水沏茶之举大有人在。每日提壶携桶排队汲水,为的就是试泉品茗。

三、苏州虎丘寺石泉水

石泉水位于苏州阊门外虎丘寺旁,其地不仅以天下名泉佳水著称于世,而且以风景秀丽名闻遐迩。据《苏州府志》记载,唐德宗贞元中,陆羽寓居苏州虎丘,发现虎丘山泉甘醇可口,遂在虎丘山挖筑一井,在天下宜茶二十水品中,陆羽称"苏州虎丘寺石泉水,第五"。后人称其为"陆羽井"、"陆羽泉"。在虎丘期间,陆羽还用虎丘泉水栽培茶树。由于陆羽的提倡,苏州人饮茶成习俗,百姓营生种茶亦为一业。与陆羽同时代的刘伯刍又评它为"天下第三泉"。从此,虎丘寺石泉水又有了"天下第三泉"之美称。

四、扇子山蛤蟆石泉水

蟆石在长江西陵峡东段,在距湖北宜昌市西北25公里的灯影峡之东,长江南岸扇子山山麓,有一呈椭圆形的巨石,豁然挺出,从江中望去好似一只张口伸舌、鼓起大眼的蛤蟆,人们称之为蛤蟆石,又叫蛤蟆碚。

在蛤蟆尾部山腹有一石穴,中有清泉,泠泠倾泻于"蛤蟆"的背脊和口鼻之间(因蛤蟆头朝北),漱玉喷珠,状如水帘,垂注入长江之中,名曰"蛤蟆泉"。泉洞石色绿润,岩穴幽深,其内积泉水成池,水色清碧,其味甘美。

蛤蟆泉,水清、味甘,是烹茶、酿酒的上好水源。陆羽曾多次来此品尝,他在《茶经》中写道:"峡州扇子山有石突然,泄水独清冷,状如龟形,俗云蛤蟆泉水第四"。

这蛤蟆泉水自从陆羽评其为"天下第四泉"以来,引起了嗜茶品泉者的浓厚兴趣,特别是北宋年间,许多著名品泉高手、茶道大师,都不避艰险,纷纷登临扇子山,以一品蛤蟆泉水为快,并留下了赞美泉水的诗篇。

五、扬州大明寺泉水

大明寺,在江苏扬州市西北约4公里的蜀岗中峰上,东临观音山。建于南朝宋大明年间(公元457—464年)而得名。隋代仁寿元年(公元601)曾在寺内建栖灵塔,又称栖灵寺。这里曾是唐代高僧鉴真大师居住和讲学的地方,现寺为清同治年间重建。在大明寺山门两边的墙上对称地镶嵌着:"淮东第一观"和"天下第五泉"十个大字,每字约一米见方,笔力遒劲。

著名的"天下第五泉"即在寺内的西花园里。西花园原名"芳圃"。相传为清乾隆十六年(公元1751年),乾隆皇帝下江南,到扬州欣赏风景的一个御花园,向以山林野趣著称。唐代茶人陆羽在沿长江南北访茶品泉期间,实地品鉴过大明寺泉,被列为天下第十二佳水。唐代另一位品泉家刘伯刍却将扬州大明寺水,评为"天下第五泉",于是,扬州大明寺泉水就以"天下第五泉"扬名于世。大明寺泉水味醇厚,最宜烹茶,凡是品尝过的人都公认宋代欧阳修在

《大明寺泉水记》中所说:"此水为水之美者也",是深识水性之论。

六、浙江杭州虎跑泉

虎跑泉在浙江杭州市西南大慈山白鹤峰下慧禅寺(俗称虎跑寺)侧院内,距市区约5公里。虎跑泉石壁上刻着"虎跑泉"三个大字,功力深厚,笔锋苍劲,出自西蜀书法家谭道一的手迹。虎跑泉因地处群山之低处,泉水从大慈山后断层陡壁砂岩、石英砂中渗出,据测定流量为43.2—86.4立方米。由于水量充足,所以虎跑泉大旱不涸。虎跑泉水矿化度不高,水质无菌,饮后对人体有保健作用。

"龙井茶叶虎跑水",被誉为西湖双绝。古往今来,凡是来杭州游历的人们,无不以能身临其境品尝一下以虎跑甘泉之水冲泡的西湖龙井之茶为快事。历代的诗人们留下了许多赞美虎跑泉水的诗篇。如苏东坡有:"道人不惜阶前水,借与匏樽自在尝。"著名文学家郭沫若1959年2月游虎跑泉时,在品茗之际曾作《虎跑泉》诗:"虎去泉犹在,客来茶甚甘。名传天下二,影对水成三。饱览湖山美,豪游意兴酣。春风吹送我,岭外又江南。"

七、浙江杭州龙井泉

龙井泉地处杭州西湖西南,位于南高峰与天马山间的龙泓涧上游的风篁岭上,又名龙泓泉、龙湫泉,为一圆形泉汉民,环以精工雕刻的云状石栏。泉池后壁砌以垒石,泉水入垒石下的石隙涓涓流出,汇集于龙井泉池,尔后通过泉下方通道注入玉泓池,再跌宕下泻,成为风篁岭下的淙淙溪流。

据明代田汝成《西湖游览志》载,龙井泉发现于三国东吴孙权统治年间(公元238—251年),东晋学者葛洪在此炼过丹。民间传说龙井泉与江海相通,龙居其中,故名龙井。

其实,龙井泉属岩溶裂隙泉,四周多为石灰岩层构成,并由西向东南方倾斜,而龙井正处在倾斜面的东北端,有利于地下水顺岩层向龙井方向汇集。同时,龙井泉又处在一条有利于补给地下水的断层破碎带上,从而构成了终年不涸的龙井清泉,且水味甘醇,清明如镜。

如今,"龙井问茶"已刻成碑,立龙井泉和龙井寺的入口处。在龙井茶室品茗,已成了游客的绝妙去处。

任务三：火煮甘泉

历代的实践证明，好茶没有好水，就不能把茶的品质发挥出来，但有了好水，煮水不到家，火候掌握不好，也无法显示出好茶、好水的风格，甚至还会使茶汤变味、茶色走样、茶味趋钝。因此泡茶用火很讲究，主要是根据"看汤"来判断火的大小，就是要观察煮水的全过程。

一、烧水燃料的选取

煮水燃料的选择要掌握两点：一是燃烧性能要好，产生热量要大，做到急火快煮；二是燃烧物不能带有异味和冒烟，这样才能不致污染水质。现代煮水燃料中燃烧性能较好、污染较小的有煤气、酒精、电等，既清洁卫生又简单方便，还能达到急火快煮的要求。

古人采用无烟木炭烧水，但在今天，人们主要用煤、电、天然气、酒精等烧水。在我国西北及长江以北的广大地区，煤的贮藏量十分丰富，所以人们主要用煤烧水。不过用煤烧水，必须做到两点：一是当煤完全燃旺时再烧水，避免文火久烧；二是要将壶盖儿盖紧，将壶嘴以外的部分密封，避免煤中的烟气和其他异味的污染。在农村，有用柴草烧水的情况，而在大城市，人们用电或煤气烧水，具有清洁卫生、简单方便等特点，按"活火猛烧"的要求，将热源开关开到最大，避免低热慢沸。

二、烧水程度的控制

在宋代以前，人们主要饮用的是团茶和饼茶，饮茶的方法如同现在人们煎煮中药，人们把这种饮茶的方式称为煎茶。对于烧水，水烧得"老"或"嫩"都会影响到水的质量，所以应该严格掌握煮水的程度。古代的人们在煮水程度的掌握上积累了大量经验。煮水泡茶要急火快煮，不可文火慢烧；另外水不能烧得过老或过嫩，水沸即离火，不宜长时间沸煮，否则泡茶风味不佳，且会产生亚硝酸盐，有损健康。宋徽宗赵佶《大观茶论》中提出烧水的标准是"汤以鱼目蟹眼连绎迸跃为度"，这种说法是符合科学道理的。陆羽在《茶经》中称："其沸，如鱼目，微有声，为一沸；缘边如涌泉连珠，为二沸；腾波鼓浪为三沸，已上水老，不可食也"。这里的一沸、二沸、三沸指烧水程度，依陆羽之见，烧水以"鱼目"过后，"连珠"发生时最为适宜，否则，就会因"水老"而"不可食"。

随着年代的久远、人类的进步,人们在泡茶时对沸水的"老"与"嫩",燃料的"活"与"朽",火候的"急"与"缓"慢慢有了更高的要求。现代有经验的茶人都知道,自来水一定要烧沸,沸水中的二氧化碳已经被挥发,泡出来的茶汤鲜爽味浓;而用没有煮沸的水泡茶,由于水温过低,茶叶中的许多成分难以浸泡出来,使得茶汤滋味淡薄、香气淡薄,还会使茶叶浮在上面,影响品饮。

三、煮水器的选择

煮水器要注意质地和材料,要选择不会产生过多杂质的容器,如铁壶不宜煮水泡茶,铁壶常含铁锈水垢,用来泡茶,会使绿茶汤色变暗,红茶汤色变褐,而且影响茶汤的鲜爽。古人常用陶壶作烧水容器,称为"铫"或"茶瓶"。潮州功夫茶所用的"茶房四宝"茶具之一的玉书煨就是一个缩小的红泥瓦陶壶,小巧玲珑,烧一壶水正好冲一道茶,故每次均可准确掌握水沸程度,保证最佳泡茶质量。

现代社会,煮水常用金属铝壶或不锈钢壶,也有的用玻璃、陶瓷或水晶材质的壶,这些都是比较好的煮水器。

另外煮水器的洁净度也很重要,必须做到专用,否则泡茶用水会沾上其他味道。煮水器还要考虑其容器大小、器壁厚薄、传热性能等,如果容器过大、器壁过厚,传热差,烧水时间就会拉长,从而使水质变钝,失去鲜爽茶味。

 项目回顾

本章内容主要涉及泡茶用水的选择标准、分类和泡茶的四个要素,列举了中国的名泉佳水,以及煮水的基本要求。

 技能训练

学生结组进行实践——如何选水与煮水泡好一杯茶。并结合过程写出具体体验。

1. 选择题

(1) 陆羽《茶经》指出:其水,(　　　)。

A. 江水上，山水中，河水下　　　　B. 山水上，河水中，江水下

　　C. 山水上，江水中，井水下　　　　D. 泉水上，溪水中，河水下

(2) "茶性必发于水，八分之茶，遇十分之水，茶亦十分矣；八分之水，试十分之茶，茶只有八分耳"，上面这句话出自(　　)。

　　A. 许次纾《茶疏》　　　　　　　　B. 张源《茶录》

　　C. 张大复《梅花草堂笔谈》　　　　D. 张又新《煎茶水记》

(3) 下列不属于泡茶用水的处理方法的是(　　)。

　　A. 过滤法　　　B. 消毒法　　　C. 澄清法　　　D. 煮沸法

(4) 下列不属于泡茶要素的是(　　)。

　　A. 茶叶用量　　B. 泡茶水温　　C. 茶叶种类　　D. 冲泡时间

2. 判断题

(1) 泡茶用水的标准是"清、轻、甘、洌、活"。　　　　　　　(　　)

(2) 用含铁离子较多的水泡茶，茶汤表面易起"锈油"。　　　　(　　)

(3) 雨水和雪是比较纯净的，历来被用来煮茶，特别是雪水。　(　　)

(4) 每公升水中钙、镁离子的含量大于 8 mg 时称为硬水。　　 (　　)

(5) 用雨水泡茶，一年之中以秋雨为好。　　　　　　　　　　(　　)

3. 简答题

(1) 什么是软水？什么样的水泡茶好？

(2) 用自来水泡茶时，用什么方法处理为宜？

(3) 煮水时如何能控制水的"老嫩"？

(4) 泡茶有几要素？分别是什么？

(5) 请列举出至少四个中国名泉。

项目五 茶之礼

学习目标
- 了解茶艺礼仪的概念
- 掌握茶艺操作中的寓意礼
- 掌握茶艺师日常仪态要求

项目导读

茶艺是一种以茶为媒的生活礼仪,也被认为是修身养性的一种方式,它通过沏茶、赏茶、闻茶、饮茶,增进友谊,美心修德,学习礼法,是很有益的一种和美仪式。喝茶能静心、静神,有助于陶冶情操、去除杂念,这与提倡"清静、恬淡"的东方哲学思想很合拍。品茶活动是表现一定的礼节、人品、意境、美学观点和精神思想的一种饮茶艺术,它是茶艺与精神的结合,并通过茶艺表现精神,兴于中国唐代,盛于宋、明代,衰于清代。中国茶道的主要内容讲究五境之美,即茶叶、茶水、火候、茶具、环境,同时配以情绪等条件,以求"味"和"心"的最高享受。

任务一:茶礼

一、礼仪的概念

礼仪就是律己、敬人的一种行为规范,是表现对他人尊重和理解的过程和手段。

礼仪的"礼"字指的是尊重,即在人际交往中既要尊重自己,也要尊重别人。古人讲"礼仪者敬人也",实际上是一种待人接物的基本要求。礼仪的"仪"字顾名思义,仪者仪式也,即尊重自己、尊重别人的表现形式。总之礼仪是尊重自己尊重别人的表现形式,进而言之,礼仪其实就是交往艺术,就是待人接物之道。

  礼仪是指人们在社会交往中由于受历史传统、风俗习惯、宗教信仰、时代潮流等因素而形成，既为人们所认同，又为人们所遵守，是以建立和谐关系为目的的各种符合交往要求的行为准则和规范的总和。总而言之，礼仪就是人们在社会交往活动中应共同遵守的行为规范和准则。

二、茶艺礼仪的概念

  所谓茶艺礼仪，就是一种以茶为媒的人们借茶事活动在一起共同修身养性的生活礼仪；茶礼是一种在饮茶的特定环境下，相关人员约定俗成（或大宗师的倡导下形成）的行为模式，它是在人们的"趋同"意识下形成的；茶礼是当事人通过参与有秩序的置器、控制水火、沏茶、品饮茶汤，互增情谊、交流学习及增进社会意识的行为模式及其方法论。

  茶礼是茶道不可分割的部分。在茶道中，茶礼是与茶艺（后茶艺）联系最为紧密的部分之一。茶礼的载体是茶事活动的全体人员，也就是说"茶礼的中心是人"，茶礼的目的是以茶为媒、以茶事为契机，沟通思想、交流感情；与茶礼联系紧密的茶艺，它的中心是"茶"（从干茶到茶汤到焕发为茶人的茶情等），它的首要目的是养生，主要要求治茶人对茶理的通晓。至于茶情，它的产生则依赖于饮者们各自的艺术修养。

  茶礼作为一种日常生活礼仪，它也是社会礼仪的一部分，因此，它具有一定的稳定社会秩序、协调人际关系的功能。它来源于中国几千年的"尊老敬上"和"和为贵"的文化思想，是人类在漫长的饮茶历史中积淀下来的表达情感的惯用形式。

  茶礼在于茶事活动，是把茶道精神形式化、规范化、制度化。作为制度与规范，它是茶事引导和茶道思想体现的方法之一，是维护茶事相关人员之间交流沟通的各种礼节仪式的总和。作为茶事的制度与规范，它需要茶事活动全体人员共同实施、维护。

任务二：礼节

  礼节是指人们在交际过程和日常生活中，相互表示尊重、友好、祝愿、慰问以及给予必要的协助与照料的惯用形式，它实际上是礼貌的具体表现方式。

  在茶艺活动中，注重礼节，互致礼貌，表示友好与尊重，能体现良好的道德修养，也能感受茶艺活动带来的愉悦心情。下面就茶艺活动中常见的几种礼节进行简要介绍。

一、鞠躬礼

鞠躬礼源自中国，指弯曲身体向尊贵者表示敬重之意，代表行礼者的谦恭态度。

（一）站式鞠躬

1."真礼"站式鞠躬

以站姿为预备，然后将相搭的两手渐渐分开，贴着两大腿下滑，手指尖触至膝盖上沿为止，同时上半身由腰部起倾斜，头、背与腿呈近90°的弓形（切忌只低头不弯腰，或只弯腰不低头），略作停顿，表示对对方真诚的敬意，然后，慢慢直起上身，表示对对方连绵不断的敬意，同时手沿脚上提，恢复原来的站姿。鞠躬要与呼吸相配合，弯腰下倾时作吐气，身直起时作吸气，使人体背中线的督脉和脑中线的任脉进行小周天的气循环。行礼时的速度要尽量与别人保持一致，以免尴尬。

2."行礼"站式鞠躬

"行礼"要领与"真礼"同，仅双手至大腿中部即行，头、背与腿约呈120°的弓形。"草礼"只需将身体向前稍作倾斜，两手搭在大腿根部即可，头、背与腿约呈150°的弓形，余同"真礼"。

若主人是站立式，而客人是坐在椅（凳）上的，则客人用坐式答礼。"真礼"以坐姿为准备，行礼时，将两手沿大腿前移至膝盖，腰部顺势前倾，低头，但头、颈与背部呈平弧形，稍作停顿，慢慢将上身直起，恢复坐姿。"行礼"时将两手沿大腿移至中部，余同"真礼"。

图 5-2-1 "真礼"站式鞠躬、"行礼"站式鞠躬、"草礼"站式鞠躬

3. "草礼"站式鞠躬

只将两手搭在大腿根,略欠身即可。

（二）坐式鞠躬

以坐姿为准备,弯腰后恢复坐姿,其他要求同站式鞠躬。若主人是站立式,而客人是坐在椅(凳)上的,则客人用坐式鞠躬答礼。

（三）跪式鞠躬

1. "真礼"跪式鞠躬

以跪坐姿为预备,背、颈部保持平直,上半身向前倾斜,同时双手从膝上渐渐滑下,全手掌着地,两手指尖斜相对,身体倾至胸部与膝间只剩一个拳头的空当(切忌只低头不弯腰或只弯腰不低头),身体约呈 45°前倾,稍作停顿,慢慢直起上身。同样行礼时动作要与呼吸相配,弯腰时吐气,直身时吸气,速度与他人保持一致。

2. "行礼"跪式鞠躬

"行礼"方法与"真礼"相似,但两手仅前半掌着地(第二手指关节以上着地即可),身体约呈 30°前倾。

3. "草礼"跪式鞠躬

行"草礼"时仅两手手指着地,身体约呈 15°前倾。

二、伸掌礼

这是茶道表演中用得最多的示意礼。当主泡与助泡之间协同配合时,主人向客人敬奉各种物品时都简用此礼,表示的意思为:"请"和"谢谢"。当两人相对时,可均伸右手掌对答表示,若侧对时,右侧方伸右掌,左侧方伸左掌对答表示。伸掌姿势是:四指并拢,虎口分开,手掌略向内凹,侧斜之掌伸于敬奉的物品旁,同时欠身点头,动作要一气呵成。

图 5-2-2 坐式鞠躬、伸掌礼、扣指礼

三、扣指礼

右手的中指和食指曲一曲,在桌子上敲两下。

四、奉茶礼

奉茶礼(敬茶、献茶、上茶)源于呈献物品给位尊者的一种古代礼节。在茶艺中是指沏茶者把沏泡好的茶用双手恭敬地端上茶几、茶桌,或用双手恭敬地端给品饮者。将泡好的茶端给客人时,最好使用托盘,若不用托盘,注意不要用手指接触杯沿。端至客人面前,应略躬身,说"请用茶",也可伸手示意,同时说"请"。宾客接茶时,若人多,环境嘈杂,可行扣指礼表示感谢。若用双手接过时,人要有稍前倾的姿势,应点头示意或道谢。除特殊情况外,不用单手奉茶。奉茶时要注意将茶杯正面对着接茶的一方,有杯柄的茶杯在奉茶时要将杯柄放置在客人的右手边。敬茶点要考虑取食方便,有时请客人选茶点,有"主随客愿"之敬意。

在某些茶艺活动中,客人的位置或桌面较低时,往往以蹲曲身体的姿势奉茶和递器物等,它是一种形体语言,表示对宾客的尊敬。

若客人较多时,上茶的先后顺序一定要慎重对待,切不可肆意而为。合乎礼仪的做法应是:其一,先为客人上茶,后为主人上茶;其二,先为主宾上茶,后为次宾上茶;其三,先为女士上茶,后为男士上茶;其四,先为长辈上茶,后为晚辈上茶。

如果来宾甚多,且彼此之间差别不大时,可采取下列四种顺序上茶:其一,以上茶者为起点,由近而远依次上茶;其二,以进入客厅之门为起点,按顺时针方向依次上茶;其三,在上茶时,以客人的先来后到为先后顺序;其四,上茶时不讲顺序,或是由饮用者自己取用。

五、寓意礼

茶道活动中,自古以来在民间逐步形成了不少带有寓意的礼节。

1. 凤凰三点头

"凤凰三点头"是茶艺中的一种传统礼仪,是对客人表示敬意,同时也表达了对茶的敬意。

高提水壶,让水直泻而下,接着利用手腕的力量,上下提拉注水,反复三次,让茶叶在水中翻动。这一冲泡手法,雅称凤凰三点头。凤凰三点头不仅为了泡茶本身的需要,为了显示冲泡者的姿态优美,更是中国传统礼仪的体现。

三点头像是对客人鞠躬行礼,是对客人表示敬意,同时也表达了对茶的敬意。

2. 回旋斟水法

回转斟水、斟茶、烫壶等动作,右手必须逆时针方向回转,左手则以顺时针方向回转,表示招手"来!来!来!"的意思。欢迎客人来观看,若相反方向操作,则表示挥手"去!去!去!"的意思。

3. 壶嘴朝向

茶壶放置时壶嘴不能正对客人,否则表示请客人离开。

4. 斟茶量

"七分茶、八分酒"是厦门民间的一句俗语,谓斟酒斟茶不可斟满,让客人不好端,溢出了酒水茶水,不但浪费,也总会烫着客人的手或撒泼到衣服上,令人尴尬。因此,斟酒斟茶以七八分为宜,太多或太少都会被认为不识礼数。用茶壶斟茶时,应该以右手握壶把,左手扶壶盖。在客人面前斟茶时,应该遵循先长后幼,先客后主的服务顺序。斟完一轮茶后,茶壶应该放在餐台上,壶嘴不可对着客人。茶水斟到以七八分满为宜。俗话说:"茶满欺客",如果茶水斟满一是会使客人感到心中不悦,二是杯满水烫不易端杯饮用。

另外,有时请客人选点茶,有"主随客愿"之敬意;有杯柄的茶杯在奉茶时要将杯柄放置在客人的右手面,所敬茶点要考虑取食方便。总之,应处处从方便别人考虑,这一方面的礼仪有待于进一步地发掘和提高。

六、其他礼节

1. 续水

最合适的做法,就是要为客人勤斟茶,勤续水。当然,为来宾续水上茶一定要讲主随客便,切勿做作。如果一再劝人用茶,而无话可讲,则往往意味着提醒来宾"应该打道回府了"。以前,中国人待客有"上茶不过三杯"一说。第一杯叫作敬客茶,第二杯叫作续水茶,第三杯则叫作送客。

在为客人续水斟茶时,须以不妨碍对方为佳。如有可能,最好不要在其前面进行操作。非得如此不可时,则应一手拿起茶杯,使之远离客人身体、座位、桌子,另一只手将水续入。在续水时,不要续的过满,也不要使自己的手指、茶壶或者水瓶弄脏茶杯。为防止续水时水外滴,应在茶壶或水瓶的口部附上一块洁净的毛巾。

2. 鼓掌

鼓掌是对表演者、献技者、讲话者的赞赏、鼓励、祝愿、祝贺的礼貌举止。

3. 起立

茶艺活动中的起立是位卑者表示敬意的礼貌举止,通常在迎候或送别嘉宾、年长者时起立。

4. 告辞

品茗后,客人应对主人的茶叶、泡茶技艺和精美的茶具表示赞赏。告辞时要再次对主人的热情款待表示感谢。

5. 馈赠小型礼物

馈赠小型礼物是礼仪的表达方式之一,俗话说"礼轻情谊重",适宜的小礼品,可以增进双方的感情,有利于人际关系的和谐。礼物应适合茶艺氛围,有些需用合适的包装,选择的时机可在茶艺活动临近结束或结束后,使人有意犹未尽,话久情长的感觉。

任务三：仪容仪表

仪容,通常是指人的外观、外貌,其中的重点,则是指人的容貌。茶艺礼仪要求仪容自然美、修饰美、内在美三者结合。在这三者之间,仪容的自然美是人们的心愿,仪容的内在美是最高的境界,而仪容的修饰美则是仪容礼仪关注的重点。

要做到仪容修饰美,自然要注意修饰。修饰仪容的基本规则是美观、整洁、卫生、得体。在茶艺活动中,修饰仪容通常从面容、头发、化妆、手型等方面做起。

一、面容

仪容在很大程度上指的就是人的面容,由此可见,面容修饰在仪容修饰之中举足轻重。面容要求清新健康,平和放松,微笑,不化浓妆,不喷香水,牙齿洁白整齐。修饰面容,首先要做到面必洁,使之干净清爽,无汗渍、无油污、无其他任何不洁之物。修饰面容,具体到各个不同的部位,还有一些不尽相同的规定,需要具体问题具体分析。

(一) 眼部

1. 保洁

眼睛是人际交往中被他人注视最多的地方,自然便是修饰面容时首当其冲之处。眼部的保洁主要是指眼部分泌物的及时清除。另外,若眼睛患有传染病,应自觉回避社交活动,省得让他人提心吊胆,近之难过,避之不恭。

2. 修眉

若感到自己的眉形刻板或不雅观,可进行必要的修饰,但是不提倡进行"一成不变"的文眉,或剃去所有眉毛,刻意标新立异。

(二) 耳朵

耳朵虽位于面部两侧,但仍在他人视线注意之内,对它也要注意:

1. 卫生:在洗澡、洗头、洗脸时,不要忘记清洗一下耳朵。必要之时,还须清理耳孔之中不洁的分泌物。

2. 耳毛:有些人,特别是一些上年纪的人,耳毛长得较快,甚至会长出耳孔之外。在必要之时,应对其进行修剪,勿任其自由发展,随意飘摇。

(三) 鼻子

涉及个人形象的有关鼻子的问题,主要有两个:

1. 清洁

平时,应注意保持鼻腔清洁,不要让异物堵塞鼻孔,或是让鼻涕到处流淌。不要随处吸鼻子,不要在人前人后时挖鼻孔。

2. 鼻毛

参加社交应酬之前,勿忘检查一下鼻毛是否长在鼻孔之外。一旦出现这种情况,应及时修剪。不要置之不理,或是当众用手去拔。

(四) 嘴巴

嘴巴是发音之所,也是进食之处,理所当然地应当多作修饰,细心照顾。

1. 护理

牙齿洁白,口腔无味,是护理上的基本要求。一要每天在饭后刷三次牙,以去除异物、异味;二要经常采用爽口液、牙线、洗牙等方式保护牙齿;三要在重要应酬之前忌食烟、酒、葱、韭菜、腐乳之类气味刺鼻的东西,免得让交往对象掩鼻受罪。

2. 异响

社交礼仪规定,人体之内发出的所有声音,如咳嗽、哈欠、喷嚏、吐痰、清嗓、吸鼻、打嗝、放屁的声响,都是不雅之声,统称为异响,在社交场合应当极力避免。在大庭广众之前,若他人不慎制造了异响,最明智的做法是视若不见,置若罔闻。若本人不慎弄出了异响,则最好及时承认,并向身边的人抱歉。

3. 胡须

胡须是男子的生理特点,男士若无特殊宗教信仰和民族习惯,最好不要蓄须,并应经常剃去胡须。在社交场合,即使胡子茬为他人所见,也是失礼的。青年男子尤其不要蓄须,否则既稀疏难看,又显得邋里邋遢。若女士因内分泌失调而长出类似胡须的汗毛,则应及时治疗,并予以清除。

(五)脖颈

脖颈与头部相连,属于面容的自然延伸部分。修饰脖颈,一是要防止其皮肤过早老化,与面容产生较大反差。二是要使之经常保持清洁卫生,不要只顾脸面,不顾其他。脸上干干净净,但脖子上,尤其是脖后、耳后藏污纳垢,与脸上泾渭分明,反差过大,亦不美观。

二、发型

由于茶艺具有厚重的传统文化因素,在茶艺表演中的发型大多应具有传统、民俗与自然的特点,如中国人绝大多数是黑发、少卷,女长发、男短发。若染成黄发、金发,烫卷发,或女士剪成短发,男士留成长发则缺少传统意蕴。发型要求原则上要根据自己的脸型,适合自己的气质,给人一种很舒适、整洁、大方的感觉。头发不论长短,都要按泡茶时的要求进行梳理。头发不要挡住视线,长发盘起,不染发。

三、手型

在人们的日常生活、工作以及人际交往中,手往往充当"先行官"的角色,毫不吝啬地将人的一切展现于众。作为茶艺人员,首先要有一双修长、流畅、细腻、整洁的手,女士纤小结实,男士浑厚有力。平时注意适当的保养,要勤修指甲,指甲无污物,随时保持清洁光亮。此外,参加茶艺活动时,不戴首饰,手指干净,不宜涂抹指甲油。

四、服饰

茶艺演示既是一种艺术形式的表演行为,又是一种平常生活的穿着行为。针对这一特征,必然会形成它在服装选择与搭配中一些具有不同标准的选择原则,需要人们进行总体地把握。

(一)茶艺服饰的选择与搭配原则

1. 服务原则

服务原则通常表示为什么穿这件衣裳,即穿衣的目的性。茶席动态演示的服饰,并不完全是为了体现演示者的形象美,而是为了体现茶席设计的主题思想及茶席物象的风格特征。因此,在对服饰的选择与搭配上,无论是面料、款式、色彩、搭配还是做工,都要考虑从茶席设计的主题出发。服饰选择与搭配的原则还体现了设计者对茶席设计主题思想的理解程度和表现能力。理解越准确,其服饰的表现力就越强、越典型。

2. **整体原则**

整体原则是要求事物形态具有的完整性。服饰的完整性要有全面、整体的考虑,不能把上衣下裳、穿鞋戴帽、衬里外套等做分开的选择与搭配。例如,在款式上,上衣宽大,必下裳长瘦;裙、裤宽长,必上衣短小、紧束。又如,在色彩上,无论是统一色还是非统一色,都要给人以一种完整的感觉。

3. **形体原则**

形体原则是指根据穿着者的体形高矮、胖瘦,四肢的长短、粗细等来进行服饰的选择与搭配。虽然服务原则已决定了服饰选择与搭配的目标,但人的体形各不相同,这就要根据体形从款式结构和色彩上进行相应地调整,以达到扬长避短的效果。

4. **肤色原则**

肤色原则是指应根据穿着者的皮肤颜色来选择服装的色彩。服装的颜色搭配,永远是建立在皮肤的颜色基础之上。因此,选择服装的色彩,要以人的肤色为基准。基本方法是:同类色相配,即深浅、明暗程度不同的两种同一类颜色相配;近似色相配,即两个比较接近的颜色相配;强烈色相配,即两个截然相对的颜色相配。补色相配能形成鲜明的对比,常常会收到较好的效果。

5. **配饰原则**

配饰原则是指在服装基础之上配以饰物的一般规律。配饰原则常在不经意间体现一个人的生活品位。配饰规律的表现:不以流行为标志,选择自己中意的小品;不以贵重为炫耀,把目光停留在身边的平凡物品上;不以物大为佳。

(二) 常见茶人服饰

1. **女式**

(1) 旗袍:中国女性传统服饰,是最为当今世人所认可和推崇的中国服饰之代表,是中国灿烂辉煌的服饰的代表作之一,虽然其定义和产生的时间至今还存有诸多争议,但它仍然是中国悠久的服饰文化中的现象和形式之一。旗袍历经百年的演进,随着人们的生活方式和审美情趣的变化,演绎出多姿多彩的样式,让人目不暇接。20世纪30、40年代是旗袍发展的黄金时代,样式变化多且非常丰富。旗袍的襟、领、袖、裙摆等部位风格别样:襟有圆襟、方襟、长襟等;领有上海领、元宝领、低领等;袖子有长袖、短袖,有挽大袖、套花袖,还有喇叭形的倒大袖,在袖口镶、绣、滚、荡各种纹样,十分别致;裙摆除了长短变化,还增加了鱼尾形、波浪形等裙摆款式。现代常见的旗袍织锦缎,图案为传统的中国纹饰如双鱼、富贵花、梅花等,茶艺表演中建议穿着中国水墨画手法描绘的花卉图案设计的手绘旗袍。

图 6-3-1　旗袍　　　　图 6-3-2　汉服　　　　图 6-3-3　中式唐装

(2)汉服:全称是"汉民族传统服饰",又称汉衣冠、汉装、华服,是从黄帝即位到公元 17 世纪中叶(明末清初),在汉族的主要居住区,以"华夏—汉"文化为背景和主导思想,以华夏礼仪文化为中心,通过自然演化而形成的具有独特汉民族风貌性格,明显区别于其他民族的传统服装和配饰体系,是中国"衣冠上国"、"礼仪之邦"、"锦绣中华"、赛里斯国的体现,承载了汉族的染、织、绣等杰出工艺和美学,传承了 30 多项中国非物质文化遗产以及受保护的中国工艺美术。茶艺表演时以简易棉麻汉服为主(除了仿古茶艺时用正统汉服)。

(3)唐装:唐装是中式服装的通称,唐装是传统和现代的结合品。它吸取了传统服装富有文化韵味的优势,使古老的唐装重新登上了时尚舞台。唐装已经进行了很多改良。大陆所称的"唐装",基本上是清末的中式着装。所谓现代唐装,即西式裁剪的满族马褂。

2. 男式

(1)长衫:一般黑色长衫与黑色海青的最大差别在于袖口,海青的袖口宽大,如海鸟的翅膀,不分出家与在家,于礼佛时皆可穿着;长衫的袖口如一般的窄袖,只有出家僧众可穿。而在近代,"长衫"一词又被赋予了新的含义,由于清朝统治者的袍服影响,长衫亦有了无领、大袖、四面开衩的新特点,并从僧侣走向了大众,在 1900—1940 年期间流行一时。特别是在新派知识群体中,穿长衫、戴眼镜成了当时这一群体的普遍服饰特征。因此,"长衫"一词已经脱离了原本的意义,而成了这种男式旗袍的代名词。

图 6-3-4　长褂

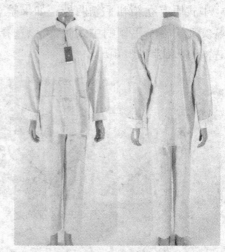
图 6-3-5　男士太极服

（2）太极服:太极服,顾名思义就是练习太极拳所穿着的服装,又叫太极练功服。古时习练者练功时的穿着,一般是长衣长裤,不束腰以宽松为主,常按照中国民间传统服装样式制作,荷叶领,对襟盘扣,色彩上受太极阴阳思想影响主要以白色或者黑色为主。

五、化妆

在参加茶艺活动时,适当的化妆有助于改善仪表,特别是在进行表演性茶艺活动时,人们的注意力集中于表演者,合适的化妆是形成茶艺美的手段。化妆的目的是突出容貌的优点,演示容貌的缺陷。茶艺表演是一项优雅的活动。脸部的化妆要求干净素雅。

六、配饰

1. 头饰

中式服装的头饰十分重要,因为头部是能佩戴最多首饰的地方。在发饰上,女式可以选择木簪或者玉簪;在耳饰上,可以选择小巧简单的玉石或珍珠耳坠。

2. 手饰

在中式服饰品搭配中,手饰是仅次于头饰的重要搭配。可以在手腕上佩戴翡翠手镯,可以保有吉祥如意的好兆头,或者可带木质（如沉香,小叶紫檀）手串或种子类（菩提子类）手串都与中式服饰相搭配。

3. 颈饰

中式服有立领和平领两种。如果是立领服,不建议佩戴颈饰,那样会显得重叠突兀。对于平领的中式服,可以选择搭配挂式项链,项链坠物可以选择玉牌,或木质和种子类颈串。

图 6-3-6　配饰之头饰、手饰及颈饰

七、语言

语言作为一门艺术,也是个人礼仪的一个重要组成部分。

1. 礼貌

态度要诚恳、亲切;声音大小要适宜,语调要平和沉稳;尊重他人。

2. 用语

敬语,表示尊敬和礼貌的词语。如日常使用的"请"、"谢谢"、"对不起",第二人称中的"您"字等。初次见面为"久仰";很久不见为"久违";请人批评为"指教";麻烦别人称"打扰";求给方便为"借光";托人办事为"拜托"等。要努力养成使用敬语的习惯。现在,我国提倡的礼貌用语是十个字:"您好"、"请"、"谢谢"、"对不起"、"再见"。这十个字体现了说话文明的基本的语言形式。

任务四:仪态

仪态,指的是人的姿势,举止和动作。不同国家、不同民族以及不同的社会历史背景,对不同阶层、不同特殊群体的仪态都有不同标准或不同要求。资本主义国家的贵族阶层和统治集团的上层人物的仪态讲究绅士风度;不同宗教对其教徒也讲究具有宗教特征的仪态。我国几千年的封建社会历史,也逐渐形成很多对皇家宫室,对儒雅学士,对民间妇女等很多方面的仪态标准和要求。

注重仪态的美化有三个标准：一是仪态文明，是要求仪态要显得有修养、讲礼貌，不应在异性和他人面前有粗野动作和行体；二是仪态自然，是要求仪态既要规范庄重，又要表现得大方实在，不要虚张声势、装腔作势；三是仪态美观，这是高层次的要求。它要求仪态要优雅脱俗、美观耐看，能给人留下美好的印象；四是仪态敬人，是要求力禁失敬于人的仪态，要通过良好的仪态来体现敬人之意。

茶艺表演中的仪态主要有如下两个方面：

一、姿态

姿态是身体呈现的样子。从中国传统的审美角度来看，人们推崇姿态的美高于容貌之美。古典诗词文献中形容一位绝代佳人，用"一顾倾人城，再顾倾人国"的句子，顾即顾盼，是美好秋波一转的样子。或者说某一女子有林下之风，就是指她的风姿迷人，不带一丝烟火气。茶艺表演中的姿态也比容貌重要，需要从坐、立、跪、行等几种基本姿势练起。

（一）坐姿

坐在椅子或凳子上，必须端坐中央，使身体重心居中，否则会因坐在边沿使椅（凳）子翻倒而失态；双腿膝盖至脚踝并拢，上身挺直，双肩放松；头上顶下颌微敛，舌抵下颚，鼻尖对肚脐；女性双手搭放在双腿中间，左手放在右手上，男性双手可分搭于左右两腿侧上方。全身放松、思想安定、集中，姿态自然、美观，切忌两腿分开或跷二郎腿还不停抖动、双手搓动或交叉放于胸前、弯腰弓

图 5-4-1　女士坐姿、男士坐姿

背、低头等。如果是作为客人，也应采取上述坐姿。若被让座在沙发上，由于沙发离地较低，端坐使人不适，则女性可正坐，两腿并拢偏向一侧斜伸（坐一段时间累了可换另一侧），双手仍搭在两退中间；男性可将双手搭在扶手上，两腿可架成二郎腿但不能抖动，且双脚下垂，不能将一腿横搁在另一腿上。

（二）跪姿

在进行茶道表演的国际交流时，日本和韩国习惯采取席地而坐的方式，另外如举行无我茶会时也用此种坐席。对于中国人来说，特别是南方人极不习惯，因此特别要进行针对性训练，以免动作失误，有伤大雅。

1. 跪坐

日本人称之为"正坐"。即双膝跪于座垫上，双脚背相搭着地，臀部坐在双脚上，腰挺直，双肩放松，向下微收，舌抵上颚，双手搭放于前，女性左手在下，男性反之。

2. 盘腿坐

男性除正坐外，可以盘腿坐，将双腿向内屈伸相盘，双手分搭于两膝，其他姿势同跪坐。

3. 单腿跪蹲

右膝与着地的脚呈直角相屈，右膝盖着地，脚尖点地，其余姿势同跪坐。客人坐的桌椅较矮，跪坐或盘腿坐时，主人奉茶则用此姿势。也可视桌椅的高度，采用单腿半蹲式，即左脚向前跨一步，膝微屈，右膝屈于左脚小腿肚上。

（三）站姿

在单人负责一种花色品种冲泡时，因要多次离席，让客人观看茶样、奉茶、奉点等，忽坐忽站不甚方便，或者桌子较高，下坐操作不便，均可采用站式表演。另外，无论用哪种姿态，出场后，都得先站立后再过渡到坐或跪等姿态，因此，站姿好比是舞台上的亮相，十分重要。站姿应该双脚并拢，身体挺直，头上顶下颌微收，眼平视，双肩放松。女性双手虎口交叉（右手在左手上），置于胸前。男性双脚呈外八字微分开，身体挺直，头上顶上颌微收，眼平视，双肩放松，双手交叉（左手在右手上），置于小腹部。

（四）行姿

女性为显得温文尔雅，可以将双手虎口相交叉，右手搭在左手上，提放于胸前，以站姿作为准备。行走时移动双腿，跨步脚印为一直线，上身不可扭动摇摆，保持平稳，双肩放松，头上顶下颌微收，两眼平视。男性以站姿为准备，行走时双臂随腿的移动可以身体两侧自由摆动，余同女性姿势。转弯时，向右转则右脚先行,反之亦然。出脚不对时可原地多走一步,待调整好后再直角转弯。如果到达客人面前为侧身状态,需转身,正面与客人相对,跨前两步进行各种茶道动作,当要回身走时,应面对客人先退后两步,再侧身转弯,以示对客人尊敬。

(五) 蹲姿

在正式场合,蹲姿通常是在取放物件、拣拾落地物品或合影于前排时不得已而为之的动作,优雅的蹲姿基本要领是:屈膝并腿,臀部向下,上身挺直。其姿势主要有以下两种:

1. 交叉式蹲姿

即下蹲时右脚在前,左脚在后。右小腿垂直于地面,全脚着地。左腿在后与右腿交叉重叠,左膝由后面伸向右侧,左脚跟抬起,脚掌着地。两腿前后靠紧,合力支撑身体。臀部向下,上身稍前倾。

2. 高低式蹲姿

左脚在前,右脚在后向下蹲去,左小腿垂直于地面,全脚掌着地,大腿靠近;右脚跟提起,前脚掌着地;右膝内侧靠于左小腿内侧,形成左膝高于右膝的姿态,臀部向下,上身稍向前倾,以左脚为身体的主要支点。

茶艺活动中,如果客人的位置或桌面较低时,常采用以上两种蹲姿奉茶或茶点,以示对客人的尊敬。

(六) 转身

转身时,向右转则右足先行,反之亦然。出脚不对时可原地多走一步,待调整好再直角转弯。如到达来宾面前为侧身状态,需转身正对来宾;离开客人时应先退后两步再侧身转弯。会应别人的呼唤,要转动腰部,脖子转回并身体随转,上身侧面,而头部完全正对微笑着正视他人。这种回头的姿态,身体显得灵活,态度也礼貌周到。

(七) 落座

入座讲究动作的轻、缓、紧,即入座时要轻稳。走到座位前自然转身后退,轻稳地坐下,落座声音要轻,动作要协调柔和,腰部、腿部肌肉需有紧张感。女士穿裙装落座时,应将裙向前收拢一下再坐下。

起立时,右脚抽后收半步,而后站起。

(八) 表情

1. 眼神

眼神是脸部表情的核心,能表达最细微的表情差异。在社交活动中,是用眼睛看着对方的三角部位,这个三角是以两眼为上线,嘴为下顶角,也就是双眼和嘴之间,当你看着对方这个部位时,会营造出一种社交气氛。

在茶艺表演中更要求表演者神光内敛,眼观鼻,鼻观心,或目视虚空,目光笼罩全场。切忌表情紧张、左顾右盼、眼神不定。

2. 笑容

微笑可以表现出温馨、亲切的表情,能有效地缩短双方的距离,给对方留下美好的心理感受,从而形成融洽的交往氛围;可以反映本人高雅的修养,待人的至诚。微笑有一种魅力,在社交场合,轻轻的微笑可以吸引别人的注意,也可使自己及他人心情轻松些。在茶艺表演中,最好常保持一张微笑的面孔,但要注意,微笑要发自内心,不要假装。

(九) 其他手势

在各种茶艺表演活动中,运用的各种手法十分丰富。在操作时讲究指法细腻,动作优美,并且规范适度。如在放下器物时要有一种恋恋不舍的感觉,给人一种优雅、含蓄、彬彬有礼的感觉。捧取器物时,将搭于胸前或前方桌沿的双手慢慢向两侧平移至肩宽,向前合抱欲取的物件,双手掌心相对捧住基部移至需放置的位置,轻轻放下后双手收回,再捧取第二件物品,直至动作完毕复位。多见于捧取茶样罐、箸匙筒、花瓶等立式物件。端取器物时,双手伸出及收回动作同前法,端物件时双手手心向上,掌心下凹作"荷叶"状,平稳移动物件。多见于端取赏茶盘、茶巾盘、扁形茶荷、茶匙、茶点、茶杯等。冲泡时,一般是右手冲泡,左手半握拳自然搁放在桌上。

二、风度

风度,是在人际交往过程中,一个人的心理素质和修养,通过神态、仪表、言谈、举止表现出来的综合特征,是内在素质、外部形象和精神风貌的高度统一。

茶艺操作时要注意两件事:一是将各项动作组合的韵律感表现出来;二是将泡茶的动作融进与客人的交流中。

三、茶艺师茶事活动要求

茶艺师在茶事活动中要做到"三轻":说话轻、操作轻、走路轻。

(一) 基本要求(礼、雅、柔、美、静)

1. 礼

在服务过程中,要以礼待人,以礼待茶,以礼待器,以礼待己。

2. 雅

茶乃大雅之物,茶艺人员要说话轻、操作轻、走路轻。努力做到言谈文雅,举止优雅,尽可能地与茶叶、茶艺、茶艺馆的环境相协调,给顾客一种高雅的享受。

3. 柔

茶艺师在进行茶事活动时,动作要柔和,讲话时语调要轻柔、温柔、温和,展现出一种柔和之美。

(二) 茶艺师的人格魅力

1. 微笑

茶艺师的脸上永远只能有一种表情,那就是微笑。有魅力的微笑,发自内心的得体的微笑,这样的微笑才会光彩照人。

2. 语言

茶艺师用语应该是轻声细语。但对不同的客人,茶艺员应主动调整语言表达的速度。

3. 交流

茶艺师讲茶艺不要从头到尾都是自己在说,这会使气氛紧张。应该给客人留出空间,引导客人参与进来,引出客人话题的方法很多,如赞美客人,评价客人的服饰、气色、优点等,这样可以迅速缩短你和客人之间的距离。

知识拓展

日本茶道礼仪

日本茶道发扬并深化了唐宋时"茶宴"、"斗茶"之文化涵养精神,形成了具浓郁民族特色和风格的民族文化,同时也不可避免地显示了有中国传统美德的深层内涵的茶文化之巨大影响。按照茶道传统,宾客应邀入茶室时,由主人跪坐门前表示欢迎,从推门、跪坐、鞠躬,以至寒暄都有规定礼仪。

1. 参加茶事的客人根据身份的不同,所坐的位置也不同。正客须坐于主人上手(即左边)。这时主人即去"水屋"取风炉、茶釜、水注、白炭等器物,而客人可欣赏茶室内的陈设布置及字画、鲜花等装饰。主人取器物回茶室后,跪于榻榻米上生火煮水,并从香盒中取出少许香点燃。在风炉上煮水期间,主人要再次至水屋忙碌,这时众宾客则可自由在茶室前的花园中闲步。

待主人备齐所有茶道器具时,这时水也将要煮沸了,宾客们再重新进入茶室,茶道仪式才正式开始。

2. 沏茶时主人要先将各种茶具用茶巾(茶巾的折叠方法也有特别规定)擦拭后,用茶勺从茶罐中取二三勺茶末,置于茶碗中,然后注入沸水,再用茶筅搅拌碗中茶水,直至茶汤泛起泡沫为止。

3. 客人饮茶时口中要发出"啧啧"的赞声,表示对主人"好茶"的称誉。待正客饮茶后,余下宾客才能一一依次传饮,饮完后将茶碗递回给主人。客人饮茶也可分为"轮饮"或"单饮",即客人轮流品一碗茶,或单独饮一碗茶。茶道礼法不仅是饮茶,主要还在于欣赏以茶碗为主的茶道用具、茶室的装饰、茶室前的茶园环境及主客间的心灵交流。

4. 整个茶会,主客的行、立、坐、送、接茶碗、饮茶、观看茶具,以至于擦碗、放置物件和说话,都有特定礼仪。一次茶道仪式的时间,一般在两小时左右。结束后,主人须再次在茶室格子门外跪送宾客,同时接受宾客的临别赞颂。

项目回顾

本章主要讲解了中国茶艺礼仪的概念,围绕礼节、仪容、仪态三个方面,学习了茶艺活动中的鞠躬礼、寓意礼、伸掌礼等相关礼仪内容。

技能训练

1. 茶艺操作中寓意礼应用训练。
2. 茶艺操作中坐姿、行姿应用训练。
3. 开展茶艺师自我介绍练习。

简答题:1. 茶艺中的寓意礼有哪些?
2. 女性茶艺师的站姿坐姿要求有哪些?

项目六　茶之技法

学习目标
- 掌握中级茶艺师考证技能操作要点
- 掌握名茶推荐各款茶品质特征

项目导读
　　泡茶不仅仅是茶与水的融合，更有人的参与，一名合格茶艺师可以赋予茶不一样的情感和美妙，泡茶的基本手法是提升泡茶器具和茶叶滋味的重要途径。茶艺师考证目前是我国茶叶行业中的重要职业技能工种，需要茶艺师在掌握相关理论知识和技能操作要求后按照各级人力资源与社会保障部门要求参加等级考试，本项目是按照中级（五级）茶艺师考评要求实施的相关技能训练项目。

任务一：泡茶的基本手法

一、持壶手法

　　持壶法并没有非怎样不可，只要容易掌握壶的重量、操作自如、而且手势优美即可。原则上200毫升以上的大型壶双手操作，200毫升以内的小壶单手操作。
　　依照壶把的结构不同，持壶的手法也不尽相同。
　　1. 侧提壶
　　（1）大型壶。右手食指、中指勾住壶把，大拇指与食指相搭；左手食指、中指按住壶钮或盖；双手同时用力提壶。
　　（2）中型壶。右手食指、中指勾住壶把，大拇指按住壶盖一侧提壶。
　　（3）小型壶。右手拇指与中指勾住壶把，无名指与小拇指并列抵住中指，食指前伸呈弓形压住壶盖的盖钮或其基部,提壶。

女性拿壶:中指与无名指捏住壶柄,食指轻倚在壶盖上,大拇指捏住壶把。茶壶盛水后分量加重,会影响倒汤时手感,最好在使用前先加水试用,找到合适角度。

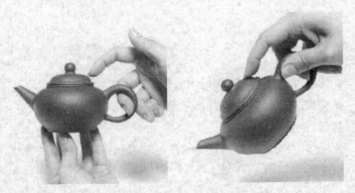

图 7-1-1　女性持壶手法

男性拿壶:相比女生的拿法,男生拿壶时更为粗犷和大气。用大拇指抵住壶盖,食指及中指穿过壶柄捏住,注意不要堵住气孔。

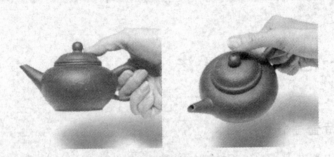

图 7-1-2　男性持壶手法

2. 飞天壶

右手大拇指按住盖钮,其余四指勾握壶把提壶。

3. 握把壶

右手大拇指按住盖钮或盖一侧,其余四指握壶把提壶。

4. 提梁壶

右手除中指外四指握住偏右侧的提梁,中指抵住壶盖提壶(若提梁较高,则无法抵住壶盖,此时五指握提梁右侧提梁)。大型壶(如开水壶)亦用双手法——右手握提梁把,左手食指、中指按壶的盖钮或壶盖。

5. 无把壶

右手虎口分开,平稳握住茶壶口两侧外壁(食指亦可抵住盖钮),提壶。

二、握杯手法

1. 大茶杯(可直接放入茶叶冲泡饮用)

(1) 无柄杯。右手虎口分开,握住茶杯基部,女士需用左手指尖轻托杯底,右手握杯。

(2) 有柄杯。右手食指、中指勾住杯柄,大拇指与食指相搭,女士用左手指尖轻托杯底,右手握杯。

2. 闻香杯

(1) 右手虎口分开,手指虚拢成握空心拳状,将闻香杯直握于拳心。

(2) 左手斜搭于右手外侧上方闻香。

(3) 也可双手掌心相对虚拢作合十状,将闻香杯捧在两手间。

图 7-1-3 闻香杯翻转手法

3. 品茗杯

(1) 右手虎口分开,大拇指、中指握杯两侧,无名指抵住杯底,食指及小指则自然弯曲,称"三龙护鼎法"。

(2) 女士握杯,右手虎口分扣,大拇指、中指抵住杯底,食指及小指自然弯曲,可以将食指与小指微外翘呈兰花指状。

(3) 左手指尖可托住杯底。

4. 盖碗

(1) 男士握法:右手虎口分开,大拇指与中指扣在杯身中间两侧,食指屈伸按在盖钮下凹处,无名指及小指自然搭扶碗壁。

(2) 女士握法:应双手将盖碗连杯托端起,置于左手掌心后如前握杯,无名指及小指可微翘作兰花指状。

5. 公道杯

(1) 右手食指、中指靠近把手一侧。

(2) 右手拇指与食指相搭,按住杯把,无名指、小拇指自然弯曲。

(3) 右手自然握空拳,拿起公道杯。

(4) 无柄公道杯:右手虎口分开,拇指和其余四指平稳握住茶壶口两侧外壁(有盖公道杯要求食指抵住盖钮),拿杯。

图 7-1-4　公道杯持杯手法

三、温具手法

在冲泡茶叶之前,把泡茶时所需的茶具温烫一遍是茶艺表演、茶人品茶必不可少的步骤。温壶、洗杯的主要目的是为了清洁,其次,通过温壶、洗杯的步骤,会使茶具的温度上升,从而使茶汤香气更浓,易于散发。

1. 温壶法

(1) 开盖。左手大拇指、食指与中指按壶盖的壶钮上,揭开壶盖,提腕依半圆形轨迹将其放入茶壶左侧的盖置(或茶盘)中。

(2) 注汤。右手提开水壶,按逆时针方向加回转手腕一圈低斟,使水流沿圆形的茶壶口冲入;然后提腕令开水壶中的水高冲入茶壶;待注水量为茶壶总容量的 1/2 时复压腕低斟,回转手腕一圈并用力令壶流上翻,令开水壶及时断水,轻轻放回原处。

(3) 加盖。左手完成,将开盖顺序颠倒即可。

(4) 荡壶。双手取茶巾横覆在左手手指部位,右手三指握茶壶把放在左手茶巾上,双手协调按逆时针方向转动手腕如滚球动作,令茶壶壶身各部分充分接触开水,将冷气涤荡无存。

(5) 倒水。根据茶壶的样式以正确手法提壶将水倒入水盂。

(6) 滤网法。用开壶盖法揭开盅盖(无盖者省略),将滤网置放在盅内,注开水及其余动作同温壶法。

2. 温杯手法

（1）大茶杯

● 右手提开水壶，逆时针转动手腕，令水流沿茶杯内壁冲入；

● 约总量的 1/3 后右手提腕断水；

● 逐个注水完毕后开水壶复位；

● 右手握茶杯基部，左手托杯底，右手手腕逆时针转动，双手协调令茶杯各部分与开水充分接触；

● 涤荡后将开水倒入水盂，放下茶杯。

（2）小茶杯方法一

● 翻杯时即将茶杯相连排成一字或圆圈；

● 右手提壶，用往返斟水法或循环斟水法向各杯内注入开水至满，壶复位；

● 右手大拇指、食指五中指端起一只茶杯侧放到邻近一只杯中，用无名指勾动杯底如"招手"状拨动茶杯，令其旋转，使茶杯内外均用开水烫到，复位后取另一茶杯再温；

● 直到最后一只茶杯，杯中温水轻荡后将水倒去（通常在排水型双层茶盘上进行温杯，则将弃水直接倒入茶盘即可）。

（3）洗小杯方法二

● 将小茶杯放入茶盂中，冲水入内；

● 左手半握拳搭载桌沿；

● 右手从茶道组中取茶夹；

● 右手用茶夹夹住杯沿一侧，侧转茶杯在水中滚荡一圈；

● 右手用茶夹反夹起小茶杯，倒去杯中水；

● 右手旋转手腕顺提小茶杯置于茶盘上。

3. 温盖碗方法一

（1）斟水

● 盖碗的碗盖反放着，近身侧略低且与碗内壁留有一个小缝隙；

● 提开水壶逆时针向盖内注开水，待开水顺小隙流入碗内约 1/3 容量后右手提腕令开水壶断水；

● 开水壶复位。

（2）翻盖

● 右手如握笔状取渣匙插入缝隙内；

● 左手手背向外护在盖碗外侧，掌沿轻靠碗沿；

● 右手用渣匙由内向外拨动碗盖，左手大拇指、食指与中指随即将翻起的盖正盖在碗上。

（3）汤碗

● 右手虎口分开，大拇指与中指搭在内外两侧碗身中间部位，食指屈伸抵住碗盖盖钮下凹处；

● 左手托住碗底，端起盖碗右手手腕呈逆时针运动，双手协调令盖碗内各部位充分接触热水后，放回茶盘。

（4）倒水

● 右提盖钮将碗盖靠右侧斜盖，即在盖碗左侧留一小隙；

● 依前法端起盖碗平移于水盂上方，向左侧翻手腕，水即从盖碗左侧小隙中流进水盂。

4．温盖碗方法二

（1）右手掀盖，将盖搁在右侧茶托上。

（2）单手或双手提壶按逆时针回旋冲水入碗。

（3）双手手腕逆时针回旋，使水在碗中沿壁荡动。

（4）双手配合，掀开杯盖一条缝隙使杯内热水倒入茶盂，双手端起茶碗，将茶碗置回茶托上。

5．洗玻璃杯

（1）单手或双手逆时针回旋冲水入杯。

（2）右手握杯，左手平托端杯，双手手腕逆时针回旋，先向内方向旋转，再向右方向旋转，双手向右即反向搓动玻璃杯。

（3）双手反向搓动玻璃杯，再将杯中之水倒入水盂，双手将杯端起放回茶盘上。

四、置茶手法

1．开闭盖

（1）套盖式茶样罐

● 双手捧住茶样罐，两手大拇指用力向上推外层铁盖，边推边转动茶样罐，使各部位受力均匀，这样比较容易打开；

● 当其松动后，右手虎口分开，用大拇指与食指、中指捏住外盖外壁，转动手腕取下后按抛物线轨迹移放到茶盘右侧后方角落；

● 取茶完毕仍以抛物线轨迹取盖扣回茶样罐，用两手食指向下用力压紧盖好后放下。

(2) 压盖式茶样罐

● 双手捧住茶样罐,右手大拇指、食指与中指捏住盖钮,向上提盖沿抛物线轨迹将其放到茶盘中右侧后方角落;

● 取茶完毕依前法盖回放下。

2. **取茶样**

(1) 茶荷、茶匙法

● 左手横握已开盖的茶样罐,开口向右移至茶荷上方;

● 右手以大拇指、食指及中指三指手背向下捏茶匙,伸进茶样罐中将茶叶轻轻扒出拨进茶荷内;

● 目测估计茶样量,认为足够后右手将茶匙搁放在茶荷上;

● 依前法取盖压紧盖好,放下茶样罐;

● 右手重拾茶匙,从左手托起的茶荷中将茶叶分别拨进冲泡具中;

● 在名优绿茶冲泡时常用此法取茶样。

(2) 茶匙法

● 左手竖握(或端)住已开盖的茶样罐,右手放下罐盖后弧形提臂转腕向箸匙筒边,用大拇指、食指与中指三指捏住茶匙柄取出;

● 将茶匙插入茶样罐,手腕向内旋转舀取茶样;

● 左手应配合向外旋转手腕令茶叶疏松易取;

● 茶匙舀出的茶叶直接投入冲泡器;

● 取茶毕后右手将茶匙复位,再将茶样罐盖好复位;

● 此法可用于多种茶冲泡。

(3) 茶荷法

● 右手握(托)住茶荷柄从箸匙筒内取出(茶荷口朝向自己),左手横握已开盖的茶样罐,凑到茶荷边,手腕用力令其来回滚动,茶叶缓缓散入茶荷;

茶叶量取 　　　　　　置茶法

图 7-1-5　取茶手法

- 将茶叶由茶荷包直接投入冲泡具,或将茶荷放到左手(掌心朝上虎口向外)令茶荷口朝向自己并对准冲泡器具壶口,右手取茶匙将茶叶拨入冲泡具;
- 足量后右手将茶匙复位,两手合作将茶样罐盖好放下;
- 这一手法常用于乌龙茶泡法。

五、冲泡手法

泡茶基本手法是茶艺师必须掌握的基本操作技能,练习正确熟练之后,就为学习成套泡茶技艺奠定了基础。茶艺馆工作人员由于担负着推广茶艺、普及茶文化责任,因此在联系各项泡茶技艺时应从严把握,一招一式皆有法度。

1. 单手回转冲泡法

(1) 右手提开水壶,手腕逆时针回转。

(2) 令水流沿茶壶口(茶杯口)内壁冲入茶壶(杯)内。

2. 双手回转冲泡法

(1) 如果开水壶比较沉,可用此法冲泡。

(2) 双手取茶巾置于左手手指部位,右手提壶左手垫茶巾部位托在壶底。

(3) 右手手腕逆时针回转,令水流沿茶壶口(茶杯口)内壁冲入茶壶(杯)内。

3. 凤凰三点头冲泡法

(1) 用手提水壶高冲低斟 3 次,寓意为向来宾鞠躬 3 次以示欢迎。

(2) 高冲低斟指右手提壶靠近茶杯口注水,再提腕使开水壶提升,此时水流如"酿泉泄出于两峰之间",接着仍压腕将开水壶靠近茶杯继续注水。

(3) 如此反复 3 次,恰好注入所需水量即提腕断流收水。

4. 回转高冲低斟法

(1) 乌龙茶冲泡时常用此法。

(2) 先用单手回转法,右手提开水壶注水,令水流先从茶壶壶肩开始,逆时针绕圈至壶口、壶心,提高水壶令水流在茶壶中心持续注入,直至七分满时压腕低斟(仍同单手回转手法)。

(3) 不满后提腕令开水壶壶流上翘断水。

(4) 淋壶也用此法,水流从茶壶壶肩——壶盖——盖钮,逆时针打圈浇淋。

六、取用器物手法

1. 捧取法(女士)

(1) 准备姿势:亮相时的双手姿势,即两手虎口相握,右手在上,收于胸前。

(2) 将交叉相握的双手拉开,虎口相对。

(3) 虎口相对的双手向内、向下转动手腕;继续转动手腕,各打一圆使垂直向下的手掌转成手心向下。

(4) 两手慢慢相合,掌心相对。

(5) 两手捧起茶道组(或茶叶罐等立式物品),并将捧起的茶道组端至胸前。

(6) 双手沿弧形轨迹将捧起的茶道组移向应安放的位置。

(7) 再去捧取第二件物品,直到动作完毕复位。多用于捧取茶样罐、茶匙筒、花瓶等立式物件。

2. 捧取法(男士)

(1) 准备姿势:男士亮相时的双手姿态,即两手半握拳搭靠在深浅桌沿,两手距离大约与肩同宽。

(2) 单手提起,张开虎口握住物体的基部,收支自己的胸前,将物体平移到一定位置。

(3) 或双手提起,合抱捧住物体基部,收至自己的胸前,沿弧形轨迹将物体安放到一定位置。

以女性坐姿为例,搭于胸前或前方桌沿的双手慢慢向西侧平移到肩宽,向前合抱欲取的物件,双手掌心相对捧住基部移到需安放的位置,轻轻放下后双手回收,再去捧取第二件物品,直到动作完毕复位。多用于捧取茶样罐、茶匙筒、花瓶等立式物件。

3. 端取法(女士)

(1) 双手向内旋转,两拇指指尖相对,另四指向掌心屈伸呈弧形。

(2) 继续内转手腕,使拇指指尖转向下,另四指向掌心屈伸呈弧形。

(3) 两手心相对并接近茶杯(或茶荷等物件)。

(4) 将茶杯端起后平移至所需位置。

(5) 动作完成后双手合拢收回。

4. 端取法(男士)

双手伸出及收回的动作同前法。端物件时双手手心向上,掌心下凹作"荷叶"状,平稳移动物件。多用于端取赏茶盘、茶巾盘、茶点、茶杯等。

七、茶巾的折取法

茶巾是茶艺冲泡中必不可少的一件物品,能使茶艺师在冲泡过程中保持茶盘与器具的清洁。多为柔软材质,较吸水。

1. 长方形(八层式)

用于杯(盖碗)泡法时,以此法折叠茶巾是呈长方形放茶巾盘内。以横折为例,将正方形的茶巾平铺桌面,将茶巾上下对应横折至中心线处,接着将左右两端竖折至中心线,最后将茶巾竖着对折即可。将折好的茶巾放在茶盘内,折口朝内。

图 7-1-6　长方形(八层式)茶巾的折叠

2. 正方形(九层式)

用于壶泡法时,不用茶巾盘。以横折法为例,将正方形的茶巾平铺桌面,将下端向上平折至茶巾 2/3 处,接着将茶巾对折,然后将茶巾右端向左竖折至 2/3 处,最后对折即成正方形。将折好的茶巾放茶盘中,折口朝内。

图 7-1-7　正方形(九层式)茶巾的折叠

3. 长方形

正方形的茶巾平铺桌面,先将茶巾对折,然后将茶巾折到 1/4 处,再折到 3/4 处,最后成长方形,将茶巾放茶盘中,折扣朝内。

图 7-1-8　长方形茶巾的折叠

八、翻杯手法

翻杯的基本手法是准备器具的基本手法,也是体现美感的开始。

1. 无柄杯

(1) 右手虎口向下、手背向左(即反手)握面前茶杯的左侧基部。

(2) 左手位于右手手腕下方,用大拇指和虎口部位轻托在茶杯的右侧基部。

(3) 双手同时翻杯成手相对捧住茶杯,轻轻放下。

(4) 对于很小的茶杯如乌龙茶泡法中的饮茶杯,可用单手动作左右手同时翻杯,即手心向下,用拇指与食指、中指三指扣住茶杯外壁,向内动手腕成手心向上,轻轻将翻好的茶杯置于茶盘上。

2. 有柄杯

(1) 右手虎口向下、手背向左(即反手)食指插入杯柄环中,用大拇指与食指、中指三指捏住杯柄。

(2) 左手手背朝上用大拇指、食指与中指轻扶茶杯右侧基部;双手同时向内转动手腕,茶杯翻好轻轻置杯托或茶盘上。

任务二:玻璃杯冲泡绿茶茶艺

用晶莹剔透玻璃杯冲泡茶叶可充分欣赏茶叶在茶汤中的舒展和汤色,玻璃杯适合冲泡细嫩名优绿茶、黄茶、白茶等。

一、茶具列表

表 7-2-1　绿茶茶具列表

序号	名称	规格	数量
1	茶艺台、凳	高 750×长 1 200×宽 600(mm);凳高 440 mm	1
2	竹盘	42 cm×30 cm	1
3	茶杯	规格:200 mL　高度:8.0 cm　直径:6.5 cm	3
4	白瓷茶荷	10.4 cm×8 cm	1
5	茶托	直径:11.2 cm	3
6	玻璃茶壶	规格:0.8 L	1
7	水盂	最大处直径:12.0 cm	1
8	茶巾	30 cm×30 cm	1
9	玻璃茶叶罐	规格:375 mL　高度:12 cm　直径:7.8 cm	1
10	竹色茶道组	15 cm×4.5 cm	1
11	奉茶盘	32.6 cm×21.4 cm	1

二、择水

绿茶,茶汤青翠,芽锋显露;清纯甘鲜,淡而有味。因绿茶属芽茶类,茶叶细嫩,若用 100 度滚烫的开水直接冲泡就会使茶叶受损,茶汤变黄,味道也变得苦涩,所以泡绿茶水温应控制在 80 度左右,这样沏出来的茶,汤色清碧,清心爽口。

三、绿茶茗茶推介

(一) 洞庭碧螺春

1. 产地

碧螺春产于江苏省苏州市吴县太湖的东洞庭山及西洞庭山(今苏州吴中区)一带,太湖水面,水气升腾,雾气悠悠,空气湿润,土壤呈微酸性或酸性,质地疏松,极宜于茶树生长,采取茶树与果树间种模式。

2. 外形

条索纤细、卷曲、呈螺形,茸毛遍布全身,色泽银绿隐翠,毫风毕露,茶芽幼嫩、完整，无叶柄、无"裤子脚"、无黄叶和老片。

3. 香气

有特殊浓烈的芳香，即具有花果香味。

4. 汤色

碧绿清澈。

5. 滋味

鲜醇、回味甘厚。

6. 叶底

嫩绿整齐。

图 7-2-1　碧螺春干茶

图 7-2-2　碧螺春茶汤

（二）西湖龙井

1. 产地

西湖龙井茶，因产于中国杭州西湖的龙井茶区而得名。中国十大名茶之一。欲把西湖比西子，从来佳茗似佳人。龙井既是地名，又是泉名和茶名。杭州是我国七大古都之一，西湖龙井茶区位于三面环山的自然屏障的独特小气候中，自古是文人墨客留恋之处。宋代诗人苏东坡曾有："欲把西湖比西子，从来佳茗似佳人"的赞美诗句。龙井茶加工方法独特运用"抓、抖、搭、拓、捺、推、扣、甩、磨、压"等十大手法。

2. 外形

龙井茶外形扁平挺秀，色泽绿翠光滑，素以"色翠、香郁、味甘、形美"四绝著称，驰名中外。

3. 香气

龙井茶香气鲜嫩清高。

4. 汤色

碧绿黄莹。

5. 滋味

鲜爽甘醇。

6. 叶底

细嫩呈朵。

图 7-2-3　龙井茶的外形与茶汤

(三) 安吉白茶

1. 产地

安吉白茶,为浙江名茶的后起之秀。白茶为六大茶类之一。但安吉白茶,是用绿茶加工工艺制成,属绿茶类,其白色,是因为其加工原料采自一种嫩叶全为白色的茶树。

2. 外形

扁平挺直、显毫隐翠、条索自然、形似凤羽、色润。

3. 香气

高香持久。

4. 汤色

清澈透亮、略微浅黄。

5. 滋味

鲜爽回甘。

6. 叶底

芽叶嫩绿明亮、柔软肥壮、玉白色。

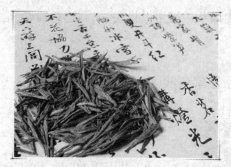 

图 7-2-4 安吉白茶的外形与茶汤

(四) 黄山毛峰

1. 产地

产于安徽省黄山风景区一带。不仅风景区有生产毛峰,其周边的汤口、岗村、杨村、芳村均都是生产毛峰的重要产区。高山出好茶,可谓一点也不假。黄山地势高树木茂盛,阳光的日照比较短,由于海拔比较高云雾也相对的较多再加上没有寒暑的侵袭等,如此完美的地理条件之下生产出来的嫩芽肥而壮实、颜色嫩绿微黄(俗称象牙色)。

2. 外形

条索细扁,形似"雀舌",带有金黄色鱼叶(俗称"茶笋"或"金片",有别于其他毛峰特征之一);芽肥壮、匀齐、多毫。

3. 香气

清鲜高长。

4. 汤色

清澈明亮。

5. 滋味

鲜浓、醇厚,回味甘甜。

6. 叶底

嫩黄肥壮,匀亮成朵。

图 7-2-5 黄山毛峰

四、玻璃杯冲泡绿茶步骤

(一) 冲泡技法

1. 上投法

先将开水注入杯中约七分满的程度,待水温凉至 75 摄氏度左右时,将茶叶投入杯中,稍后即可品茶。细嫩名优绿茶一般用上投法,如洞庭碧螺春、信阳毛尖。

2. 中投法

先将开水注入杯中约1/3处,待水温凉至80摄氏度左右时,将茶叶投入杯中少顷,再将约80摄氏度的开水徐徐加入杯的七分满处,稍后即可品茶。一般如黄山毛峰、六安瓜片、绿阳春等大多采用中投法。

3. 下投法

先将茶叶投入杯中,再用85摄氏度左右的开水加入其中约1/3处,约15秒后再向杯中注入85摄氏度的开水至七分满处,稍后即可品茶。如西湖龙井。

(二)冲泡流程

布席—备具—备水—翻杯—赏茶—润杯—置茶—浸润泡—摇香—冲泡—奉茶—收具。

1. 布席

摆正桌椅,将3个玻璃杯(带杯托倒置)、茶壶、水盂、茶荷、茶道组、茶叶罐、茶巾放置在竹盘上。茶艺师端上放置茶具的竹盘置于茶桌中间,距离茶桌中间内沿10厘米左右,奉茶盘放置在茶桌的右下方。

2. 备具

茶艺师双手捧玻璃茶壶到竹茶盘右前角桌上,捧茶道组到竹茶盘左前角桌,捧水盂到玻璃茶壶后侧,捧茶叶罐到竹茶盘后侧,赏茶荷到茶盘左后侧,茶巾到茶盘正后方,3个玻璃杯成行排列在茶盘上。

3. 备水

在茶艺演示场合,通常通过预加热,装在暖水瓶中备用。茶艺师用拇指、食指和中指提壶盖,按逆时针轨迹置壶盖于茶巾上,侧身弯腰提暖水瓶,打开瓶塞,向玻璃水壶内注入适量热水,暖水瓶归位,壶盖逆向复盖。

4. 翻杯

右手虎口向下,手背向左握住茶杯的左侧基杯身,左手位于右手手腕下方,用大拇指和虎口轻托茶杯的右侧基部或杯身;双手同时翻杯,成双手相对捧住茶杯,然后轻放在杯托上。

5. 赏茶

双手捧起贮茶罐,两手食指同时用力向上推盖子,盖松后左手持罐,右手虎口向下,用大拇指与食指捏住罐盖,转动手腕把盖子放置在茶巾上;左手继续持罐横握,右手大拇指、食指、中指和无名指四指捏茶则柄将茶叶从贮茶罐中取出置入茶荷中,放茶则入茶道组中,双手捧起茶荷呈45度倾斜按逆时针方向赏茶一周。

6. 润杯

右手提随手泡逆时针方向回旋注水按从右到左顺序置 1/3 玻璃杯,左手托杯底,右手持 2/3 玻璃杯右侧按逆时针旋转一周清洗玻璃杯壁后将洗杯水倒入水盂。

7. 置茶

双手捧起赏茶荷后左手托茶荷,右手大拇指、食指和中指捏住茶匙柄,倾斜茶荷后从出茶口用茶匙拨茶叶入玻璃杯。

8. 浸润泡和摇香

按照润杯手法,使茶叶与热水充分接触,散发茶香。

9. 冲泡

右手提随手泡,用凤凰三点头的方式注水置玻璃杯七分满。

10. 奉茶

从座位侧拿起奉茶盘放在茶桌右侧,将玻璃杯从右到左的顺序端起置于奉茶盘内,双手端起奉茶盘,起身后奉茶到评委正前方,蹲姿敬茶后回到茶桌前坐正。

11. 收具

茶艺师双手捧玻璃茶壶、茶道组、水盂、茶叶罐、赏茶荷、茶巾到竹茶盘备具方位。

五、茶艺表演解说词参考

(一) 洞庭碧螺春茶艺表演及解说词

看,碧波荡漾的太湖白云蓝天,水天一色,行舟你追我赶;粉墙黛瓦的陆巷古街上,斑驳的墙面掩映着庭院深深。惟妙惟肖的紫金庵彩塑罗汉,充满世态人情。蔽覆霜雪,掩映秋阳的东山茶山上,茶树、果树枝桠相连,根脉相通,茶吸果香,花窨茶味,陶冶着碧螺春花香果味的天然品质。

我们用采自苏州洞庭特级碧螺春,来为现场的各位嘉宾表演精心创制的碧螺春茶艺表演。

水为茶之母,茶者水之神也,水者茶之体也,茶为水之神,水为茶之体,茶水是神与形体的交融合一,那么我们就用这圣洁茶水,浸淋双手,使之达到心静、平和的目的。

第一道:茶器名鉴

碧螺春是细嫩的名贵绿茶,为了便于充分欣赏它的外形、内质,从而在择具上,我们选用了这种通灵剔透的玻璃杯与之搭配。

第二道：洁器清心

韦应物在《喜园中茶生》这首诗提到："性洁不可污，为饮涤尘烦。此物信灵味，本自出山源。"出自山源的茶叶，天然具备清苦、清洁、清淡、清平等自然特性。所以要求冲泡器皿，水清玉洁，一尘不染。

第三道：玉壶含烟

碧螺春条索纤细细嫩，只能用 80 ℃ 左右开水，我们敞着壶，让壶中开水随着水汽蒸发而自然降温。

第四道：碧螺亮相

我们今天选用的是特级碧螺春，碧螺春有"四绝"——"形美、色艳、香浓、味醇"，赏茶是欣赏它的第一绝："形美"。生产一斤特级碧螺春约需采摘七万个嫩芽，你看它条索纤细、卷曲成螺、满身披毫、银白隐翠，再闻干茶茶香，清新淡雅，耐人寻味。

第五道：喜迎贵客

"凤凰三点头"注水，在此我们代表吴侬茶艺表演队欢迎各位贵客的到来。

第六道：飞雪沉江

满身披毫、银白隐翠的碧螺春如雪花纷纷扬扬飘落到杯中，吸收水分后即向下沉，瞬时白云翻滚、雪花翻飞，煞是好看。

第七道：入液赏色

碧螺春汤色逐渐变为绿色，整个茶杯好像盛满了春天的气息。

第八道：奉茶敬宾

一杯洞庭碧螺春在手，无论在何时何地，即便是严寒的冬天，也会让你在享受鲜醇甘露的同时，感受到盎然的春意，想到苏州东山满山苍翠、果树遍野，茶叶吸果香、果花窨茶味。

第九道：领悟茶韵

品饮碧螺春茶要一看、二闻、三品味。看，婀娜的舞姿，把我们带入了唯美的境界。看着茶叶在水中舞蹈，闻着碧螺春茶的幽香，品着滋润心脾的茶汤，让我们更多感受到的是：碧螺春茶所传递的太湖春天般的气息和吴中洞庭山水盎然的生机，真的好似"神游三山去，何似在人间"。谢谢朋友们的品尝，谢谢大家的观赏。谢谢。

（二）西湖龙井茶艺表演及解说词

"天下西湖三十六，杭州西湖最明秀。"杭州西湖三面云山一面城，水光潋滟百媚生，这里受钱塘江朝云暮雨的滋润，得吴越灵山秀水的精华，所产的龙井茶集"色绿、香郁、味甘、形美"四绝于一身，曾被清代乾隆皇帝赐封为"御茶"。今天我们请各位品饮西湖龙井茶。

第一道：焚香除妄念

自古文人认为龙井茶是润泽心灵的琼浆,澡雪心性的甘露,所以在品茶前要点上一支香,使人心平气和,妄念不生。

第二道：冰心去凡尘

龙井茶是至清至洁,天涵地育的灵物,泡茶时要求所用的器皿也必须至清至洁。冰心去凡尘,就是把本来就很干净的玻璃杯再烫洗一遍,以示尊敬。

第三道：玉壶养太和

因为我们所冲泡的西湖龙井茶极其细嫩,若直接用开水冲泡易烫熟了茶芽,造成熟汤失味。所以我们敞着壶,让水温降到80摄氏度左右,这样冲泡龙井才能达到色绿、香郁、茶汤鲜爽甘美。

第四道：清宫迎佳人

苏东坡有诗云:"戏作小诗君一笑,从来佳茗似佳人。"他把优质茗茶比喻成让人一见倾心的绝代佳人。"清宫迎佳人"即用茶则轻柔地把茶叶投入到玻璃杯中。

第五道：甘露润莲心

乾隆皇帝把细嫩的龙井称为"润心莲"。冲泡特级龙井宜用中投法。就是在投茶后要先向杯中注入少许热水,待润茶后再正式冲泡。

第六道：凤凰三点头

即冲水时手持水壶有节奏地三起三落而水流不间断。这种冲水的手法形象地称之为凤凰三点头,表示向嘉宾点头致意。

第七道：观音捧玉瓶

即向客人奉茶,祝好人一生平安。

第八道：春波展旗枪

也称为"杯中看茶舞",这是龙井茶艺的特色程序。请看,杯中的热水染上了生命的绿色,茶芽在热水中逐渐苏醒,舒展开它美妙的身姿,尖尖的茶芽如枪,展开的叶片如旗。一芽一叶的称为旗枪,两叶抱一芽的称为雀舌。有的茶芽簇立在杯底,像有位佳人在水中央。有的茶芽斜依在杯底,如春兰初绽。杯中动静相宜,十分生动有趣。

第九道：品饮茶韵

品饮龙井要一看,二闻,三品味。观赏了杯中的茶舞之后,我们还要未品甘露味,先闻圣妙香。龙井茶的香为豆花香,这种香郁于兰而胜于兰,它清幽淡雅。乾隆皇帝闻香后诗兴大发说:"古梅对我吹幽芳"。来,让我们用心去感悟龙井茶这来自天堂,可以启人心智,通人心窍的圣妙香。

第十道:淡中品至味

品龙井茶:"一漱如饮甘露液,啜之泠泠馨齿牙。"清代著名茶人陆次之形容说:"龙井茶,甘香而不冽,啜之淡然,似乎无味,饮过之后,似有一股太和之气弥散于齿颊之间。此无味之味,乃至味也!"现在请大家慢慢啜、细细品,让龙井茶的太和之气,沁入我们的肺腑,使我们益寿延年。让龙井茶无味的滋味,启迪我们的性灵,使我们对生活有更深刻的感悟!

(三)黄山毛峰茶艺表演及解说词

第一道:静心备器

泡茶、品茶都要平心静气。冲泡绿茶宜用无色透明的玻璃杯,以便能欣赏茶叶在水中上下翻飞,翩翩起舞的仙姿。此外,茶具尚有茗炉、石英壶、茶筒、茶匙、茶巾、水盂、茶盘、赏茶盘等。

第二道:择水候汤

"静茗蕴香,藉水而发","茶性必发于水,八分之茶,遇水十分,茶也十分;八分之水,试茶十分,茶只八分。"古人早就认识到水对于茶的重要性。陆羽《茶经》云:"山水上,江水中,井水下。"泡茶以泉水为佳,要选择清、轻、甘、活的软水。"茶滋于水,水藉乎器,汤成于火","活水还须活火烹",烹泉煮水要用活火。

第三道:佳茗酬宾

黄山毛峰产于黄山风景区和徽州区,名山名茶相得益彰。黄山毛峰外形酷似雀舌,白毫显露,呈象牙色,芽带一小片金黄色鱼叶,俗称"金黄片",此为黄山毛峰的外形特征。

第四道:流云拂月

用热水烫洗茶杯,使茶杯冰清玉洁,一尘不染。韦应物诗云:"洁性不可污,为饮涤尘烦。"皎然诗云:"此物清高世莫知。"茶是圣洁之物,茶人要有一颗圣洁之心,茶道器具必须至清至洁。

第五道:佳人入宫

将茶叶投入玉洁冰清的茶杯中。苏轼诗云:"戏作小诗君莫笑,从来佳茗似佳人。"茶品如人品,佳茗似佳人。将茶轻置杯中如同请佳人轻移莲步,登堂入室。置茶时切勿使茶叶散落杯外,惜茶,爱茶是茶人应有的修养。要想泡一杯好茶,茶叶与水的比例要适当。一般来说,茶与水的比例大致为1∶50,即每杯用茶2—3克,注水100毫升。

第六道:松风初鸣

陆羽《茶经》有水三沸之说,"如鱼目,微有声为一沸,缘边如泉涌连珠为二沸,腾波鼓浪为三沸。"苏轼诗云:"蟹眼已过鱼眼生,飕飕欲作松风鸣。"杨万里诗云:"鹰爪新茶蟹眼汤,松风鸣雪兔毫霜。"静坐炉边听水声,如秋风萧瑟扫过松林,涛声阵阵。冲泡黄山毛峰茶,水温 90℃左右为宜,即蟹眼乍起、松风初鸣之时。

第七道:温润灵芽

用"回旋注水法"注水入杯少许,润泽茶芽温润的目的是使茶叶吸水舒展,以便在冲泡时促使茶叶内含物迅速析出。

第八道:凤凰点头

经过温润的茶芽已经散发出一缕清香。首先高提水壶,让水直泻而下,并利用手腕的力量,将水壶由上而下反复提举三次,使水壶有节奏的三起三落,这一注水手法被称之为"凤凰三点头"。一是经过三次高低冲泻,使杯中茶叶在水的冲击下上下翻滚,促使茶叶内的有效成分迅速浸出,且使茶汤浓度均匀;二是对宾客表示敬意;三是点头象征谦逊、真诚,如同行鞠躬礼。

第九道:雨后春笋

在开水的浸润下,茶芽渐渐地舒展开来。先是浮在上面,尔后又慢慢沉下。茶芽几浮几沉,直立杯中,犹如万笋林立,千姿百态。娇嫩的茶芽在清碧澄净的茶汤中随波摇曳,仿佛在舞蹈。

第十道:初奉香茗

客来敬茶是中华民族的优良传统,现在我们将这一杯芬芳馥郁的香茗献给来宾。

第十一道:闻香观色

品茶须从色、香、味、形入手。黄山毛峰香气馥郁,清幽的茶香随着袅袅热气缕缕飞出,令人心旷神怡。杯中汤色清澈碧绿,洋溢着大自然绿色的生机。

第十二道:赏形品味

黄山毛峰芽头肥壮,形似雀舌。滋味鲜醇,回味香甜爽口。趁热品啜茶汤的滋味,细品慢啜,体味茶的鲜醇、淡雅,从淡淡的茶味中品出天地间至清、至和、至真、至美地韵味来。周作人先生说:"喝茶当于瓦屋纸窗下,清泉绿茶,用素雅地陶瓷茶具,同两三人共饮,得半日之闲,可抵十年尘梦。"梁实秋先生说:"清茶最为风雅,主客相对只有清茶一杯,浓浓的,涩涩的,绿绿的。"品茶是一种精神的享受,一种文明的熏陶。苦涩回甘的茶味,委实如人生的况味。

第十三道:重酌酽香

高档绿茶一般冲泡三次,以第二泡茶的色、香、味最佳。

第十四道:再赏佳韵

第二泡茶香最浓,滋味最佳,要充分体验甘泽润喉、齿颊留香、回味无穷的感觉。看着碧绿清澈的茶汤,娇嫩的灵芽,仿佛是听一曲春天的歌,看一幅春天的画,读一首春天的诗,如同置身在一片浓浓的春色里,体会绿茶那种春天的气息。

第十五道:谢茶收具

静坐回味,茶趣无穷。卢仝(tong)诗云:"一碗喉吻润,两碗破孤闷;三碗搜枯肠,唯有文字五千卷;四碗发清汗,平生不平事,尽向毛孔散;五碗肌骨清,六碗通仙灵;七碗吃不得也,惟觉两腋习习清风生。"苏轼诗云:"何须魏帝一丸药,且尽卢仝七碗茶。"赵朴初先生诗云:"七碗受至味,一壶得真趣。空持百千偈,不如去吃茶。"茶道是饮茶的艺术,更是生活的艺术。

第十六道:相约再见

今天我们在此共饮清茶是一种缘分,期待我们有缘再次相会。

任务三:璃杯冲泡白茶茶艺

一、茶具列表

表 7-3-1　白茶茶具列表

序号	名称	规格	数量
1	茶艺台、凳	高 750×长 1 200×宽 600(mm);凳高 440 mm	1
2	竹盘	42 cm×30 cm	1
3	茶杯	规格:200 mL　高度:8.0 cm　直径:6.5 cm	3
4	白瓷茶荷	10.4 cm×8 cm	1
5	茶托	直径:11.2 cm	3
6	玻璃茶壶	规格:0.8 L	1
7	水盂	最大处直径:12.0 cm	1
8	茶巾	30 cm×30 cm	1
9	玻璃茶叶罐	规格:375 mL　高度:12 cm　直径:7.8 cm	1
10	竹色茶道组	15 cm×4.5 cm	1
11	奉茶盘	32.6 cm×21.4 cm	1

二、择水

由于白茶较细嫩,叶子较薄,所以冲泡时水温不宜太高,一般掌握在80—85 ℃为宜。最好选用山泉水或矿泉水。

三、白茶类品牌茗茶推介

(一) 白毫银针

1. 产地

银针由福建省的汉族茶农创制于1889年,产地位于中国福建省的福鼎市和南平市政和县。福建省福鼎县太姥山麓,地处中亚热带,境内丘陵起伏,常年气候温和湿润;年均气温18.5摄氏度,年均降水量1 660毫米左右;红黄土壤,土质肥沃,实为宜茶之地。

2. 外形

约三厘米,芽头肥壮,遍披白毫,挺直如针,色白似银。

3. 香气

郁毫香,芬芳鲜爽。

4. 汤色

杏黄明亮。

5. 滋味

口感清醇淡雅,毫味十足,回甘快而长,喝后清甘舒爽。

6. 叶底

黄肥软,匀亮尚整。

图 7-3-1　白毫银针干茶与茶汤

(二)白牡丹

1. 产地

鼎和、政和两地多山区,白牡丹茶的茶园主要在这些地区的山区之上。这两个地区环境优美,降水量、光照充足,土壤肥沃,土壤中的矿物质含量高,对于制作白牡丹茶的茶树的生长十分的适合。提供了充足的营养,保证了制作出来的白牡丹茶的品质。

2. 外形

毫心肥壮,叶张肥嫩,呈波纹隆起,芽叶连枝,叶缘垂卷,叶态自然,叶色灰绿,夹以银白毫心,呈"抱心形",叶背遍布洁白茸毛,叶缘向叶背微卷,芽叶连枝。

3. 香气

味鲜醇。

4. 汤色

杏黄明亮。

5. 滋味

清醇微甜。

6. 叶底

嫩匀完整。

图 7-3-2 白牡丹干茶与汤色

(三)贡眉

1. 产地

贡眉主产区在福建建阳县,建瓯、浦城等县也有生产,产量占白茶总产量的一半以上。

2. 外形

优质贡眉毫心显而多,色泽翠绿。

3. 香气

鲜爽。

4. 汤色

橙黄或深黄。

5. 滋味

清甜醇爽。

6. 叶底

匀整、柔软、鲜亮。

四、步骤

同任务二玻璃杯冲泡绿茶茶艺。

五、白毫银针茶艺表演解说词参考

白茶被称为年轻而古老的茶类,号称"茶叶的活化石",明朝李时珍《本草纲目》曰:茶生于崖林之间,味苦,性寒凉,具有解毒、利尿、少寝、解暑、润肤等。古代和现代医学科学证实,白茶是保健功能最周全的一个茶类,具有抗辐射、抗氧化、抗肿瘤、降血压、降血脂、降血糖的功能。而白茶又分为白毫银针、白牡丹、寿眉和新工艺白茶等,亦称侨销茶,旧日,品白茶,是贵族身份的象征。欲知白茶的风味若何,让我们配合领略。

第一道:焚喷香礼圣,净气凝思

唐代撰写《茶经》的陆羽,被后人尊为"茶圣"。点燃一柱高喷香,以示对这位茶学家的崇敬。

第二道:白毫银针,青春初展

冲泡白茶可用玻璃杯或瓷壶为佳。白毫银针是茶叶珍品,融茶之甘旨,花喷香于一体。白毫银针采摘于明前肥壮之单芽,经萎凋、低温烘(晒)干、捡剔、复火等工序建造而成。这里选用的"白毫银针"是福鼎所产的珍品白茶,曾多次荣获国家名茶称号,请鉴赏它全身满披白毫、纤纤芬芳的外形。

第三道:流云佛月,洁具清尘

我们选用的是玻璃杯,可以鉴赏银针在热水中上下翻腾,相融交织的情景。用沸腾的水"温杯",不仅为了洁净,也为了茶叶内含物能更快地析放。

第四道:静心置茶,纤手播芳

置茶要有心思。要看杯的巨细,也要考虑饮者的喜好。北方人和外国人饮白茶,讲究香高浓醇,可置茶 7—8 克,南方喜欢清醇,置茶量可恰当削减,即使冲泡量多,也不会对肠胃发生刺激。

第五道:雨润白毫,匀香待芳

此刻为您送上的是白茶珍品"白毫银针"茶,被称为南方之嘉木,而白毫银针,披满白毫,所以被我们称之为"雨润白毫"。先注滚水适量,温润茶芽,轻轻摇摆,叫做"匀喷香"。

第六道:乳泉引水,甘露源清

好茶要有好水。茶圣陆羽说,泡茶最好的水是山间乳泉,江中清流,然后才是井水。也许是乳泉含有微量有益矿物质的缘故。温润茶芽之后,悬壶高冲,使白毫银针茶在杯中翩翩起舞,犹如仙女下凡,蔚为壮观,并加快有效成分的析放,能欣赏到白毫银针在水中亭亭玉立的美姿,稍后还会留给我们赏心悦目的杏黄色茶水。

第七道:捧杯奉茶,玉女献珍

茶来自大自然云雾山中,带给人间美好的真诚。一杯白茶在手,万千烦恼皆休。愿您与茶结缘,做高品位的现代人。现在为您奉上的是白茶珍品"白毫银针"。

第八道:春风拂面,白茶品香

啜饮之后,也许您会有一种不可喻的香醇喜悦之感,它的甘甜,清冽,不同于其他茶类。让我们共同来感受自然,分享健康。今天的白茶茶艺表演到此结束,谢谢各位嘉宾的观赏,让我们以茶会友,期待下一次美妙的重逢。

任务四:玻璃杯冲泡黄茶茶艺

一、茶具列表

表 7-4-1　黄茶茶具列表

序号	名称	规格	数量
1	茶艺台、凳	高 750×长 1 200×宽 600(mm);凳高 440 mm	1
2	竹盘	42 cm×30 cm	1

(续表)

序号	名称	规格	数量
3	茶杯	规格:200 mL　高度:8.0 cm　直径:6.5 cm	3
4	白瓷茶荷	10.4 cm×8 cm	1
5	茶托	直径:11.2 cm	3
6	玻璃茶壶	规格:0.8 L	1
7	水盂	最大处直径:12.0 cm	1
8	茶巾	30 cm×30 cm	1
9	玻璃茶叶罐	规格:375 mL　高度:12 cm　直径:7.8 cm	1
10	竹色茶道组	15 cm×4.5 cm	1
11	奉茶盘	32.6 cm×21.4 cm	1

二、择水

一般掌握在 80—85 ℃为宜。最好选用山泉水或矿泉水。

三、黄茶类品牌茗茶推介

(一) 君山银针

1. 产地

君山又名洞庭山,为湖南岳阳市君山区洞庭湖中岛屿。岛上土壤肥沃,多为砂质土壤,年平均温度 16—17 度,年降雨量为 1 340 毫米左右,相对湿度较大,三月至九月间的相对湿度约为 80%,气候非常湿润。春夏季湖水蒸发,云雾弥漫,岛上树木丛生,自然环境适宜茶树生长,山地遍布茶园。

2. 外形

全由芽头制成,茶身满布毫毛,色泽鲜亮。其成品茶芽头茁壮,长短大小均匀,内呈橙黄色,外裹一层白毫。

3. 香气

香气清爽。

4. 汤色

杏黄明澈。

5. 滋味

滋味鲜醇。

6. 叶底

嫩匀明亮。

图 7-4-1　君山银针干茶与茶汤

(二) 蒙顶黄芽

1. 产地

蒙顶茶产地四川省名山县蒙山,位于城西十五里,地跨名山、雅安两县,为邛崃山脉尾脊,地势北高南低。气候温和,年平均温度 14—15 ℃,年平均降水量 2 000 毫米左右,阴雨天较多,年日照量仅 1 000 小时左右,一年中雾日多达 280—300 天。雨多、雾多、云多,是蒙山特点。

2. 外形

茶芽条匀整,扁平挺直,色泽黄润,金毫显露。

3. 香气

甜香鲜嫩。

4. 汤色

黄中透碧。

5. 滋味

甘醇鲜爽。

6. 叶底

嫩匀明亮。

(三) 莫干黄芽

1. 产地

莫干山群峰环抱,竹木交荫,山泉秀丽,常温为 21 ℃,夏季最高气温为 28.7 ℃,自古被称为"清凉世界";常年云雾笼罩,空气湿润;土质多酸性灰、黄壤,土层深厚,腐殖质丰富,松软肥沃,茶叶生产基地除原有的塔山茶园外,尚

图 7-4-2　蒙顶黄芽干茶与茶汤

有望月亭下的青草堂、屋脊头、荫山洞一带。

2. 外形

紧细成条,细似莲心,芽叶完整肥壮,净度良好,多显茸毫,色泽绿润微黄。

3. 香气

清高持久。

4. 汤色

黄绿清澈。

5. 滋味

鲜爽浓醇。

6. 叶底

嫩黄成朵。

四、步骤

同任务二玻璃杯冲泡绿茶茶艺。

五、君山银针茶艺表演解说词参考

今天很高兴能和各位嘉宾一同品饮黄茶中的极品——君山银针。君山银针产于洞庭湖中的君山岛。"洞庭天下水",八百里洞庭"气蒸云梦泽,波撼岳阳城",每一朵浪花都在诉说着中华文化的无限。"君山神仙岛",小小的君山岛上堆积布满了中华民族的无数故事。这里有舜帝的两个爱妃娥皇、女英之墓,这里有秦始皇的封山石刻,这里有至今仍在流淌着爱情传说的柳毅井,这里还有李白、杜甫、白居易、范仲淹、陆游等中华民族精英留下的足迹。这里所产的茶吸收了湘楚大地的精华,尽得云梦七泽的灵气,所以风味奇特,极耐品味。好茶还要配好的茶艺,下边就由我为各位嘉宾献上"君山银针"茶艺。

第一道:"焚香"

我们称之为"焚香静气可通灵"。"茶须静品,香可通灵。"品饮像君山银针这样文化沉积厚重的茶,更须要我们静下心来,才能从茶中品味出我们中华民族的传统精神。

第二道:"涤器"

我们称之为"涤尽凡尘心自清"。品茶的过程是茶人澡雪自己心灵的过程,烹茶涤器,不仅是洗净茶具上的尘埃,更重要的是在澡雪茶人的灵魂。

第三道:"鉴茶"

我们称之为"娥皇女英展仙姿"。品茶之前首先要鉴赏干茶的外形、色泽和气味。相传四千多年前舜帝南巡,不幸驾崩于九嶷山下,他的两个爱妃娥皇和女英前来奔丧,在君山望着烟波浩渺的洞庭湖放声痛哭,她们的泪水洒到竹子上,使竹竿染上永不消退的斑斑泪痕,成为湘妃竹。她们的泪水滴到君山的土地上,君山上便长出了象征忠贞爱情的植物——茶。茶是娥皇女英的真情化育出的灵物,所以请各位传看"君山银针",称之为"娥皇女英展仙姿"。

第四道:"投茶"

称之为"帝子沉湖千古情",娥皇、女英是尧帝的女儿,所以也称之为"帝子"。她们为奔夫丧时乘船到洞庭湖,船被风浪打翻而沉入水中。她们对舜帝的真情被世人传颂千古。

第五道:"润茶"

我们称之为"洞庭波涌连天雪"。这道程序是洗茶、润茶。洞庭湖一带的老百姓把湖中不起白花的小浪称之为"波",把起白花的浪称为"涌"。在洗茶时,通过悬壶高冲,玻璃杯中会泛起一层白色泡沫,所以形象地称为"洞庭波涌连天雪"。冲茶后,杯中的水应尽快倒进茶池,以免泡久了造成茶中的养分流失。

第六道:"冲水"

因为这次冲水是第二次冲水,所以我们称之为"碧涛再撼岳阳城"。这次冲水只可冲到七分杯。

第七道:"闻香"

我们称之为"楚云香染楚王梦"。通过洗茶和温润之后,再冲入开水,君山银针的茶香即随着热气而散发。洞庭湖古属楚国,杯中的水气伴着茶香氤氲上升,如香云缭绕,故称楚云。"楚王梦"是套用楚王巫山梦神女,朝为云,暮为雨的典故,形容茶香如梦亦如幻,时而清悠淡雅,时而浓郁醉人。

第八道:"赏茶"

也称为"看茶舞",这是冲泡君山银针的特色程序。君山银针的茶芽在热水的浸泡下慢慢舒展开来,芽尖朝上,蒂头下垂,在水中忽升忽降,时沉时浮,经过"三浮三沉"之后,最后竖立于坯底,随水波晃动,像是娥皇、女英落水后苏醒过来,在水下舞蹈。芽光水色,浑然一体,碧波绿芽,相映成趣,煞是好看。我国自古有"湘女多情"之说,您看杯中的湘灵正在为你献舞,这浓浓的茶水恰似湘灵浓浓的情。

第九道:"品茶"

我们称之为"人生三味一杯里"。品君山银针讲究要在一杯茶中品出三种味。即从第一道茶中品出湘君芬芳的清泪之味。从第二道茶中品出柳毅为小龙女传书后,在碧云宫中尝到的甘露之味。第三道茶要品出君山银针这潇湘灵物所携带的大自然的无穷妙味。好!请大家慢慢地细品这杯中的三种滋味。

第十道:"谢茶"

我们称之为"品罢寸心逐白云"。这是精神上的升华,也是我们茶人的追求。品了三道茶之后,是像吕洞宾一样"明心见性,浪游世外我为真",还是像清代巴陵邑宰陈大纲一样"四面湖山归眼底,万家忧乐到心头"。

任务五:瓷盖瓯冲泡花茶茶艺

一、茶具列表

表 7-5-1　花茶茶具列表

序号	名称	规格	数量
1	茶艺台、凳	高 750×长 1 200×宽 600(mm);凳高 440 mm	1
2	竹盘	42 cm×30 cm	1
3	盖碗	规格:150 mL	4
4	白瓷茶荷	10.4 cm×8 cm	1
5	玻璃茶壶	规格:0.8 L	1
6	水盂	最大处直径:12.0 cm	1
7	茶巾	30 cm×30 cm	1
8	茶叶罐	规格:375 mL　高度:12 cm　直径:7.8 cm	1
9	茶道组	15 cm×4.5 cm	1
10	奉茶盘	32.6 cm×21.4 cm	1

二、择水

一般掌握在 90—95 ℃为宜。最好选用山泉水或矿泉水。

三、花茶类品牌茗茶推介

1. 茉莉花茶

茉莉花茶将绿茶茶坯和茉莉鲜花进行拼和、窨制,使茶叶吸收花香而成。

外形秀美,毫峰显露,香气浓郁,鲜灵持久,泡饮鲜醇爽口,汤色黄绿明亮,叶底匀嫩晶绿,经久耐泡。根据不同品种的茶胚,例如用龙井茶做茶胚,就叫龙井茉莉花茶;如用黄山毛峰的,就叫毛峰茉莉。

2. 桂花烘青

桂花茶中的大宗品种,以广西桂林、湖北咸宁产量最大,并有部分外销日本、东南亚。主要品质特点是,外形条索紧细匀整,色泽墨绿油润,花如叶里藏金,色泽金黄,香气浓郁持久,汤色绿黄明亮,滋味醇香适口,叶底嫩黄明亮。

3. 玫瑰花茶

用鲜玫瑰花和茶叶的芽尖按比例混合,利用现代高科技工艺调制而成的高档茶,其香气具浓,轻之别,和而不猛。玫瑰,具有疏肝解郁的作用,有保护肝脏,促进新陈代谢,强效去脂的作用(但它所去的油脂只是肠胃道的油脂,而不是已经存在皮下的皮下脂肪)。玫瑰花茶,可提供纤维质,长期饮用的话,可清除宿便,维持新陈代谢的功能正常,当然就能让皮肤看起来细嫩,而且也不容易在体内堆积肥肉,可达到减肥的效果。

四、步骤

布席—备具—备水—赏茶—润杯—置茶—浸润泡—摇香—冲泡—奉茶—收具。

1. 布席

摆正桌椅,将4个盖碗、茶壶、水盂、茶荷、茶道组、茶叶罐、茶巾放置在竹盘上。茶艺师端上放置茶具的竹盘置于茶桌中间,距离茶桌中间内沿10厘米左右。奉茶盘放置在茶桌的右下方。

2. 备具

同任务二玻璃杯冲泡绿茶茶艺。

3. 备水

同任务二玻璃杯冲泡绿茶茶艺。

4. 赏茶

同任务二玻璃杯冲泡绿茶茶艺。

5. 润杯

用右手食指、拇指、中指提起盖碗盖放在盖托右侧后,右手提随手泡逆时针方向回旋注水,按从右到左顺序置1/2盖碗,左手托杯底,右手持2/3盖碗杯右侧,按逆时针旋转一周清洗盖碗壁后将洗杯水倒入水盂。

6. 置茶
同任务二玻璃杯冲泡绿茶茶艺。

7. 浸润泡和摇香
按照润杯手法,使茶叶与热水充分接触,散发茶香。

8. 冲泡
右手提随手泡,用凤凰三点头的方式注水置盖碗七分满。

9. 奉茶
同任务二玻璃杯冲泡绿茶茶艺。

10. 收具
同任务二玻璃杯冲泡绿茶茶艺。

五、茉莉花茶茶艺表演解说词参考

花茶是诗一般的茶,它融茶之韵与花香于一体,通过"引花香,增茶味",使花香茶味珠联璧合,相得益彰。从花茶中,我们可以品出春天的气息。所以在冲泡和品饮花茶时也要求有诗一样的程序。

第一道:烫杯

我们称之为"竹外桃花三两枝,春江水暖鸭先知",是苏东坡的一句名诗,苏东坡不仅是一个多才多艺的大文豪,而且是一个至情至性的茶人。借助苏东坡的这句诗描述烫杯,请各位充分发挥自己的想象力,看一看在茶盘中经过开水烫洗之后,冒着热气的、洁白如玉的茶杯,像不像一只只在春江中游泳的小鸭子?

第二道:赏茶

我们称之为"香花绿叶相扶持"。赏茶也称为"目品"。"目品"是花茶三品(目品、鼻品、口品)中的头一品,目的即观察鉴赏花茶茶坯的质量,主要观察茶坯的品种、工艺、细嫩程度及保管质量。

如特极茉莉花茶:这种花茶的茶坯多为优质绿茶,茶坯色绿质嫩,在茶中还混有少量的茉莉花干花,干的色泽应白净明亮,这称之为"锦上添花"。在用肉眼观察了茶坯之后,还要闻干花茶的香气。通过上述鉴赏,我们一定会感到好的花茶确实是"香花绿叶相扶持",极富诗意,令人心醉。

第三道:投茶

我们称之为"落英缤纷玉杯里"。"落英缤纷"是晋代文学家陶渊明先生在《桃花源记》一文中描述的美景。当我们用茶则把花茶从茶荷中拨进洁白如玉的茶杯时,花干和茶叶飘然而下,恰似"落英缤纷"。

第四道：冲水

我们称之为"春潮带雨晚来急"。冲泡花茶也讲究"高冲水"。冲泡特极茉莉花时，要用90度左右的开水。热水从壶中直泄而下，注入杯中，杯中的花茶随水浪上下翻滚，恰似"春潮带雨晚来急"。

第五道：闷茶

我们称之为"三才化育甘露美"。冲泡花茶一般要用"三才杯"，茶杯的盖代表"天"，杯托代表"地"，茶杯代表"人"。人们认为茶是"天涵之，地载之，人育之"的灵物。

第六道：敬茶

我们称之为"一盏香茗奉知己"。敬茶时应双手捧杯，举杯齐眉，注目嘉宾并行点头礼，然后从右到左，依次一杯一杯地把沏好的茶敬奉给客人，最后一杯留给自己。

第七道：闻香

我们称之为"杯里清香浮清趣"。闻香也称为"鼻品"，这是三品花茶中的第二品。品花茶讲究"未尝甘露味，先闻圣妙香"。闻香时"三才杯"的天、地、人不可分离，应用左手端起杯托，右手轻轻地将杯盖揭开一条缝，从缝隙中去闻香。闻香时主要看三项指标：一闻香气的鲜灵度，二闻香气的浓郁度，三闻香气的纯度。细心地闻优质花茶的茶香，是一种精神享受，一定会感悟到在"天、地、人"之间，有一股新鲜、浓郁、纯正、清和的香气伴随着清悠高雅的花香，沁入心脾，使人陶醉。

第八道：品茶

我们称之为"舌端甘苦入心底"。品茶是指三品花茶的最后一品：口品。在品茶时依然是天、地、人三才杯不分离，依然是用左手托杯，右手将杯盖的前沿下压，后沿翘起，然后从开缝中品茶，品茶时应小口喝入茶汤。

第九道：回味

我们称之为"茶味人生细品悟"。人们认为一杯茶中有人生百味，无论茶是苦涩、甘鲜还是平和、醇厚，从一杯茶中人们都会有良好的感悟和联想，所以品茶重在回味。

第十道：谢茶

我们称之为"饮罢两腋清风起"。唐代诗人卢仝的诗中写出了品茶的绝妙感觉。他写到："一碗喉吻润，二碗破孤闷；三碗搜枯肠，惟有文字五千卷；四碗发轻汗，平生不平事，尽向毛孔散；五碗肌骨轻，六碗通仙灵；七碗吃不得，唯觉两腋习习清风生。"

任务六：紫砂壶冲泡乌龙茶功夫茶艺

一、茶具列表

表 7-6-1　乌龙茶茶具列表

序号	名称	规格	数量
1	茶艺台、凳	高 750×长 1 200×宽 600(mm)；凳高 440 mm	1
2	奉茶盘	33 cm×22 cm	1
3	紫砂品茗杯	高度：5 cm　直径：3.2 cm	4
4	白瓷茶荷	10.4 cm×8 cm	1
5	杯托	长度：10.5 cm　宽度：5.5 cm	4
6	提梁壶	容量：800 mL　高度：20 cm　宽度：14 cm	1
7	紫砂壶	规格：150 mL　口直径：13.5 cm　底直径：7.0 cm　高度：5.0 cm	1
8	茶巾	30 cm×30 cm	1
9	茶叶罐	高度：11 cm　直径 6 cm	1
10	双层茶盘	46 cm×29 cm	1
11	茶道组	15 cm×4.5 cm	1
12	紫砂闻香杯	高度：5 cm　直径：3.2 cm	4

二、择水

一般掌握在 100 ℃沸水为宜。最好选用山泉水或矿泉水。

三、乌龙类品牌茗茶推介

(一) 安溪铁观音

1. 产地

安溪地处戴云山东南坡，戴云山支脉从漳平延伸县内，地势自西北向东南倾斜。境内有独立坐标的山峰 522 座，千米以上的高山有 2 461 座，最高的太华山海拔 1 600 米。

2. 外形

条索肥壮、圆整呈蜻蜓头、沉重,枝心硬,枝头皮整齐,叶大部分向叶背卷曲,色泽乌黑油润,砂绿明显(新工艺中,红镶边大多已经去除)。

3. 香气

浓郁持久,音韵明显,带有兰花香或者生花生仁味、椰香等各种清香味。

4. 汤色

茶汤金黄、橙黄。

5. 滋味

醇厚甘鲜,稍带蜜味,鲜爽回甘。

6. 叶底

枝身圆,梗皮红亮,叶柄宽肥厚(棕叶蒂),叶片肥厚软亮,叶面呈波状,称"绸缎面"。

图 7-6-1 铁观音干茶与汤色

(二) 武夷岩茶

1. 产地

武夷山坐落在福建武夷山脉北段东南麓,面积 70 平方公里,有"奇秀甲于东南"之誉。群峰相连,峡谷纵横,九曲溪萦回其间,气候温和,冬暖夏凉,雨量充沛。年降雨量 2 000 毫米左右。地质属于典型的丹霞地貌,多悬崖绝壁,茶农利用岩凹、石隙、石缝,沿边砌筑石岸种茶,有"盆栽式"茶园之称,根据生长条件不同有正岩、半岩、洲茶之分。

2. 外形

弯条型,色泽乌褐或带墨绿、或带沙绿、或带青褐、或带宝色。条索紧结、或细紧或壮结。

3. 香气

香气带花、果香型,锐则浓长、清则幽远,或似水蜜桃香、兰花香、桂花香、乳香等。

4. 汤色

橙黄至金黄、清澈明亮。

5. 滋味

醇厚滑润甘爽,带特有的"岩韵"。

6. 叶底

软亮、呈绿叶红镶边、或叶缘红点泛现。

图 7-6-2　大红袍干茶与汤色

(三) 凤凰单枞

1. 产地

广东省潮州市凤凰山。该区濒临东海,气候温暖湿润,雨水充足,茶树均生长于海拔 1 000 米以上的山区,终年云雾弥漫,空气湿润,昼夜温差大,年均气温在 20 ℃左右,年降水量 1 800 毫米左右,土壤肥沃深厚,含有丰富的有机物质和多种微量元素。

2. 外形

条索粗壮,匀整挺直,色泽黄褐,油润有光,并有朱砂红点。

3. 香气

清香持久,有独特的天然兰花香。

4. 汤色

清澈黄亮。

5. 滋味

浓醇鲜爽,润喉回甘。

6. 叶底

边缘朱红,叶腹黄亮,素有"绿叶红镶边"之称。

图 7-6-3　凤凰单枞干茶

(四) 冻顶乌龙

1. 产地

台湾省南投县凤凰山支脉冻顶山一带。冻顶山是凤凰山的支脉,居于海拔 700 米的高岗上,传冻顶山上栽种了青心乌龙茶等茶树良种,山高林密土质好,茶树生长茂盛。主要种植区鹿谷乡,年均气温 22 ℃,年降水量 2 200 毫米,空气湿度较大,终年云雾笼罩。茶园为棕色高黏性土壤,杂有风化细软石,排、储水条件良好。

2. 外形

半球状,色泽墨绿,边缘隐隐金黄色。

3. 香气

带熟果香或浓花香。

4. 汤色

茶汤金黄,偏琥珀色。

5. 滋味

味醇厚甘润,喉韵回甘十足,带明显焙火韵味。

6. 叶底

叶底边缘镶红边,称为"绿叶红镶边"或"青蒂、绿腹、红镶边"。

四、步骤

布席—备具—备水—翻杯—赏茶—温壶—置茶—温润泡—壶中续水冲

泡—温品茗杯及闻香杯—倒茶分茶—奉茶—收具。

1. 布席

摆正桌椅，将4个闻香杯（倒置）、品茗杯（倒置）、茶壶、水盂、茶荷、茶道组、茶叶罐、茶巾、杯托放置在竹盘上。茶艺师端上放置茶具的竹盘置于茶桌中间，距离茶桌中间内沿10厘米左右。奉茶盘放置在茶桌的右下方。

2. 备具

茶艺师双手捧玻璃茶壶到竹茶盘右前角桌上，捧茶道组到竹茶盘左前角桌，捧水盂到玻璃茶壶后侧，捧茶叶罐到竹茶盘后侧，赏茶荷到茶盘左后侧，茶巾到茶盘正后方，4个品茗杯和闻香杯成行排列在茶盘上。

3. 备水

在茶艺演示场合，通常通过预加热，装在暖水瓶中备用。茶艺师用拇指、食指和中指提壶盖，按逆时针轨迹置壶盖于茶巾上，侧身弯腰提暖水瓶，打开瓶塞，向玻璃水壶内注入适量热水，暖水瓶归位，壶盖逆向复盖。

4. 翻杯

右手虎口向下，手背向左握住品茗杯或闻香杯的左侧基杯身单手翻杯。

5. 赏茶

同任务二玻璃杯绿茶。

6. 温壶

拇指、食指、中指捏壶盖按逆时针方向打开放在茶盘上，右手提随手泡，按逆时针回旋注水法注入1/2壶，盖上壶盖。右手拇指、食指、中指提壶柄，左手托壶底按逆时针方向旋转紫砂壶一圈后将弃水倒入茶盘。

7. 置茶

拇指、食指、中指捏壶盖按逆时针方向打开放在茶盘上，双手捧起茶荷后右手取茶匙，将茶叶拨弄到紫砂壶内。

8. 温润泡

右手提随手泡，按逆时针回旋注水法注入1/2壶，盖上壶盖。右手拇指、食指、中指提壶柄，左手托壶底按逆时针方向旋转紫砂壶一圈后将弃水按照从左到右的顺序倒入品茗杯和闻香杯中。

9. 壶中续水冲泡

右手提随手泡，按逆时针回旋注水法注满壶，盖上壶盖。

10. 温品茗杯及闻香杯

右手持茶夹，夹住品茗杯（闻香杯）的内侧壁，逆时针旋转一圈后将弃水倒入茶盘。

11. 倒茶分茶

右手拇指、中指提壶柄,食指抵住壶盖的出气孔垂直手腕将茶汤按照从左至右的顺序倒入闻香杯七分满。

12. 奉茶

双手展开,用左右手的拇指、食指、中指握住品茗杯倒扣在闻香杯上后用食指和中指夹住闻香杯两侧,拇指抵住品茗杯杯底后翻杯用茶巾擦拭品茗杯底后放在杯托上,依次按照从左到右的顺序放置。从座位侧拿起奉茶盘放在茶桌右侧,双手捧杯托从右到左的顺序端起置于奉茶盘内,双手端起奉茶盘,起身后奉茶到评委正前方,蹲姿敬茶后回到茶桌前坐正。

13. 收具

茶艺师双手捧随手泡、茶道组、茶叶罐、赏茶荷、茶巾到双层茶盘备具方位。

五、茶艺表演解说词参考

(一) 铁观音解说词

第一道:"孔雀开屏"

是孔雀向它的同伴展示它美丽的羽毛,在铁观音茶叶的泡法之前,让我借"孔雀开屏"这道程序向大家展示我们这些铁观音典雅精美、工艺独特的功夫茶具。茶盘:用来陈设茶具及盛装不喝的余水。宜兴紫砂壶:也称孟臣壶。茶海:也称茶盅,与茶滤合用起到过滤茶渣的作用,使茶汤更加清澈亮丽。闻香杯紫砂壶:因其杯身高,口径小,用于闻香,有留香持久的作用。品茗杯:用来品茗和观赏茶汤。茶道一组,内有五件:茶漏——放置壶口,扩大壶嘴,防止茶叶外漏;茶折——量取茶叶;茶夹——夹取品茗杯和闻香杯;茶匙——拨取茶叶;茶针——疏通壶口。茶托:托取闻香杯和品茗杯。茶巾:拈拭壶底及杯底的余水。随手泡:保证泡茶过程的水温。

第二道:"活煮山泉"

泡茶用水极为讲究,宋代大文豪苏东坡是一个精通茶道的茶人,他总结泡茶的经验时说:"活水还须活火烹"。活煮甘泉,即用旺火来煮沸壶中的山泉水,今天我们选用的是纯净水。

第三道:"叶嘉酬宾"

叶嘉是宋代诗人苏东坡对茶叶的美称,叶嘉酬宾是请大家鉴赏茶叶,可看其外形、色泽,以及嗅闻香气。这是铁观音,其颜色青中常翠,外形为包揉形,以匀称、紧结、完整为上品。

第四道:"孟臣沐淋"

孟臣是明代的制壶名家(惠孟臣),后人将孟臣代指各种名贵的紫砂壶,因为紫砂壶有保温、保味、聚香的特点,泡茶前我们用沸水淋浇壶身可起到保持壶温的作用。亦可借此为各位嘉宾接风洗尘,洗去一路风尘。

第五道:"若琛出浴"

茶是至清至洁,天寒地域的灵物,用开水烫洗一下本来就已经干净的品茗杯和闻香杯,使杯身杯底做到至清至洁,一尘不染,也是对各位嘉宾的尊敬。

第六道:"乌龙入宫"

茶似乌龙,壶似宫殿,取茶通常取壶的二分之一处这主要取决于大家的浓淡口味,诗人苏轼把乌龙入宫比做佳人入室,他言:"细作小诗君勿笑,从来佳茗似佳人",在诗句中把上好的乌龙茶比作让人一见倾心的绝代佳人,轻移莲步,使得满室生香,形容乌龙茶的美好。

第七道:"高山流水"

茶艺讲究高冲水,低斟茶。

第八道:"春风拂面"

用壶盖轻轻推掉壶口的茶沫。乌龙茶讲究"头泡汤,二泡茶,三泡四泡是精华"。功夫茶的第一遍茶汤,我们一般只用来洗茶,俗称温润泡,亦可用于养壶。

第九道:"重洗仙颜"

意喻着第二次冲水,淋浇壶身,保持壶温。让茶叶在壶中充分的释放香韵。

第十道:"游山玩水"

功夫茶的浸泡时间非常讲究,过长苦涩,过短则无味,因此要在最佳时间将茶汤倒出。

第十一道:"祥龙行雨"

取其"甘霖普降"的吉祥之意。"凤凰点头"象征着向各位嘉宾行礼致敬。

第十二道:"珠联璧合"

我们将品茗杯扣于闻香杯上,将香气保留在闻香杯内,称为"珠联璧合"。在此祝各位嘉宾家庭幸福美满。

第十三道:"鲤鱼翻身"

中国古代神话传说,鲤鱼翻身跃过龙门可化龙上天而去,我们借这道程序,祝福在座的各位嘉宾跳跃一切阻碍,事业发达。

第十四道:"敬奉香茗"

坐酌泠泠水,看煎瑟瑟尘,无由持一碗,寄与爱茶人。

第十五道:"喜闻幽香"

请各位轻轻提取闻香杯45度,花好月圆,把高口的闻香杯放在鼻前轻轻转动,你便可喜闻幽香,高口的闻香杯里如同开满百花的幽谷,随着温度的逐渐降低,你可闻到不同的芬芳。

第十六道:"三龙护鼎"

即用大拇指和食指轻扶杯沿,中指紧托杯底,这样举杯既稳重又雅观。

第十七道:"鉴赏汤色"

现请嘉宾鉴赏铁观音的汤色呈金黄明亮。

第十八道:"细品佳茗"

一口玉露初品,茶汤入口后不要马上咽下,而应吸气,使茶汤与舌尖舌面的味蕾充分接触您可小酌一下;第二口好事成双,这口品下主要品茶汤过喉的滋味是鲜爽、甘醇还是生涩平淡;第三口三品石乳,您可一饮而下。希望各位在快节奏的现代生活中,充分享受那幽情雅趣,让忙碌的身心有个宁静的回归。

(二) 大红袍解说词

风景秀甲的武夷山是乌龙茶的故乡。宋代大文豪范仲淹曾写诗赞美武夷岩茶:"年年春自东南来,建溪先暖冰微开,溪边奇茗冠天下,武夷仙人自古栽。"自古以来,武夷山人不但善于种茶、制茶,而且精于品茶。

第一道:焚香静气、活煮甘泉

焚香静气,就是通过点燃这炷香,来营造祥和、肃穆、无比温馨的气氛。希望这沁人心脾的幽香,能使大家心旷神怡,也但愿你的心会伴随着这悠悠袅袅的香烟,升华到高雅而神奇的境界。

活煮甘泉,即用旺火来煮沸壶中的山泉水。

第二道:孔雀开屏、叶嘉酬宾

孔雀开屏,是向同伴们展示自己美丽的羽毛,我们借助孔雀开屏这道程序,向嘉宾们介绍今天泡茶所用的精美的功夫茶茶具。

"叶嘉"是苏东坡对茶叶的美称。叶嘉酬宾,就是请大家鉴赏乌龙茶的外观形状。

第三道:大彬沐淋、乌龙入宫

大彬是明代制作紫砂壶的一代宗师,他所制作的紫砂壶被后代茶人叹为观止,视为至宝,所以后人都把名贵的紫砂壶称为大彬壶。大彬沐淋,就是用开水浇烫茶壶,其目的是洗壶并提高壶温。

乌龙入宫,把茶叶放入壶中。

第四道:高山流水、春风拂面

武夷茶艺讲究"高冲水,低斟茶"。高山流水,即将开水壶提高,向紫砂壶内冲水,使壶内的茶叶随水浪翻滚,起到用开水洗茶的作用。

春风拂面,是用壶盖轻轻地刮去茶汤表面泛起的白色泡沫,使壶内的茶汤更加清澈洁净。

第五道:乌龙入海、重洗仙颜

品饮武夷岩茶讲究"头泡汤,二泡茶,三泡、四泡是精华"。头一泡冲出的茶汤我们一般不喝,直接注入茶海。因为茶汤呈琥珀色,从壶口流向茶海好像蛟龙入海,所以称之为乌龙入海。

重洗仙颜,原本是武夷九曲溪畔的一处摩崖石刻,在这里意喻为第二次冲水。第二次冲水不仅要将开水注满紫砂壶,而且在加盖后还要用开水浇淋壶的外部,这样内外加温,有利于茶香的散发。

第六道:母子相哺、再注甘露

冲泡武夷岩茶时要备有两把壶,一把紫砂壶专门用于泡茶,称为"泡壶"或"母壶";另一把容积相等的壶用于储存泡好的茶汤,称之为"海壶"或"子壶"。现代也有人用"公道杯"代替海壶来储备茶水。把母壶中泡好的茶水注入子壶,称之为"母子相哺"。母壶中的茶水倒干净后,趁着壶热再冲开水,称之为"再注甘露"。

第七道:祥龙行雨、凤凰点头

将海壶中的茶汤快速而均匀地依次注入闻香杯,称之为"祥龙行雨",取其"甘霖普降"的吉祥之意。

当海壶中的茶汤所剩不多时,则应将巡回快速斟茶改为点斟,这时茶艺小姐的手势一高一低有节奏地点斟茶水,形象地称之为"凤凰点头",象征着向嘉宾们行礼致敬。

第八道:夫妻和合、鲤鱼翻身

闻香杯中斟满茶后,将描有龙的品茗杯倒扣过来,盖在描有凤的闻香杯上,称之为夫妻和合,也可称为"龙凤呈祥"。

把扣合的杯子翻转过来,称之为"鲤鱼翻身"。

中国古代神话传说,鲤鱼跃过龙门可化龙升天而去,我们借助这道程序祝福在座的各位嘉宾家庭和睦、事业发达。

第九道:捧杯敬茶、众手传盅

捧杯敬茶是茶艺小姐用双手把龙凤杯捧到齐眉高,然后恭恭敬敬地向右侧第一位客人行注目点头礼,并把茶传给他。客人接到茶后不能独自先品为快,应当也恭恭敬敬向茶艺小姐点头致谢,并按照茶艺小姐的姿势依次将茶传给下一位客人,直到传到坐得离茶艺小姐最远的一位客人为止,然后再从左侧同样依次传茶。通过捧杯敬茶众传盅,可使在座的宾主们心贴得更紧,感情更亲近,气氛更融洽。

第十道:鉴赏双色、喜闻高香

鉴赏双色是指请客人用左手把描有龙凤图案的茶杯端稳,用右手将闻香杯慢慢地提起来,这时闻香杯中的热茶全部注入品茗杯,随着品茗杯温度的升高,由热敏陶瓷制的乌龙图案会从黑色变成五彩。这时还要观察杯中的茶汤是否呈清亮艳丽的琥珀色。

喜闻高香是武夷岩茶三闻中的头一闻,即请客人闻一闻杯底留香。第一闻主要闻茶香的纯度,看是否香高辛锐无异味。

第十一道:三龙护鼎、初品奇茗

三龙护鼎是请客人用拇指、食指托杯,用中指托住杯底。这样拿杯既稳当又雅观。三根手指头喻为三龙,茶杯如鼎,故这样的端杯姿势称为三龙护鼎。

初品奇茗是武夷山品茶三品中的头一品。茶汤入口后不要马上咽下,而是吸气,使茶汤在口腔中翻滚流动,使茶汤与舌根、舌尖、舌侧的味蕾都充分接触,以便能更精确地悟出奇妙的茶味。初品奇茗主要是品这泡茶的火功水平,看有没有"老火"或"生青"。

第十二道:再斟流霞、二探兰芷

再斟流霞,是指为客人斟第二道茶。

宋代范仲淹有诗云:"干茶味兮轻醍醐,干茶香兮薄兰芷。"兰花之香是世人公认的王者之香。二探兰芷,是请客人第二次闻香,请客人细细地对比,看看这清幽、淡雅、甜润、悠远、捉摸不定的茶香是否比单纯的兰花之香更胜一筹。

第十三道:二品云腴、喉底留甘

"云腴"是宋代书法家黄庭坚对茶叶的美称。"二品云腴"即请客人品第二道茶。二品主要品茶汤的滋味,看茶汤过喉是鲜爽、甘醇,还是生涩、平淡。

第十四道:三斟石乳、荡气回肠

"石乳"是元代武夷山贡茶中的珍品,后人常用来代替武夷茶。三斟石乳,即斟第三道茶。荡气回肠,是第三次闻香。品啜武夷岩茶,闻香讲究"三口气",即不仅用鼻子闻,而且可用口大口地吸入茶香,然后从鼻腔呼出,连续三次,这样可全身心感受茶香,更细腻地辨别茶叶的香型特征。茶人们称这种闻香的方法为"荡气回肠"。第三次闻香还在于鉴定茶香的持久性。

第十五道:含英咀华、领悟岩韵

含英咀华,是品第三道茶。清代大才子袁枚在品饮武夷岩茶时说"品茶应含英咀华并徐徐咀嚼而体贴之。"其中的英和华都是花的意思。含英咀华即在品茶时像是在嘴里含着一朵小兰花一样，慢慢地咀嚼，细细地玩味，只有这样才能领悟到武夷山岩茶特有的"香、清、甘、活"无比美妙的韵味。

第十六道：君子之交、水清味美

古人讲"君子之交淡如水"，而那淡中之味恰似在品了三道浓茶之后，再喝一口白开水。喝这口白开水千万不可急急地咽下去，应当像含英咀华一样细细玩味，直到含不住时再吞下去。咽下白开水后，再张口吸一口气，这时您一定会感到满口生津，回味甘甜，无比舒畅。多数人都会有"此时无茶胜有茶"的感觉。这道程序反映了人生的一个哲理：平平淡淡总是真。

第十七道：名茶探趣、游龙戏水

好的武夷岩茶七泡有余香，九泡仍不失茶真味。名茶探趣，是请客人自己动手泡茶。看一看壶中的茶泡到第几泡还能保持茶的色、香、味。

游龙戏水，是把泡后的茶叶放到清水杯中，让客人观赏泡后的茶叶，行话称为"看叶底"。武夷岩茶是半发酵茶，叶底三分红、七分绿。叶片的周边呈暗红色，叶片的内部呈绿色，称之为"绿叶红镶边"。在茶艺表演时，由于乌龙茶的叶片在清水中晃动很像龙在玩水，故名"游龙戏水"。

第十八道：宾主起立、尽杯谢茶

孙中山先生曾倡导以茶为国饮。鲁迅先生曾说："有好茶喝，会喝好茶是一种清福。""饮茶之乐，其乐无穷。"自古以来，人们视茶为健身的良药、生活的享受、修身的途径、友谊的纽带，在茶艺表演结束时，请宾主起立，同干了杯中的茶，以相互祝福来结束这次茶会。

任务七：紫砂壶冲泡普洱茶茶艺

一、茶具列表

表 7-7-1　普洱茶茶具列表

序号	名称	规格	数量
1	茶艺台、凳	高 750×长 1 200×宽 600(mm)；凳高 440 mm	1
2	奉茶盘	33 cm×22 cm	1
3	品茗杯	高度：5 cm　直径：3.2 cm	4
4	茶荷	10.4 cm×8 cm	1
5	杯托	长度：10.5 cm　宽度：5.5 cm	4
6	提梁壶	规格：800 mL	1
7	紫砂壶	规格：180 mL	1
8	壶垫	直径：5 cm×5 cm	1
9	茶巾	30 cm×30 cm	1
10	茶叶罐	高度：11 cm，直径 6 cm	1
11	双层茶盘	46 cm×29 cm	1
12	茶则	长 8.5 cm	1
13	普洱茶刀		1
14	茶海	无手柄有盖	1
15	双层废水缸	高度：10 cm　直径：45 cm	1

二、择水

一般掌握在 100 ℃沸水为宜。最好选用山泉水或矿泉水。

三、普洱茗茶推介

(一) 普洱熟茶

1. 产地

普洱主要产于云南勐海、勐腊、普洱市、耿马、沧源、双江、临沧、元江、景东、大理、屏边、河口、马关、麻栗坡、文山、西畴、广南。野茶树(包括栽培型野茶树)又名普洱茶,在云南南部和海南均有分布。

2. 外形

外形色泽褐红(俗称猪肝色),条索肥嫩,紧结(因采用大叶种为原料)。普洱散茶的级别是按嫩度为基础的,嫩度越高的级别也就越高。

3. 香气

主要看香气的纯度,区别霉味与陈香味。霉味是一种变质的味道,使人不愉快。陈香味是普洱茶在后发酵过程中,多种化学成分在微生物和酶的作用下,形成的新物质产生的一种综合香气。有的似桂圆香、枣香、槟榔香等,总之是令人愉快的香气。普洱茶香气达到的最高境界也就是我们常说的普洱茶的陈韵。所以陈香味与霉味是不同的。如有霉味,酸味或其他异味、香味等为不正常。

4. 汤色

明亮,红浓,红褐色。

5. 滋味

滋味醇厚,口感爽滑、回甘绵长、经久耐泡。

6. 叶底

多半呈现暗栗或黑色,叶条质地干瘦老硬。如果是发酵较重的,会有明显炭化,像被烈日烧烤过。

(二) 普洱生茶

1. 产地

同普洱熟茶。

2. 外形

鲜茶采摘后经过杀青揉捻、毛茶干燥成为生散茶,然后以紧压成型。其茶箐由青绿至墨绿为主,部分转为黄红。

3. 香气

经高温会有烘干香甜味。

4. 汤色

黄绿、琥珀、青绿。

5. 滋味

口感强烈,刺激性高。

6. 叶底

叶底为绿色、黄绿色,柔韧有弹性。

四、步骤

布席—备具—备水—翻杯—赏茶—温壶—置茶—温润泡—壶中续水冲泡—温茶海—温品茗杯—倒茶分茶—奉茶—收具。

1. 布席

摆正桌椅,将4个品茗杯(倒置)、茶壶、水盂、茶荷、茶道组、茶叶罐、茶巾、杯托放置在竹盘上。茶艺师端上放置茶具的竹盘置于茶桌中间,距离茶桌中间内沿10厘米左右。奉茶盘放置在茶桌的右下方。

2. 备具

茶艺师双手捧玻璃茶壶到竹茶盘右前角桌上,捧茶道组到竹茶盘左前角桌,捧水盂到玻璃茶壶后侧,捧茶叶罐到竹茶盘后侧,赏茶荷到茶盘左后侧,茶巾到茶盘正后方,4个品茗杯成行排列在茶盘上。

3. 备水

同任务二玻璃杯绿茶备水。

4. 翻杯

同任务六紫砂壶冲泡乌龙茶功夫茶艺。

5. 赏茶

同任务二玻璃杯绿茶赏茶。

6. 温壶

同任务六紫砂壶冲泡乌龙茶功夫茶艺。

7. 置茶

同任务六紫砂壶冲泡乌龙茶功夫茶艺。

8. 温润泡

右手提随手泡,按逆时针回旋注水法注入1/2壶,盖上壶盖。右手拇指、食指、中指提壶柄,左手托壶底按逆时针方向旋转紫砂壶一圈后将弃水倒入茶海中。

9. 壶中续水冲泡

同任务六紫砂壶冲泡乌龙茶功夫茶艺。

10. 温茶海

双手持茶海逆时针旋转一圈后将温水按从左到右的顺序倒入品茗杯中。

11. 温品茗杯

同任务六紫砂壶冲泡乌龙茶功夫茶艺。

12. 倒茶分茶

同任务六紫砂壶冲泡乌龙茶功夫茶艺。

13. 奉茶

用右手的拇指、食指、中指握住品茗杯擦拭品茗杯底后放在杯托上,从座位侧拿起奉茶盘放在茶桌右侧,双手捧杯托从右到左的顺序端起置于奉茶盘内,双手端起奉茶盘,起身后奉茶到评委正前方,蹲姿敬茶后回到茶桌前坐正。

14. 收具

同任务六紫砂壶冲泡乌龙茶功夫茶艺。

六、普洱茶茶艺表演解说词参考

中国是茶的故乡,而云南则是茶的发源地及原产地,几千年来勤劳勇敢的云南各民族同胞利用和驯化了茶树,开创了人类种茶的历史,为茶而歌,为茶而舞,仰茶如生,敬茶如神,茶已深深的渗入到各民族的血脉中,成为了生命中最为重要的元素。

同时,在漫长的茶叶生产发展历史中创造出了灿烂的普洱茶文化,使之成为香飘十里外,味酽一杯中的享誉全球的历史名茶。今天很荣幸为大家冲泡普洱茶,并将历史悠久、滋味醇正的普洱茶呈现于大家面前。

第一道:摆盏备具

在正式冲泡之前,首先摆放好冲泡普洱茶所用到的各类精美茶具。

第二道:淋壶湿杯

茶自古便被视为一种灵物,所以茶人们要求泡茶的器具必须冰清玉洁,一尘不染,同时还可以提升壶内外的温度,增添茶香,蕴蓄茶味;品茗杯以若琛制者为佳,白底蓝花,底平口阔,质薄如纸,色洁如玉,不薄不能起香,不洁不能衬色;而四季用杯,也各有色别,春宜"牛目"杯、夏宜"栗子"杯、秋宜"荷叶"杯、冬宜"仰钟"杯,杯宜小宜浅,小则一啜而尽,浅则水不留底。

第三道:赏茶投茶

普洱茶采自世界茶树的发源地,云南乔木型大叶种茶树制成,芽长而壮,白毫多,内含大量茶多酚、儿茶素、溶水浸出物、多糖类物质等成分,营养丰富,具有越陈越香的特点。古木流芳,投茶量为壶身的三分之一即可。

第四道:玉泉高致

涤尽凡尘,普洱茶不同于普通茶,普通茶论新,而普洱茶则讲究陈,除了品饮之外还具有收藏及鉴赏价值,时间存放较久的普洱茶难免存放过程中沾染浮沉,所以通常泡茶前宜快速冲洗干茶两至三遍,这个过程我们俗称为洗茶。

第五道：水抱静山

冲泡普洱茶时勿直面冲击茶叶，破坏茶叶组织，需逆时针旋转进行冲泡。彩云南现是云南名称的由来，传说元狩元年，汉武帝刘彻站在未央宫向南遥望，一抹瑰丽的彩云出现于南方，即派使臣快马追赶，一直追到彩云之南，终于追到了这片神奇吉祥的圣地，也就是现今的云南大理。

第六道：入液赏色

普洱茶冲泡后汤色唯美，似醇酒，有茶中"XO"之称，红油透亮，赏心悦目，令人浮想联翩。

第七道：平分秋色

俗语说"酒满敬人，茶满欺人"，分茶以七分为满，留有三分茶情。

第八道：齐眉案举

敬奉香茗，各位嘉宾得到茶杯后，切莫急于品尝，可将茶杯静置于桌面上，十秒钟后静观汤色，会发现普洱茶汤红浓透亮，油光显现，茶汤表面似有若无的盘旋着一层白色的雾气，我们称之为陈香雾。只有上等年代的普洱茶，才具有如此神秘莫测的现象，并且时间存放越久的茶陈香雾越明显。

第九道：三龙护鼎

下面告诉大家一个正确的握杯方式，用食指和拇指轻握杯沿，中指轻托杯底，形成三龙护鼎，女士翘起兰花指，寓意温柔大方，男士则收回尾指，寓意做事有头有尾，大权在握。

第十道：暗香浮动

普洱茶香不同于普通茶，普通茶的香气是固定于一定范围内，如龙井茶有豆花香，铁观音有兰花香，红茶有蜜香，但普洱茶之香却永无定性，变幻莫测，即使是同一种茶，不同的年代，不同的场合，不同的人，不同的心境，冲泡出来的味道都会不同，而且普洱茶香气甚为独特，品种多样，有樟香、兰香、荷香、枣香、糯米香等。

第十一道：初品奇茗

品字由三口组成，第一口可用舌尖细细体味普洱茶特有的醇、活、化，第二口可用牙齿轻轻咀嚼普洱茶，感受其特有的顺滑绵厚和微微粘牙的感觉，最后一口可用喉咙用心体会普洱茶生津顺柔的感觉。

鲁迅先生说："有好茶喝，会喝好茶，是一种清福。"让我们都来做生活的艺术家，泡一壶好茶，让自己及身边的人享受到这种清福。

任务八:柠檬红茶茶艺

一、茶具列表

表 7-8-1 柠檬红茶茶具列表

序号	名称	规格	数量
1	茶艺台、凳	高 750×长 1 200×宽 600(mm);凳高 440 mm	1
2	奉茶盘	33 cm×22 cm	1
3	竹盘	42 cm×30 cm	1
4	提梁壶	规格:0.8 L	1
5	调料碟	8 cm×8 cm	3
6	直身玻璃杯	200 mL;高度:8.0 cm;直径:6.5 cm	3
7	玻璃公道杯		2
8	搅拌棒	长:15 cm	3
9	夹子		1
10	茶巾	30 cm×30 cm	1
11	铲冰勺		1
12	红茶茶包	2 g/包	3
13	新鲜切片柠檬		3
14	砂糖糖包	5 g/包	3
15	食用冰粒	800 g/包	1

二、择水

一般掌握在 100 ℃沸水为宜。最好选用山泉水或矿泉水。

三、红茶类品牌茗茶推介

(一) 正山小种

1. 产地

产地以桐木关为中心,另崇安、建阳、光泽三县交界处的高地茶园亦有生产。产区四面群山环抱,山高谷深,气候严寒,年降水量达 2 300 毫米以上,相对湿度 80—85%,大气中的二氧化碳含量仅为 0.026%。当地具有气温低、降水多、湿度大、雾日长等气候特点。雾日多达 100 天以上,春夏之间终日云雾缭绕,海拔 1 200—1 500 米,冬暖夏凉,昼夜温差大,年均气温 18 ℃,日照较短,霜期较长,土壤水分充足,肥沃疏松,有机物质含量高。茶树生长繁茂,茶芽粗纤维少,持嫩性高。这些优越的自然气候和地理环境为正山小种红茶创造了得天独厚的生态条件。

2. 外形

条索肥实,色泽乌润。

3. 香气

香气高长,带松烟香。

4. 汤色

汤色红浓。

5. 滋味

滋味醇厚,带有桂圆汤味。

6. 叶底

叶底欠匀净,与其他茶拼配,能提高味感。

(二) 祁门红茶

1. 产地

祁门红茶,全县地区并非一致,分为三域,由溶口直上到侯潭转往祁西历口,在此区域内,以贵溪、黄家岭、石迹源等处为最优;由闪里、箬坑特到渚口,在此区域内,以箬坑、闪里、高塘等处为佳;由塔坊直至祁红转出倒湖,这区域以塘坑头、泉城红、泉城绿、棕里、芦溪、倒湖等处为代表。贵溪至历口这一区域红茶,其质量最优。茶叶的自然品质以安徽省黄山市祁门县历口古溪、闪里、平里一带最优。当地的茶树品种高产质优,植于肥沃的红黄土壤中,而且气候温和、雨水充足、日照适度。

2. 外形

细嫩整齐,有很多的嫩毫和毫尖,色泽润。

3. 香气

香气高醇,有鲜甜清快的嫩香味,形成独有的"祁红"风格。

4. 汤色

红艳明亮。

5. 滋味

鲜爽甘醇。

6. 叶底

绝大部分是嫩芽叶,色鲜艳,整齐美观。

(三) 滇红

1. 产地

主要是云南澜沧江沿岸的临沧、保山、思茅、西双版纳、德宏、红河6个地州的20多个县。云南省并没有四季之分,与江南地区的二十四节气区分有天壤之别。每年十月底至次年五月受伊朗印巴地区和沙漠地区气流影响,日照充足、空气干燥、降雨偏少,为明显旱季。六月至十月初受赤道海洋西南季风和热带海洋东南季风影响,温度高、湿气重,降雨日多且量大,为明显雨季。年平均温度摄氏17—22度,年平均降雨量1 200—2 000毫米之间,相对湿度在80%以上。土壤为砖红壤与赤红壤为主,PH值4.5—5.5之间,疏松腐质土深厚,有机含量特高。特别适合红茶的生长。

2. 外形

茶芽叶肥壮,苗锋秀丽完整,金毫显露,色泽乌黑油润。

3. 香气

高醇持久。

4. 汤色

红浓透明。

5. 滋味

浓厚鲜爽。

6. 叶底

红匀明亮。

四、步骤

布席—备具—备水—翻杯—赏茶—润杯—置茶—冲泡—加冰—加柠檬—加砂糖—搅拌—奉茶—收具。

1. 布席

摆正桌椅,将3个玻璃杯(倒置)、3个调料碟(分别放置3片柠檬片,3包砂糖,若干使用冰粒)、随手泡、2个公道杯、搅拌棒、夹子、铲冰勺、茶巾放置在竹盘上。茶艺师端上放置茶具的竹盘置于茶桌中间,距离茶桌中间内沿10厘米左右。奉茶盘放置在茶桌的右下方。

2. 备具

茶艺师双手捧随手泡到竹茶盘右前角桌上,双手捧两个调料碟依次从前到后放在竹茶盘左侧边,一个调料碟放在竹茶盘右侧边,将搅拌棒、夹子、铲冰勺架在茶盘右侧的调料碟上,捧2个公道杯到茶盘中间,3个玻璃杯成行排列在公道杯前的茶盘上,茶巾到茶盘正后方。

3. 备水

在茶艺演示场合,通常通过预加热,装在暖水瓶中备用。茶艺师用拇指、食指和中指提壶盖,按逆时针轨迹置壶盖于茶巾上,侧身弯腰提暖水瓶,打开瓶塞,向玻璃水壶内注入适量热水,暖水瓶归位,壶盖逆向复盖。

4. 翻杯

右手虎口向下,手背向左握住茶杯的左侧基杯身,左手位于右手手腕下方,用大拇指和虎口轻托茶杯的右侧基部或杯身;双手同时翻杯,成双手相对捧住茶杯,然后轻放在杯托上。

6. 润杯

同任务二玻璃杯绿茶茶艺,并将两个玻璃公道杯一同润洗。

7. 置茶

茶包入公道杯中。

8. 冲泡

右手提随手泡,用凤凰三点头的方式注水注玻璃杯中等待1分钟后取出茶包,将3个玻璃杯中的茶汤均匀倒入2杯公道杯中。

9. 加冰

右手拿铲冰勺按从左到右的顺序每个公道杯加冰粒5颗。

10. 加柠檬

右手拿夹子夹取柠檬片从左到右的顺序放入2个公道杯中并将茶汤均匀倒回3个玻璃杯。

11. 加砂糖

双手拆开砂糖,从左到右的顺序每个玻璃杯加一包。

12. 搅拌

用搅拌棒按照从左到右的顺序每杯搅匀一圈。

13. 奉茶

从座位侧拿起奉茶盘放在茶桌右侧,将玻璃杯从右到左的顺序端起置于奉茶盘内,双手端起奉茶盘,起身后奉茶到评委正前方,蹲姿敬茶后回到茶桌前坐正。

14. 收具

茶艺师双手捧 3 个调料碟、随手泡、2 个公道杯、搅拌棒、夹子、铲冰勺、茶巾到竹茶盘备具方位。

五、柠檬红茶茶艺解说词参考

我国中医认为,柠檬性温、味苦、无毒,具有止渴生津、祛暑安胎、疏滞、健胃、止痛、利尿等功能,调剂血管通透性,适合水肿虚胖的人群。吸烟者要多吃柠檬,因为他们需要的维生素 C 是不吸烟者的 2 倍。柠檬热量低,且具有很强的收缩性,因此有利于减少脂肪,是减肥良药。柠檬能防止心血管动脉硬化并减少血液黏稠度。热柠檬汁加蜂蜜对治疗支气管炎和鼻咽炎十分有效。甘地润肺、酸地消渴、开胃解酒毒、美白、润肤、降低胆固醇。

红茶,全发酵茶,含少量的多酚类和咖啡因,性温和,适和清饮与调饮。

红茶不喜计较,肚大能容,酸如柠檬,辛如桂圆,甜如蜜糖,润如牛奶,调配红茶,皆为佳品。今天为大家表演的是柠檬红茶,其味酸中带甜,非常可口。因柠檬的特殊功效,使得这款茶具有减肥瘦身的功效,非常适合在这个炎热的夏天饮用。

第一道:展示茶具

用冰清玉洁的玻璃杯盛放柠檬和茶汤,便于欣赏。

第二道:回旋烫杯

茶是至清至洁,天涵地育的灵物。泡茶是要求所用器皿也必须是至清至洁的。这道程序就是当着在场所用嘉宾的面,再一次清洗已经干净的茶具,既是提高杯的温度,也表示对来宾的尊敬。

第三道:佳人亮相

为大家冲泡的是祁门红茶,祁门红茶条索细秀略弯曲,有峰苗。色泽乌润略带灰光,带有类似于蜜糖香或苹果香的香气,持久不散。汤色红艳明亮,滋味鲜醇带甜,叶底红亮。

第四道:甜情蜜意

茶水对于冲泡一壶好茶至关重要,茶多水少则茶汤苦涩,颜色偏暗,茶少水多则滋味淡薄。一般在冲泡红茶时茶水比为 1:50 最好,最能发挥茶性。

第五道:冰清玉洁

将冰块置入玻璃杯中,茶汤降温。

第六道:酸甜美味

柠檬,砂糖与茶汤均匀混合。

第七道:敬奉嘉宾

双手奉杯献给尊敬的来宾。

第八道:品味鲜爽

红茶的甜香与柠檬的酸苦搭配在一起,酸中带甜,消暑解渴,别是一番滋味。特别适合这个炎热的季节饮用。

第九道:领悟茶韵

"茶味人生细品悟"。人们认为一杯茶,就能品出百味人生。无论茶是苦涩、甘鲜还是平和、醇厚,一杯茶,总能给人们无数思考与品味。所以品茶重在回味。唐代诗人卢仝的诗中写出了品茶的绝妙感觉。他写到:"一碗喉吻润,二碗破孤闷;三碗搜咕肠,惟有文字五千卷;四碗发轻汗,平生不平事,尽向毛孔散;五碗肌骨轻,六碗通仙灵;七碗吃不得,唯觉两腋习习清风生。"希望通过今天的茶艺表演在给各位来宾美的享受的同时,也能给爱美的女士们提供一种轻松的瘦身方法,快乐地度过这个夏天。谢谢。

任务九:泡沫红茶茶艺

一、茶具列表

表 7-9-1　泡沫红茶茶具列表

序号	名称	规格	数量
1	茶艺台、凳	高 750×长 1 200×宽 600(mm);凳高 440 mm	1
2	奉茶盘	33 cm×22 cm	1
3	竹盘	42 cm×30 cm	1
4	提梁壶	规格:800 mL	1
5	调料碟	8 cm×8 cm	3
6	直身玻璃杯	200 mL;高度:8.0 cm;直径:6.5 cm	3
7	玻璃啤酒壶	1 000 mL	1
8	调酒罐	约 500 mL	1
9	搅拌棒	长:15 cm	3
10	夹子		1

(续表)

序号	名称	规格	数量
11	茶巾	30 cm×30 cm	1
12	铲冰勺		1
13	红茶茶包	2 g/包	3
14	新鲜切片柠檬		3
15	砂糖糖包	5 g/包	3
16	食用冰粒	800 g/包	1

二、择水

一般掌握在100 ℃沸水为宜。最好选用山泉水或矿泉水。

三、红茶类品牌茗茶推介

（一）阿萨姆红茶

产于印度东北阿萨姆喜马拉雅山麓的阿萨姆溪谷一带。当地日照强烈，需另种树为茶树适度遮蔽；由于雨量丰富，因此促进热带性的阿萨姆大叶种茶树蓬勃发育。以6—7月采摘的品质最优，但10—11月产的秋茶较香。阿萨姆红茶，茶叶外形细扁，色呈深褐；汤色深红稍褐，带有淡淡的麦芽香、玫瑰香，滋味浓，属烈茶，是冬季饮茶的最佳选择。

（二）大吉岭红茶

产于印度西孟加拉省北部喜马拉雅山麓的大吉岭高原一带。当地年均温15 ℃左右，白天日照充足，但日夜温差大，谷地里常年弥漫云雾，是孕育此茶独特芳香的一大因素。以5—6月的二号茶品质最优，被誉为"红茶中的香槟"。大吉岭红茶拥有高昂的身价。三、四月的一号茶多为青绿色，二号茶为金黄。其汤色橙黄，气味芬芳高雅，上品尤其带有葡萄香，口感细致柔和。大吉岭红茶最适合清饮，但因为茶叶较大，需稍久焖（约5分钟）使茶叶尽舒，才能得其味。下午茶及进食口味生的盛餐后，最宜饮此茶。

（三）锡兰高地乌瓦红茶

产于山岳地带的东侧，常年云雾弥漫，由于冬季吹送的东北季风带来雨量（11月—次年2月），不利茶园生产，以7—9月所获的品质最优。产于山岳地带西机时的汀布拉茶和努沃勒埃利耶茶，则因为受到夏季（5—8月）西南季风送雨的影响,以 1—3 月收获的最佳。锡兰的高地茶通常制为碎形茶,呈赤褐色。其中的乌沃茶汤色橙红明亮,上品的汤面环有金黄色的光圈,犹如加冕一般;其风味具刺激性,透出如薄荷、铃兰的芳香,滋味醇厚,虽较苦涩,但回味甘甜。汀布拉茶的汤色鲜红,滋味爽口柔和,带花香,涩味较少。努沃勒埃利耶茶无论色、香、味都较前二者淡,汤色橙黄,香味清芬,口感稍近绿茶。

四、步骤

布席—备具—备水—翻杯—赏茶—润杯—置茶—冲泡—加冰—加柠檬—加砂糖—搅拌—奉茶—收具。

1. 布席

摆正桌椅,将 3 个玻璃杯(倒置)、3 个调料碟(分别放置 3 片柠檬片,3 包砂糖,若干使用冰粒)、随手泡、玻璃啤酒壶、调酒罐、搅拌棒、夹子、铲冰勺、茶巾放置在竹盘上。茶艺师端上放置茶具的竹盘置于茶桌中间,距离茶桌中间内沿 10 厘米左右。奉茶盘放置在茶桌的右下方。

2. 备具

茶艺师双手捧随手泡到竹茶盘右前角桌上,双手捧两个调料碟依次从前到后放在竹茶盘左侧边,一个调料碟放在竹茶盘右侧边,将搅拌棒、夹子、铲冰勺架在茶盘右侧的调料碟上,捧调酒罐到茶盘中间右侧,捧玻璃啤酒壶到茶盘中间左侧,3 个玻璃杯成行排列在茶盘前侧上,茶巾到茶盘正后方。

3. 备水

在茶艺演示场合,通常通过预加热,装在暖水瓶中备用。茶艺师用拇指、食指和中指提壶盖,按逆时针轨迹置壶盖于茶巾上,侧身弯腰提暖水瓶,打开瓶塞,向玻璃水壶内注入适量热水,暖水瓶归位,壶盖逆向复盖。

4. 翻杯

右手虎口向下,手背向左握住茶杯的左侧基杯身,左手位于右手手腕下方,用大拇指和虎口轻托茶杯的右侧基部或杯身;双手同时翻杯,成双手相对捧住茶杯,然后轻放在杯托上。

5. 赏茶

拿出红茶茶包,介绍茶叶品质特征。

6. 润杯

同任务二玻璃杯绿茶茶艺,并将玻璃啤酒壶、调酒罐一同润洗。

7. 置茶

3 个茶包一同入调酒罐中。

8. 冲泡

右手提随手泡,用凤凰三点头的方式注水注调酒罐中等待1分钟后取出茶包。

9. 加冰

右手拿铲冰勺加冰粒100克入调酒罐。

10. 加柠檬

右手拿夹子夹取柠檬片一个入调酒罐。

11. 加砂糖

双手拆开砂糖,从左到右的顺序每个玻璃杯加一包。

12. 调酒

调酒罐盖子盖上后均匀摇晃后倒入玻璃啤酒壶中,再次往调酒罐注入开水等2分钟后重复第9—11步骤将茶汤倒入玻璃啤酒壶中。

13. 分茶

将玻璃啤酒壶中的茶汤按照从左到右的顺序均匀倒入3个玻璃杯。

14. 奉茶

从座位侧拿起奉茶盘放在茶桌右侧,将玻璃杯从右到左的顺序端起置于奉茶盘内,双手端起奉茶盘,起身后奉茶到评委正前方,蹲姿敬茶后回到茶桌前坐正。

15. 收具

茶艺师双手捧3个调料碟、随手泡、玻璃啤酒壶、调酒罐、搅拌棒、夹子、铲冰勺、茶巾到竹茶盘备具方位。

五、泡沫红茶茶艺解说词参考

第一道:器皿英姿

"器为茶之父,水为茶之母",今天使用的茶具有玻璃杯、玻璃啤酒壶、调酒罐、搅拌棒、夹子、铲冰勺等。

第二道:甘泉沸鼎

活水还需活火煮,最适合饮茶的水为天然的矿泉水。

第三道:佳茗显韵

品饮的阿萨姆红茶产于印度东北阿萨姆喜马拉雅山麓的阿萨姆溪谷一带,茶叶外形细扁,色呈深褐;汤色深红稍褐,带有淡淡的麦芽香、玫瑰香,滋味浓,属烈茶。

第四道:甜情蜜意

用开水冲泡茶汤,红茶果香浓郁,香甜可口。

第五道:冷暖交替

加入冰块。

第六道:地动山摇

调酒方式混匀茶汤,有中西合璧之感。

第七道:冰海雪山

泡沫红茶倒入玻璃杯中。

第八道:锦上添花

柠檬和砂糖加入茶汤,增加泡沫红茶的丰富层次感。

第九道:敬奉嘉宾

感谢各位嘉宾的光临,请品茶。

第十道:施礼谢幕

有缘再聚,谢谢。

知识拓展

序号	项目	分值(%)	要求和评分标准	扣分点
1	礼仪仪表仪容25分	5	发型、服饰与茶艺表演类型相协调。	穿无袖扣2分。 发型突兀扣1分。 服饰与茶艺明显不协调扣2分。
		10	形象自然、得体、高雅,表演中身体语言得当,表情自然,具有亲和力。	头发乱扣1分。 视线不集中或低视或仰视,扣2分。 神态木讷平淡,无交流,扣2分。 表情不镇定、眼神慌乱扣2分。 妆容不当,扣2分。 其他不规范因素扣分。
		10	动作、手势、站立姿势端正大方。	抹指甲油扣2分。 未行礼扣2分。 坐姿脚分开扣1分。 手势中有明显多余动作,扣2分。 姿态摇摆,扣1分。 其他不规范因素扣分。

全国职业院校技能大赛"中华茶艺技能"赛项指定茶艺竞技评分标准

(续表)

序号	项目	分值(%)	要求和评分标准	扣分点
2	茶席布置 5分	5	茶器具布置与排列有序、合理。	茶具配套不齐全,或有多余的茶具,扣2分。茶具排列杂乱、不整齐,扣2分。茶具取用后未能复位,扣1分。
3	茶艺表演 45分	15	冲泡程序契合茶理,投茶量适用,冲水量及时间把握合理。	泡茶顺序颠倒或遗漏一处扣5分,两处及以上扣9—10分。茶叶用量及水量不均衡不一致扣3分。茶叶掉落扣2分。其他不规范因素扣分。
		16	操作动作适度,手法连绵、轻柔顺畅,过程完整。	动作不连贯扣3分。操作过程中水洒出来扣3分。杯子翻倒扣5分。器具碰撞发出声音扣2分。其他不规范因素扣分。
		10	奉茶姿态及姿势自然、大方得体。	奉茶时未半蹲扣2分。未行伸掌礼扣2分。脚步混乱扣2分。不注重礼貌用语扣2分。其他不规范因素扣分。
		4	收具。	收具不规范扣2分。收具动作仓促,出现失误,扣2分。
4	茶汤质量 20分	12	茶的色、香、味、形表达充分。	每一项表达不充分扣2分。汤色差异明显扣2分。水温不适宜扣2分。其他不规范因素扣分。
		8	茶水比适量,用水量一致。	三杯茶汤水位不一致扣2分。茶水比不合适扣2分。茶汤过量或过少扣2分。其他不规范因素扣分。
5	时间 5分	5	在6—13分钟内完成茶艺表演。	超时在1分钟内扣2分。超时在1—2分钟内扣3分。超时2分钟以上扣5分。时间不足相应扣分。

全国职业院校技能大赛"中华茶艺技能"赛项创新茶艺竞技评分标准

序号	项目	分值(%)	要求和评分标准	扣分点	细则
1	创新 25分	10	主题立意新颖,有原创性;意境高雅、深远。	主题立意不够新颖,没有原创性,扣3分。有原创性,但缺乏文化内涵,扣3分。意境欠高雅,缺乏深刻寓意,扣2分。	优秀:立意新颖,有原创性;意境高雅、深远,符合社会发展的主旋律,传播积极向上主基调。良好:有创意性;意境好,传播正面积极精神。一般:能清楚表达一个主题,体现目前精神风貌。
		10	茶席设置有创新,与主题吻合。	缺乏新意,扣2—3分。与主题不吻合扣3分。插花、挂画等背景布置缺乏创意,扣3分。	
		5	泡茶手法、音乐服饰有新意。	泡茶手法平淡无新意,扣2分。音乐、服饰无新意,扣1分。音乐、服饰有新意,但与主题不相符,扣2分。	优秀:泡茶手法突破传统,更能泡出茶的品质特征,音乐烘托主题,音乐和服饰有较强的艺术感染力。良好:泡茶手法突破传统,更能泡出茶的品质特征,有衬托主题的音乐和服饰。一般:泡茶手法不同于传统方法,有衬托主题的音乐和服饰。
2	茶艺表演 30分	9	布景、音乐、服饰及茶具协调,表演具有较强艺术感染力。	布景、服饰及茶具等色调、风格不协调,扣3分。布景、服饰、音乐与主题不协调,扣3分。表演缺乏艺术感染力,扣2分。表演艺术感染力不强,扣1分。	
		12	动作适度、手法连绵、轻柔,冲泡程序合理,过程完整、流畅。	动作不连贯扣2分。操作过程水洒出来扣2分。杯具翻到扣2分。冲泡程序有明显错误,扣2分。表演技艺平淡,缺乏表情,扣2分。歌舞内容连续表演时间超过5分钟,扣2分。	

(续表)

序号	项目	分值(%)	要求和评分标准	扣分点	细则
2	茶艺表演 30分	6	团队配合默契，角色分明，衔接自然流畅。	团队分工不明，有闲置角色，扣2分。 配合不够默契，扣2分。 衔接不够顺畅，扣2分。	
		3	奉茶姿态、姿势自然，言辞恰当。	奉茶时姿态不端正，扣1分。 未行伸掌礼扣1分。 不注重礼貌用语，扣1分。	
3	茶汤质量 20分	12	茶汤色、香、味表达充分。	未能充分表达出茶色、香、味，扣9分。 仅能表达出茶色、香、味其一者，扣6分。 能表达出茶色、香、味其二者，扣3分。	
		8	茶汤适量，温度适宜。	茶汤过量或过少扣2分。 茶汤温度不适宜，扣2分。 茶汤浓度过浓或过淡扣2分。 其他不规范因素扣分。	
4	解说 7分	7	有创意，讲解口齿清晰婉转，能引导和启发观众对茶艺的理解，给人以美的享受。	讲解不脱稿扣3分。 讲解与表演过程不协调，扣2分。 讲解口齿不清晰，扣1分。 讲解欠艺术表达力，扣1分。	
5	时间 5分	5	在10—15分钟内完成茶艺表演。	表演时间超1分钟之内，扣1分，超1—2分钟，扣3分，超2分钟扣5分。 表演时间少于8分钟扣5分，时间为8—9分钟，扣2分，时间为9—10分钟，扣1分。	
6	回答问题 8分	8	在5分钟内正确回答有关泡茶技艺的问题4道，每题2分。	未回答或回答错误1题扣2分，4题扣8分。	选手回答与实际答案部分不一致的，由裁判根据回答情况酌情扣分。

项目回顾

泡茶的基本手法是将泡茶的美感突出,同时熟练的操作各式器具,根据茶叶不同的性质选择器具及相应的手法,使茶叶的汤滋更美味。也是茶艺师专业素质及能力的体现。本章主要介绍茶艺基本操作要点,按照中级(五级)茶艺师技能要求掌握八项茶艺操作流程,每项任务都由择水备器、名茶推荐、操作要点、茶艺解说参考组成。

 技能训练

1. 分小组进行玻璃杯冲泡绿茶茶艺训练。
2. 分小组进行玻璃杯冲泡黄茶茶艺训练。
3. 分小组进行玻璃杯冲泡白茶茶艺训练。
4. 分小组进行瓷盖瓯冲泡花茶茶艺训练。
5. 分小组进行紫砂壶冲泡乌龙功夫茶艺训练。
6. 分小组进行紫砂壶冲泡普洱茶茶艺训练。
7. 分小组进行柠檬红茶茶艺训练。
8. 分小组进行泡沫红茶茶艺训练。

 自我测试

1. 简答题
(1) 茶壶按把手分,都分为哪几种?
(2) 侧提壶的提拿要领是什么?
(3) 茶杯分类有哪几种?
(4) 盖碗如何握杯?
(5) 在冲泡茶叶之前为什么要温壶、温杯?
(6) 泡茶时经常使用的茶具都有哪些?各有什么用途?
(7) 翻杯的注意事项有哪些?
2. 实操题
(1) 捧取手法的基本要求。
(2) 茶巾的叠法。

项目七 茶之鉴

学习目标
- 了解审评器具的名称和作用
- 了解审评流程及要素
- 了解影响茶叶变质的因素
- 掌握通用型茶叶审评方法
- 掌握茶叶的几种常用鉴别方法
- 掌握茶叶贮藏的环境条件和常用的贮藏方法

项目导读

　　茶叶感官审评也称感官检验,是茶叶品质检验方法之一。它是指经过训练的专业人员依靠人的视觉、嗅觉、味觉、触觉来判断茶叶品质好坏的一种方法。茶叶感官检验,作为一种传统的品质鉴别方法,自唐代陆羽《茶经》始,历代均有记述,并不断改进,逐渐形成了较为规范的检验内容与程序。茶叶感官检验主要针对茶叶的品质、等级、制作等质量问题进行评审。具体内容包括茶叶外形、汤色、香气、滋味和叶底五项,简称"五项因子",在商业上对成品茶的检验有的将外形一项拆分成条索、整碎、净度和色泽四项。

任务一:茶叶的审评

一、茶叶审评器具

(一)审评室

　　专供茶叶感官审评的工作室,一般应置于二层楼以上,地面要求干燥,房屋采取南北朝向,室内墙壁和天花板为白色,磨石子地面或铺地板、瓷砖;由北面自然采光,无太阳光直射,室内光线应明快柔和,可装日光灯弥补阴雨天光线不足。室内左右(即东西向)墙面不开窗;背(南)面开门与气窗;正北采光墙面的开窗面积应不少于35%。室内保持空气流畅,各种设备无明显的杂异气味。四周环境要安静,无杂异气味和噪音源。北面视野宽广,有利于减少视力疲倦。

(二) 审评用具

审评室内应配备评茶用具,包括审评杯碗、汤碗、汤匙、电茶壶(烧水壶)、茶样盘、审评台、样茶橱、定时钟、粗天平或戥秤、叶底盘或搪瓷盘、审评记载表等。审评室面积与评茶用具多少,应根据工作量而定。

1. 审评盘

也称"样盘"、"茶样盘",是用于盛装审评茶样外形的木盘。审评盘有正方形和长方形,用无气味的木板制成,上涂白漆并编号,盘的一角为一倾斜形缺口。正方形的审评盘,规格为长×宽×高=220 mm×220 mm×40 mm,也有采用规格为 200 mm×200 mm×40 mm 的。审评盘的框板采用杉木板,厚度为 8 mm,底板以五夹板的为好,但不能带异气。另外,还应备数只大规格的茶样盘,供拼配茶样和分样使用,长×宽×高的规格为 350 mm×350 mm×50 mm,在盘的一角处开一个缺口。

2. 审评杯

审评杯用于开汤冲泡茶叶及审评香气。审评杯为特制白色圆柱形瓷杯,杯盖有小孔,在杯柄对面杯口上有齿形或弧形缺口,容量为 150 mL。审评毛茶有时也用 200 mL 审评杯,其结构除容量外与 150 mL 杯相似。审评青茶(乌龙茶)的杯为钟形带盖的瓷盏,容水量为 110 mL。

3. 审评碗

审评碗用于审评汤色和滋味。审评碗为广口白色瓷碗,碗口稍大于碗底,容量一般为 200 mL。评审杯、碗是配套的,用于审评精茶和毛茶的杯碗若规格不一,则不能交叉匹配使用。审评青茶(乌龙茶)的碗比常规的审评碗略小。审评碗也应编号。

4. 叶底盘

叶底盘用于审评叶底。叶底盘为木质方形小盘,规格为长×宽×高=100 mm×100 mm×20 mm,漆成黑色。也有用长方形白色搪瓷盘用于开大汤评定叶底,比用小木盘审评叶底方法更为正确。

5. 样茶秤

样茶秤用于衡量秤取审评用茶的量。常用感量为 0.1 g 的托盘天平,也用戥秤或手提式天平。

6. 定时器

定时器为用于评茶计时的工具。常规使用可预定 5 分钟自动响铃的定时钟（器）或用 5 分钟的砂时器。

7. 汤碗

汤碗为白色小瓷（饭）碗。碗内放茶匙、网匙，用时冲入开水，有消毒清洗的作用。

8. 茶匙

茶匙也称汤匙，用于取茶汤品评滋味的白色瓷匙。因金属匙导热过快，有碍于品味，故不宜使用。

9. 网匙

网匙用于捞取审评碗中茶汤内的碎片末茶，用细密的不锈钢或尼龙丝网制作，不宜用铜丝网，以免产生铜腥味。

10. 水壶

水壶是用于制备沸水的电茶壶，水容量 2.5—5 L。以铝质的为好，忌用黄铜或铁的壶煮沸水，以防异味或影响茶汤色泽。

11. 吐茶桶

吐茶桶是盛装茶渣、评茶时吐的茶汤及倾倒汤液的容器。它用镀锌铁皮制成，桶高为 80 mm，上直径为 320 mm，中腰直径为 160 mm，呈喇叭状。

12. 审评表

审评表是用于审评记录的表格。表内分外形、汤色、香气、滋味和叶底 5 个栏目。也有分条索、整碎、净度、色泽、汤色、香气、滋味和叶底 8 个栏目，在每个栏目中又分较高、相当、稍低、较低、不合格等项或设评分栏。为了便于综合评定茶叶品质，表内常设总评一栏。此外，还有茶名、编号或批唛、数量、审评人和审评日期、备注等内容。

13. 干评台

检验干茶外形的审评台。在审评时也用于放置茶样罐、茶样盘、天平等，台的高度为 850—900 mm，宽度为 600 mm，长度视需要而定，台下可设抽斗。台面光洁，为黑色，无杂异气味。

14. 湿评台

开汤检验茶叶内质的审评台。用于放置审评杯碗、汤碗、汤匙、定时器等，供审评茶叶汤色、香气、滋味和叶底用。台的高度为 850—900 mm，宽度为 600 mm，长度也视需要而定。台面为黑色（也有白色），应不渗水，沸水溢于台面不留斑纹，无杂异气味。

15. 碗橱

用于盛放审评杯碗、汤碗、汤匙、网匙等。橱的尺寸可根据盛放用具数量而定。一般采用长×宽×高为 400 mm× 600mm×700 mm。橱的高度上等分5格，设置5只抽屉。要求上下左右通风，无杂异气味。

16. 茶样贮存桶

用于放置有保存价值的茶叶。要求密封性好，桶内放生石灰作干燥剂。

二、茶叶审评流程

（一）审评取样

取样又称抽样或扦样，是指从一批或数批茶叶中取出具有代表性样品供审评使用。茶叶品质只能通过抽样方式进行检验。因此，样品的代表性尤其重要，必须重视检验的第一步工作——取样。毛茶扦样应从被抽茶中的上、中、下及四周随机扦取。精茶是在匀堆后装箱前，用取样铲在茶堆中各个部位多点铲取样茶，一般不少于8个取样点。被取出的样茶，在拌匀后用四分法逐步减少茶叶数量，然后再用样罐装足审评茶的数量。

（二）审评用水

评茶用水的优劣，对茶叶汤色、香气和滋味影响极大，尤其体现在水的酸、碱度和金属离子成分上。水质呈微酸性，汤色透明度好；趋于中性和微碱性，会促进茶多酚加深氧化，色泽趋暗，滋味变钝。一般的井水偏碱性的多；江湖水大多数混浊带异味；自来水常有漂白粉的气味。经蒸气锅炉煮沸的水，常显熟汤味，影响滋味与香气审评。新安装的自来水管，含铁离子较多，泡茶易产生深暗的汤色，应将管内滞留水放清后再取水。此外，某些金属离子还会使水带上特殊的金属味，影响审评。评茶以使用深井水，自然界中的矿泉水及山区流动的溪水较好。为了弥补当地水质之不足，较为有效的办法是将饮用水通过净水器过滤，能明显去除杂质，提高水质的透明度与可口性。

经煮沸的水应立即用于冲泡，如久煮或用热水瓶中开过的水继续回炉煮开，易产生熟汤味，有损于香气和滋味的审评结果。

（三）通用型茶叶审评方法

取有代表性的茶样150—200 g 放入样盘中，评其外形，随后从样盘中撮取略多于3 g 茶叶，在粗天平上（天平感量 0.1 g）较为正确地称取3 g 茶倒入审评杯内，再从开水壶中冲入沸水至杯满为止（约150 mL），被评茶叶在审评杯内浸泡5分钟，随后将茶汤沥入审评碗内，评其汤色，并闻杯内香气。等香气评好,再用茶匙取近 1/2 匙茶汤入口评滋味,一般尝味 1—2 次。最后将杯内茶渣倒入叶底盘中,审评叶底品质。整个评茶操作流程,取样——评外形——称样——冲泡——沥茶汤——评汤色——闻香气——尝滋味——看叶底。对其中的每一审评项目均应写出评语,有时还加以评分。

1. 外形审评

茶叶外形包括:形态、色泽、整碎、肥瘦、大小、净度、精细、长短、嫩度(级别)以及茶叶的产区、品种、茶别(生产日期)等内容;对包装茶和某些再加工茶而言,还包括用材、文字、色彩、代码、重量等。这些方面的综合,表现了外形品质,不能硬性加以分开,其中任一项之不足,即为"病态"。但对不同的茶叶,要求可以不同,即使是同一审评结果,在某种茶上是优点,对另一种茶叶便可能是缺点。例如:茸毫多对碧螺春、大毫茶而言是一大优点,但对龙井茶来说,却是明显的缺点。各种茶叶对外形有特殊的要求,且侧重各异。在名优绿茶中,干茶色泽是至关重要的品质因子,但红碎茶的色泽只要不是枯灰、花杂,对"乌"和"棕"的颜色不讲究。

审评茶叶外形有两种方法:一种是筛选法,即把 150—200 g 茶叶放在茶样盘中,双手波折地筛选样盘,使茶叶分层,让精大的茶叶浮在上面,中等的在中间,碎末在下面,再用右手抓起一大把茶,看其条、整、碎程度。

筛选法看茶误差较大,它受筛选技巧、时间、速度、用茶量、抓茶数量等因子的影响。例如,较薄的一层面张茶与较厚一层面张茶,均布在样盘中或抓在手中都较难于分别面张茶的多少。

另一种是直观法,把茶样倒入样盘后,再将茶样徐徐倒入另一只空样盘内,这样来回倾倒 2—3 次,使上下层充分拌和,即可评审外形。直观法评茶的优点是,茶样充分拌和,能代表茶样的原始状态,不受筛选法易出现的种种干扰误差,所以,能较正确而迅速地评定外形。

2. 汤色审评

茶汤的色泽变化很快。特别是冬天评茶,随着汤温的下降,汤色会明显变深。若在相同的温度和时间内,红茶变色大于绿茶;大叶种大于小叶种;嫩茶大于老茶;新茶大于陈茶。例如,同一杯海南岛产的红碎茶。在 30 分钟内,汤色由红亮转红欠亮,当汤温下降到 16 ℃时便开始出现冷后浑。根据茶汤易变色的原则,在 10 分钟以内观察汤色。较能代表茶的原有汤色,如再延长时间,很易把较浅的红茶汤误评为红亮,或把较红亮的汤色误评为欠亮……

另外还必须指出,冬天看红碎茶的汤色,因外界光线比夏天弱,以致茶汤的反射光也弱,这就会给审评上带来误差,易把稍深看成深暗,稍浅看成红明。

因此,看汤色时还要考虑不同季节的气温、光线等因子。

名优绿茶的汤色以嫩绿为上,黄绿次之,黄暗为下。要取得嫩绿的汤色,鲜叶嫩度以一芽一叶开展至一芽二叶初展为宜,杀青锅温先高后低,闷抖结合,经1—2分钟后以扬抖为主,从鲜叶到制成干毛茶的全程历时控制在1.5小时以内(摊青不在内),成茶必须干燥,手捻茶叶能成细粉末,这些都是必要的条件。在同样条件下大叶种制绿茶,汤色较黄熟,也较难以保鲜,保鲜期相对较短。

3. 香气审评

香气是感官审评项目之一。指人的嗅觉能辨别的茶叶挥发的各种气味。包括各种香型、异气、高低、持久性等内容。评茶对香气的感觉,是由鼻腔上部的嗅觉感受器接受茶香的刺激而发生的。人们的嗅觉虽很灵敏,但嗅觉也很易适应刺激,即嗅觉的敏感时间也是有限的,如得了感冒、鼻炎及吸烟、饮酒和吃激性强的食物后,都会使嗅觉灵敏度降低。

审评茶叶香气,在冬天要快,在夏天过3—5分钟即应开始嗅香,最适合于人闻茶香的叶底温度是45—55℃,超过60℃就感到烫鼻,但低于30℃时就觉得低沉,甚至对微有烟气一类异气茶就难以鉴别。

闻香时的每个嗅香过程最好是2—3秒,不宜超过5秒或小于1秒。整个鼻部应深入杯内,这样使鼻子接近叶底,也可扩大接触香气面积,增加嗅觉的能力。呼吸换气不能把肺内气体冲入杯内,以防异气冲淡杯内茶香的浓度而影响审评效果。

在审评香气时可能会发现异味,但又说不出所以然,这主要是依靠平常训练,要多了解与茶叶易接触的物质气味,例如煤烟、炭烟、农药、水果糖、木气、焦茶……当了解这些气味的特点后,碰到茶叶中有异味,就能较迅速地反应并把它判断出来。

4. 滋味审评

滋味是感官审评项目之一,是指人的味觉能感受辨别的茶汤味道,包括汤质的各种味道,与纯异浓淡等内容。舌的不同部位对滋味的感觉并不相同,舌中对滋味的鲜爽度判断最敏感,舌尖、舌根次之;舌根对苦味最敏感。在评茶时,应根据舌的生理特点,充分发挥其长处。评滋味时,茶汤温度、吃的数量、辨的时间、嘴吸茶汤的速度、用力大小以及舌的姿态等,都会影响审评滋味的结果。

茶汤温度 最合评茶要求的茶汤温度是45—55℃,如高于70℃就感到烫嘴,低于40℃的就显得迟钝,感到涩味加重,浓度提高。

茶汤数量　每次用瓷茶匙取茶汤最好是 4—5 mL,多于 8 mL 感到满嘴是汤,难于在口中回旋辨别,少于 3 mL 也觉得嘴空,不便于辨味。

尝味时间　把 4—5 mL(约 1/3 匙)茶汤送入口内,在舌的中部 2 次即可,较合适的时间是 3—4 秒一般需尝味 2—3 次。当数只茶的滋味差距不大,但又要评出次序时,应反复尝味验证,才能加深印象,有利于做出较正确的判断。对滋味很浓的茶尝味 2—3 次后,需用点温开水漱漱口,把舌苔上的高浓度的腻滞物洗去后再复评。否则会麻痹味觉,达不到评味的目的。

吸茶汤的速度　从汤匙里吸茶汤要自然,速度不能快,若用力吸即加大茶汤流速,部分汤液从牙齿间隙进入口腔,使齿间的食物残渣也被吸入口腔,与茶汤混合,增加异味感,有碍于正确评茶。

舌的姿态　把茶汤吸入嘴内后,舌尖顶住上层门齿,嘴唇微微张开,舌稍向上抬,使汤摊在舌的中部,再用口慢慢吸入空气,茶汤在舌上微微滚动,连吸 2 次气后,辨出滋味,即闭上嘴,在鼻孔排出肺内废气,吐出茶汤。若初感有苦味的茶汤,应抬高舌位,把茶汤压入舌的基部,进一步评定苦的程度。

对疑有烟味的茶汤,应把茶汤送入口后,嘴巴闭合,用鼻孔吸气,把口腔鼓大,使空气与茶汤充分接触后,再由鼻孔把气放出。这样来回 2—3 次,对烟味茶的评定效果较好。

5. 叶底审评

叶底是感官审评项目之一,指茶叶经冲泡后留下的茶渣。包括茶叶嫩度、色泽、整碎、大小、净度等内容。我国传统的工夫红、绿毛精茶及地方名茶,在审评中都要评定叶底的嫩度、整碎、色泽诸方面,其中嫩度是评定的主要因子。在评定叶底嫩度时,常会产生两种错觉:一是易把芽叶肥壮,节间长的某些品种误评为茶老;二是陈茶色泽暗,叶底不开展,与同等嫩度的新茶比时,也常把陈茶评为茶老。

对红碎茶的审评,叶底不是主要因子。有时可作为评定内质浓强度的参考。因红碎茶的叶底在一定范围内,常常与内质不相一致。如用较粗老的轻萎凋叶经锤击式转子机打碎,其叶底相当红亮,但香气、滋味常常带有生涩青气。又如春茶叶底柔嫩,但香味醇和,这不是红碎茶所要求的。所以,评定红碎茶时叶底的要求是次要的。

凡是汤色、叶底共同的术语,查见"汤色评语";外形、叶底共用的,查见外形评语。

现以青茶为例讲解具体审评方法。目前青茶审评方法有两种,即传统法和通用法。在福建多采用传统法,而台湾、广东和其他地区几乎都使用通用法。传统法:使用110 mL钟形杯和审评碗,冲泡用茶量为5 g,茶与水之比例为1:22。审评顺序:外开—香气—汤色—滋味—叶底。先将审评杯碗用沸水烫热,再将称取的5 g茶叶投入钟形杯内,以沸水冲泡。一般要冲泡3次,其中头泡2分钟,第二泡3分钟,第三泡5分钟。每次都在未沥出茶汤时,手持审评杯盖,闻其香气。在同一香味类型中,常以第3次冲泡中香气高、滋味浓的为好。通用法:使用150 mL的审评杯和容量略大于杯的审评碗,冲泡用茶量3 g,茶与水之比为1:50。将称取的3 g茶叶倒入审评杯内,再冲入沸水至杯满(接近150 mL),浸泡5分钟后,沥出茶汤,先评汤色,继之闻香气,尝滋味,最后看叶底。

这两种审评方法,只要技术熟练,了解青茶品质特点,都能正确评出茶叶品质的优劣,其中通用法操作方便,审评条件一致,较有利于正确快速得出审评结果。

三、茶叶的鉴别方法

茶叶的感官品评是根据茶叶的形、质特性对感官的作用来分辨茶叶品质的高低的。具体的品评方法可以概括为三看、三闻、三品和三回味。品评时,先进行干茶品评,即首先通过观察干茶外形的条索、色泽、整碎、净度来判断茶叶的品质高低,然后再开汤品评,即对干茶进行开汤冲泡,看汤色、嗅香气、品滋味、察叶底,进一步判断茶叶的品质高低。茶叶的鉴别则主要有以下几种:

(一) 真假茶叶的鉴别

真茶与假茶一般可用感官品评的方法去鉴别,就是通过人的视觉、感觉和味觉器官,抓住茶叶固有的本质特征,用眼看、鼻闻、手摸、口尝的方法,最后综合判断出是真茶还是假茶。

茶叶的真假可以从以下4个方面进行鉴别。

1. 叶片

真茶的叶片边缘锯齿,上半部密,下半部稀而疏,近叶柄处平滑无锯齿;假茶叶片则多数叶缘四周布满锯齿,或者无锯齿。

2. 主脉

真茶主脉明显,叶背叶脉凸起。侧脉7—10对,每对侧脉延伸至叶缘1/3处向上弯曲呈弧形,与上方侧脉相连,构成封闭形的网状系统,这是真茶的重要特征之一;而假茶叶片侧脉多呈羽毛状,直达叶片边缘。

3. 茸毛

真茶叶片背面的茸毛,在放大镜下可以观察到它的上半部与下半部是呈

45°—90°角弯曲的;假茶叶片背面无茸毛,或与叶面垂直生长。

4. 茎干

真茶叶片在茎上呈螺旋状互生;假茶叶片在茎上通常是对生,或几片叶簇状生长的。

(二) 新茶与陈茶的鉴别

购买茶叶一般说来是求新不求陈。当年采制的茶叶为新茶;隔年的茶叶为陈茶。陈茶是由于茶叶在贮藏过程中受湿度、温度、光线、氧气等诸多外界因素的单一或综合影响,加上茶叶本身就具有陈化性所形成的。茶叶在贮藏过程中,其内含成分的变化是产生陈气、陈味和陈色的根本原因。

1. 观干茶色泽

绿茶色泽青翠碧绿,汤色黄绿明亮;红茶色泽乌润,汤色红橙泛亮,是新茶的标志。茶在贮藏过程中,构成茶叶色泽的一些物质会在光、气、热的作用下,发生缓慢分解或氧化,如绿茶中的叶绿素分解、氧化,会使绿茶色泽变得枯灰无光,而茶褐素的增加则会使绿茶汤色变得黄褐不清,失去了原有的新鲜色泽;红茶贮存时间长,茶叶中的茶多酚产生氧化缩合,会使色泽变得灰暗,而茶褐素的增多,也会使汤色变得混浊不清,同样会失去新红茶的鲜活感。

2. 闻茶叶的干香

科学分析表明,构成茶叶香气的成分有 300 多种,主要是醇类、酯类、醛类等特质。它们在茶叶贮藏过程中既能不断挥发,又会缓慢氧化。因此,随着时间的延长,茶叶的香气就会由浓变淡,香型就会由新茶时的清香馥郁而变得低闷混浊。

3. 品饮茶味

因为在贮藏过程中,茶中的酚类化合物、氨基酸、维生素等构成滋味的特质有的分解挥发,有的缩合成不溶于水的物质,从而使可溶于茶汤中的有效滋味物质减少。因此,不管何种茶类,大凡新茶的滋味都醇厚鲜爽,而陈茶却显得淡而不爽。

(三) 春茶、夏茶和秋茶的鉴别

茶树由于在年生长发育周期内受气温、雨量、日照等季节气候的影响,以及茶树自身营养条件的差异,使得加工而成的各季茶叶自然品质发生了相应的变化。"春茶苦,夏茶涩,要好喝,秋白露(指秋茶)",这是人们对季节茶自然品质的概括。春茶、夏茶和秋茶的品质特征分为两部分。

1. 干看

从茶叶的外形、色泽、香气上加以判断。凡是绿茶、红茶条索紧结,珠茶颗粒圆紧,红茶色泽乌润,绿茶色泽绿润,茶叶肥壮重实,或有较多茸毛,且又香气馥郁的,是春茶的品质特征。凡是红茶、绿茶条索松散,珠茶颗粒松泡,红茶色泽红润,绿茶色泽灰暗或乌黑,茶叶轻飘宽大,嫩梗瘦长,香气略带粗老者,则是夏茶的品质特征。凡是茶叶大小不一,叶张轻薄瘦小,绿茶色泽黄绿,红茶色泽暗红,且茶叶香气平和的,是秋茶的品质特征。

2. 湿看

湿看就是进行开汤审评,通过闻香、尝味、看叶底来进一步作出判断。冲泡时茶叶下沉较快,香气浓烈持久,滋味醇厚;绿茶汤色绿中透黄,红茶汤色红艳显金圈;茶底柔软厚实,正常芽叶多,叶张脉络细密,叶缘锯齿不明显者,为春茶。凡冲泡时茶叶下沉较慢,香气欠高;绿茶滋味苦涩,汤色青绿,叶底中夹有铜绿色芽叶;红茶滋味欠厚带涩,汤色红暗,叶底较红亮;不论红茶还是绿茶,叶底均显得薄而较硬,对夹叶较多,叶脉较粗,叶缘锯齿明显,此为夏茶。凡香气不高,滋味淡薄,叶底夹有铜绿色芽叶,叶张大小不一,对夹叶多,叶缘锯齿明显的,属于秋茶。

(四)香花茶与拌花茶的鉴别

花茶,又称香花茶、熏花茶、香片等。它以精致加工而成的茶叶(又称茶坯),配以香花窨制而成,是我国特有的一种茶叶品类。花茶既具有茶叶的爽口浓醇之味,又具有鲜花的纯清雅香之气。所以,自古以来,茶人对花茶就有"茶引花香,以益茶味"之说。目前市场上的花茶主要有香花茶与拌花茶。

1. 香花茶

窨制花茶的原料一是茶坯,二是鲜花。茶叶疏松多细孔,细孔具有毛细管的作用,容易吸收空气中的水汽和气体。它含有高分子棕榈酸和萜烯类化合物,也具有吸收异味的特点。花茶窨制就是利用茶叶吸香和鲜花吐香两个特性,一吸一吐,使茶味花香合二为一,这就是窨制花茶的基本原理。花茶经窨制后要进行提花,就是将已经失去花香的花干进行筛分剔除,尤其是高级花茶更是如此。只有少数香花的片、末偶尔残留于花茶之中。

2. 拌花茶

拌花茶就是未经窨花的花茶,拌花茶实则是一种错觉而已。所以从科学角度而言,只有窨花茶才能称作花茶,拌花茶实则是一种假冒花茶。

任务二：茶叶的贮藏

一、影响茶叶变质的因素

茶叶是一种吸附性极强、不耐氧化的物品，收藏不当，很容易发生不良变化，如变质、变味、陈化等。造成茶叶变质、变味、陈化的主要因素有温度、水分、氧气和光线，这些因素个别或互相作用而影响茶叶的品质。

1. 温度

氧化、聚合等化学反应与温度的高低成正比。温度越高，反应的速度越快，茶叶陈化的速度也就越快。实验结果表明，温度平均每升高10℃，茶叶色泽褐变的速度就加快3—5倍。如果将茶叶存放在0℃以下的地方，就可以较好地抑制茶叶的陈化和品质的损失。

2. 水分

水分是茶叶陈化过程中许多化学反应的必须条件。当茶叶中的水分在3%左右时，茶叶的成分与水分子呈单层分子关系，可以较有效地延缓脂质的氧化变质；而茶叶中的水分含量超过6%时，陈化的速度就会急剧加快。因此，要防止茶叶水分含量偏高既要注意购入的茶叶水分不能超标，又要注意贮存环境的空气湿度不可过高，通常保持茶叶水分含量在5%以内。

3. 氧气

氧气能与茶叶中的很多化学成分相结合而使茶叶氧化变质。茶叶中的多酚类化合物、儿茶素、维生素C、茶黄素、茶红素等的氧化均与氧气有关。这些氧化作用会产生陈味物质，严重破坏茶叶的品质。所以茶叶最好能与氧气隔绝开来，可使用真空抽气或充氮包装贮存。

4. 光线

光线对茶叶品质也有影响，光线照射可以加快各种化学反应，对茶叶的贮存产生极为不利的影响。特别是绿茶放置于强光下太久，很容易破坏叶绿素，使得茶叶颜色枯黄发暗，品质变坏。光能促进植物色素或脂质的氧化，紫外线的照射会使茶叶中的一些营养成分发生光化反应，故茶叶应该避光贮藏。

二、茶叶的贮藏

明代王象晋在《群芳谱》中，将茶的保鲜和贮藏归纳成三句话："喜温燥而恶冷湿,喜清凉而恶蒸郁,宜清独而忌香臭。"唐代韩琬的《御史台记》写道:"贮于陶器,以防暑湿。"宋代赵希鹄在《调燮类编》中谈到:"藏茶之法,十斤一瓶,每年烧稻草灰入大桶,茶瓶坐桶中,以灰四面填桶瓶上,覆灰筑实。每用,拨灰开瓶,取茶些少,仍覆上灰,再无蒸灰。"明代许次纾在《茶疏》中也有述及:"收藏宜用磁瓮,大容一二十斤,四周厚箬,中则贮茶,须极燥极新,专供此事,久乃愈佳,不必岁易。"说明我国古代对茶叶的贮藏就十分讲究。

(一) 茶叶贮藏的环境条件

基于茶叶易于变质、变味、陈化的特点,贮藏时必须采取科学的方法。茶叶贮藏的环境条件有:低温;干燥;无氧气;不透明(避光);无异味。

(二) 茶叶的贮存

茶叶保存的总原则是:让茶叶充分干燥,不能与带有异味的物品接触,避免暴露与空气接触和受光线照射;不要让茶叶受挤压、撞击,以保持茶叶的原形、本色和真味。具体可采用以下方法:

1. 普通密封保鲜法

也称为家庭保鲜。将买回的茶叶立即分成若干小包,装进事先准备好的茶叶罐或筒里,最好一次装满盖上盖子,在不用时不要打开,用完将盖子盖严。有条件可在器皿筒内适当放些用布袋装好的生石灰,以起到吸潮和保鲜的作用。

2. 真空抽气充氮法

将备好的铝箔与塑料做成的包装袋,采取一次性封闭真空抽气充氮包装贮存,也可适当加入些保鲜剂。但一经启封后,最好在短时间内用完,否则开封保鲜解除后,时间久了同样会陈化变质。在常温下贮藏一年以上,仍可保持茶叶原来的色、香、味;在低温下贮藏,效果更好。

3. 冷藏保鲜法

用冰箱或冰柜冷藏茶叶,可以收到令人满意的效果。但要注意防止冰箱中的鱼腥味污染茶叶,另外茶叶必须是干燥的。温度保持在-4—2℃不变,必须要经过抽真空保鲜处理,否则,茶叶与空气相接触且外界冷热相遇,水分和氧气会形成水汽珠,而凝结在茶叶上,加速茶叶变质。

总之,家庭所用茶叶最好分小袋包装,以减少打开包装的次数,然后再放入茶叶罐;而且家用茶叶罐宜小不宜大。一只茶叶罐中只装一种茶叶,不可多种茶叶装入一个茶叶罐中。另外,贮藏茶叶要注意茶叶罐的质地,决不能用塑料或其他化学合成材料制品;选用锡制品贮藏较好,它的密封性能相当突出,有利于茶叶防潮、防光、防氧化、防异味。此外,放好茶的茶叶罐切勿放在阳光直接照射的地方,应放在密封的黑暗干柜中,或密封好放入冰箱的冷藏柜里,切不可将茶叶和香烟、香肥皂和樟脑丸等放置于同一个柜内。原则上,茶叶买回后最好尽快喝完,绿茶在一个月之内趁新鲜喝完最好,半发酵或全发酵的茶也最好在半年内喝完。

通过本单元的学习,使学习者对茶叶的评审有了更深层的认识和了解,能够运用茶叶的审评和鉴别基本知识初识茶的优劣;并在了解影响茶叶变质的主要因素的基础上,学会正确贮藏茶叶的方法。

1. 将泡好的茶汤放在桌上,组织学生品评茶汤,并将感受记录下来。
2. 教师讲解茶叶的品评方法后,请学生到台前进行识茶练习。
3. 练习分析茶叶的真、假、新、陈和季节。

1. 选择题
(1) 毛茶扦样应从被抽茶中的(　　)随机扦取。
　　A. 上、中、下　　　　　　B. 四周
　　C. 上、下和四周　　　　　D. 上、中、下和四周
(2) 审评茶叶外形的筛选法是把(　　)茶叶放在茶样盘中,双手波折地筛选样盘,使茶叶分层,让精大的茶叶浮在上面,中等的在中间,碎末在下面,再用右手抓起一大把茶,看其条、整、碎程度。
　　A. 50—100 g　　　　　　B. 100—150 g
　　C. 150—200 g　　　　　　D. 100—200 g
(3) 舌的不同部位对滋味的感觉并不相同,舌中对滋味的鲜爽度判断最敏感,舌尖、舌根次之;舌根对(　　)最敏感。
　　A. 苦味　　　B. 甜味　　　C. 酸味　　　D. 辣味
(4) 要防止茶叶水分含量偏高既要注意购入的茶叶水分不能超标,又要

注意贮存环境的空气湿度不可过高,通常保持茶叶水分含量在( )以内。
  A. 3%   B. 5%   C. 7%   D. 10%

2. 判断题

(1) 茶叶专业品鉴程序通常分为五个步骤:赏干茶、看茶汤、闻香气、品茶汤、辨叶底。(　　)

(2) 评茶以使用深井水,自然界中的矿泉水及山区流动的溪水较好。(　　)

(3) 在名优绿茶中,干茶色泽是至关重要的品质因子。(　　)

(4) 决定茶汤色泽的主体物质是茶多酚。(　　)

(5) 茶叶贮藏的环境条件有:低温;干燥;无氧气;不透明(避光);无异味。(　　)

3. 简答题

(1) 简述通用型茶叶审评方法。

(2) 简述影响茶叶变质的因素。

(3) 简述在生活中常用的茶叶的贮存方法。

项目八 茶之艺

学习目标
- 了解各地民族、地区的民俗茶艺
- 理解主题特色茶艺
- 掌握茶艺的创新

项目导读

中国地域广阔,是有着56个民族的国家。虽然各个民族的历史文化背景不同,宗教信仰不同,生活环境和生活习惯也各不相同,但是大家有一个共同的爱好——爱茶。正所谓"千里不同风,百里不同俗",把各民族、各地区的饮茶传统风俗升华为艺术,便是具有特色的民俗茶艺。本章节主要介绍流传较广的白族三道茶、客家擂茶、藏族酥油茶、苗族和侗族油茶、蒙古族和维吾尔族奶茶以及傣族竹筒茶等具有鲜明特色的民族茶艺。

任务一:民族特色茶艺

所谓民族茶艺,就是根据各民族特色的茶俗、茶礼、茶艺、茶风等等浓郁的饮茶习俗,加以艺术化的表现手法,构成了今天民族茶艺表演的主体。在优美动听、特色显著的民族音乐中,既可以观赏到优美的冲泡技艺、品尝各民族别具风味的茶饮,更能领略到全国各地纯朴神奇的风土人情,民族茶艺不仅有很高的观赏性,更具有可观的艺术性。下面就为大家介绍各地鲜明的民族饮茶风俗。

一、汉族民俗茶艺

(一)客家擂茶

擂茶也叫"三生汤",一般以生茶叶、生米、生姜为主要原料,经过研磨配制后加水烹煮而成。擂茶的制法和饮用习俗,随着客家人的南迁,逐步传到闽、粤、赣、台等地区,并得到改进和发展,形成了不同的风格。比如湖南安化擂茶,它的原料就是花生、黄米、黄豆、芝麻、绿豆、南瓜子和茶叶,加少许生姜,胡椒和盐巴等,将所有的原料都炒熟后放入擂钵中捣碎,然后将捣碎的原料放入烧沸的水中,搅拌均匀,熬煮片刻便可。

1. 茶具组合

擂钵1个(直径约45厘米的厚壁硬质陶盆);

擂棍1根(油茶树的木材,长度约67厘米);

捞瓢1把(竹篾编制);

另配小桶、铜壶、青花碗、开水壶等。

2. 基本流程

涤器——洗钵迎宾

备料——群星拱月

初擂——小试锋芒

加料——锦上添花

细擂——各显身手

冲水——水乳交融

过筛——去粗取精

敬茶——敬奉琼浆

品饮——如品醍醐

图 9-1-1 擂茶表演

知识拓展

客家擂茶茶艺表演与解说

开场:"莫道醉人惟美酒,擂茶一碗更深情。美酒只能喝醉人,擂茶却能醉透心。"客家擂茶在古朴醇厚中见真情,在品饮之乐中使人健体强身,延年益寿,所以被称为茶中奇葩、中华一绝。俗话说"百闻不如一见",今天就请各位来尝一尝我们的擂茶,当一回我们的贵客。

1. 涤器——洗钵迎宾

客家人的热情好客是举世闻名的,每当贵宾临门,我们要做的第一件事就是招呼客人落座后即清洗"擂茶三宝",准备擂茶迎宾。这是擂钵,是用硬陶烧制的,内有齿纹,能使钵内的各种原料很容易地被擂碾成糊。这是擂棍,是用山茶树或山苍子树的木棒来做,用这样的木质擂出的茶有一种独特的清香。这是用竹篾编的"笊篱",是用来过滤茶渣的。

2. 备料——群星拱月

山里人有一个非常好的传统,就是一家的客人也就是大家的客人,邻里的朋友就是自己的朋友。所以,一家来了客人,邻居们见到都会拿出自己家里最好吃的糕点和小吃,主动来参加招待。在这里,你一定会感到如群星拱月一样,随时随地都被一群热情好客的主人"包围"着。

3. 打底——投入配料

我们也称之为"打底"。这是茶叶,它能提神悦志,去滞消食,清火明目;这是甘草,它能润肺解毒;这是陈皮,它能理气调中,止咳化痰;这是凤尾草,它能清热解毒,防治细菌性痢疾和黄疸型肝炎。"打底"就是把这些配料放在擂钵中擂成粉状,以利于冲泡。

4. 初擂——小试锋芒

一般是由主人表现自己的擂茶技艺,所以称为"小试锋芒"。擂茶本身就是很好的艺术表演,技艺精湛的人在擂茶时无论是动作,还是擂钵发出的声音都极有韵律。请听,现在擂钵发出的声音时轻时重,时缓时急,这代表着我们对各位的光临表示最热烈的欢迎!

5. 加料——锦上添花

即将芝麻倒进擂钵与基本擂好的配料混合。芝麻含有大量的优质蛋白质、不饱和脂肪酸、维生素E等营养物质,可美容养颜抗衰老,加入芝麻后,擂茶的营养保健功效更显著,所以称之为"锦上添花"。

6. 细擂——各显身手

这道程序重在参与,每个人都可以一展自己的擂茶技艺,所以称为"各显身手"。等一会喝自己亲手擂出的茶,一定会觉得更香。

7. 冲水——水乳交融

在细擂过程能中要不断加水,使混合物擂成糊状。当擂到足够细时,要冲入热开水。水温的控制很重要,水温过高,易造成擂茶清淡不成乳状;水温过低,冲不熟擂茶,喝时不但不香且有生

图 9-1-2　擂茶茶汤

草味。因此，水温应控制在 90—95 ℃才能真正达到"水乳交融"。

8. 过筛——去粗取精

其目的是"去粗取精"，滤去茶渣，使擂茶口感更好。

9. 敬茶——敬奉琼浆

擂茶斟到茶碗后，应按照长幼顺序依次敬奉给客人。我们视擂茶为琼浆玉液，故称"敬奉琼浆"。

10. 品饮——如品醍醐

擂茶一般不加任何调味品，所以保有原料的本味。品尝第一口时会感到一股青涩味，细品后才能渐渐感受到其甘鲜爽口、清香宜人之处。这正是苦涩之后的甘美，正如醍醐的法味，不假雕饰，不事炫耀，却让人品后无法忘怀。

结尾：喝擂茶一般要开怀畅饮，请各位嘉宾痛痛快快地喝个够！

（二）江浙熏豆茶

在美丽富饶的长江三角洲地区，特别是太湖之滨及杭嘉湖鱼米之乡，几乎家家户户都有喝熏豆茶的习俗。

熏豆茶的配料，少量的绿茶为辅，更多的是称之为"茶果里"的佐料。首要的是熏豆，采摘嫩绿的优良品种的青豆，经剥、煮、淘、烘等多种工序加工而成，放入干燥器中贮藏备用；第二种是芝麻，一般选用颗粒饱满的白芝麻炒至芳香即可；第三种，民间叫"卜子"，其名为"紫苏"，以野生为上；第四种为橙皮，选用太湖流域的酸橙之皮，具有理气健胃之功效；第五种为胡萝卜干。待所有的"茶果里"投放茶碗完毕后，再放上几片嫩绿的茶叶，以沸水冲泡，一碗兼有"色香味形"特点的熏豆茶就制作好了。茶汤绿中呈黄，嫩茶的清香和熏豆的鲜味混为一体，饮后提神、开胃。

熏豆茶色香味俱佳，以熏豆茶待客是当地的习俗。

图 9-1-3　熏豆茶汤

图 9-1-4　四川掺茶

每逢春节,还要在茶中加一颗橄榄,因形如元宝,寓意为"招财进宝"。按照当地习俗,客人需要把碗中豆料吃尽方表示喝完,否则主人以为还要喝茶,便会一次次添水。

(三) 四川掺茶

四川掺茶自成一格,堪称中国一绝。在四川的茶馆里,掺茶师一边招呼客人,一边娴熟地将茶碗"撒"在桌上,娴熟地使用铜制长嘴壶麻利地为每位茶客掺茶,从摆碗、掺茶、盖碗,整个过程一气呵成,让人叹为观止。

长嘴壶茶艺是中国茶艺的奇葩。长嘴壶是我国一种独特的茶具,历史悠久,源远流长。长嘴壶茶艺表演是群众喜爱的民俗文化,是我国茶道的一环,是茶文化的一部分。长嘴壶茶艺具有很高的实用性和观赏性。沸水在长嘴中流过,自然降低了温度,水就不会太烫,最适合泡茶,特别是泡盖碗茶。长嘴壶茶艺表演用肢体语言表达各种文化内涵,长人知识,发人深省。长嘴壶茶艺表演营造了茶馆的文化氛围和民俗气息,提高了茶客的品茗乐趣。

掺茶在四川不同的地方也有一些不同的招式和流派,如蒙山派的"龙行十八式",峨眉派的三十六式等。掺茶师将表演时,忽然将滚烫的长嘴铜壶,出人意料地举到头顶上一个"童子拜佛",细流从上泻下,却是有惊无险。接着,铜壶甩到背后,细长的壶嘴贴着后肩,连人带壶一齐前倾,细流越背而出,稳稳着杯,是为"负荆请罪"。背过身去,下腰,后仰如钩,铜壶置于胸前,长嘴顺喉、颈、下颏出枪,几乎就要烫着突起的下巴,一股滚水细若游丝,越过面部,反身掺进茶碗,这一招叫"海底捞月"。茶满,人一个鲤鱼打挺,桌面干净利索,并无施泥带水。

图 9-1-5　掺茶招式

二、少数民族民俗茶艺

由于各少数民族所处的地理位置以及生活习惯的不同,茶在他们的日常生活中的作用各不相同。少数民族的饮茶多以调饮为主,根据生活环境、生活习惯创造了许多别具一格的饮茶方式,丰富我国的饮茶艺术,开创了丰富多彩的调饮茶文化。

(一) 白族三道茶

白族三道茶指的是我国云南大理白族自治州中过节、寿诞、婚嫁、宾客来访等重要场合,主人都会以"一苦二甜三回味"的饮茶方式来款待客人,象征着对人生的体悟。三道茶据说最初是用于长辈对晚辈前来求艺学商时举行的一种仪式,寓意要学得真本事,首先要吃的了苦,只有经过艰苦的磨炼,才能享受到生活的甘甜,而且只有尝尽了人间的酸甜苦辣,才能领悟到人生的真谛,久而久之,这种饮茶方式已成为白族同胞待客的礼仪。

第一道茶,称之为"清苦之茶",寓意做人的哲理:"要立业,先要吃苦"。制作时,先将水烧开,再由主人将一只小砂罐置于文火上烘烤,待罐烤热后,随机取适量茶叶放入罐内,并不停地转动砂罐,使茶叶受热均匀,待罐内茶叶"啪啪"作响,叶色转黄,发出焦糖香时,立即注入已经烧沸的开水。少倾,主人将沸腾的茶水倾入茶盅,再用双手举盅献给客人。

第二道茶,称之为"甜茶"。当客人喝完第一道茶后,主任重新用小砂罐置茶、烤茶、煮茶,与此同时,还得在茶盅内放入少许红糖、乳扇、桂皮等,待煮好的茶汤倾入八分满为止。

第三道茶,称之为"回味茶"。其煮茶方法虽然相同,只是茶盅中放的原料已换成适量蜂蜜,少许炒米花,若干粒花椒,一撮核桃仁,茶容量通常为六七分满。饮第三道茶时,一般是一边晃动茶盅,使茶汤和佐料均匀混合,一边口中"呼呼"作响,趁热饮下。这杯茶,喝起来甜、酸、苦、辣各味俱全,回味无穷。因此,白族称它为"回味茶",寓意凡事多"回味",切忌"先甜后苦"的哲理。

图 9-1-6　白族三道茶

图 9-1-7　三道茶表演

喝了白族三道茶，口感特别舒适，这正是三道茶的魅力所在。随着人们生活水平的提高，以及茶文化的普及，三道茶的配料更为丰富，喝茶的寓意也有所不同，但是一苦、二甜、三回味的风格依然如故。

知识拓展

白族三道茶茶艺表演与解说

开场：彩云之南，苍山叠翠，洱海含烟，三塔巍峨，蝴蝶蹁跹。大理有"风花雪月"四大美景，有热情的歌舞和醉人的香茶期盼着您的到来。首先请欣赏白族歌舞"阿达约"。看，为了欢迎各位嘉宾的到来，巧手的金花阿鹏们正在精心准备，为您献上白族人迎宾的隆重礼仪——白族三道茶。

冲泡：

1. 备茶：银盆净手，文火焚香，木桶汲水，金壶插花，土生茶树，现在舞台上显示出的是金、木、水、火、土五行。接下来金花、阿鹏们要敬天、敬地、敬本祖。

2. 品茶：苦茶的原料为感通毛茶，属绿茶类，经炙烤，使茶叶由墨绿变为金黄，当发出啪啪之声，清香扑鼻时，即注水烹茶。

茶桌上摆放的杯式为"碧溪三迭"。"清碧溪"隐于感通山间，飞流瀑布，层层叠叠，清溪碧水，蜿蜒淙淙。

（奉茶）

头道茶——苦茶

举案齐眉，敬奉嘉宾。头道茶汤酽味苦，寓意人生道路必有艰难曲折。不要怕苦，要一饮而尽，你会觉得香气浓郁，苦有所值。

（奉茶）

第二道茶——甜茶

甜茶摆放的杯式为"三塔倒影"。大理三塔寺是大理的象征，有着几千年的历史，清朝末年发生大地震，主塔斜而未倒。

甜茶是将切好的红糖、核桃仁、乳扇按一定比例置于杯中，然后用感通绿茶冲泡而成。品饮是要搅匀，边饮边嚼，味甜而不腻。

这道茶把甜、香、沁、润体现得妙趣横生。寓意生活有滋有味，苦尽甘来。

（奉茶）

> 第三道茶——回味茶
>
> 回味茶摆放的杯式为"彩蝶纷飞"。每年三月三,成千上万只蝴蝶飞聚蝴蝶泉边,相互咬着尾翼,形成串串蝶帘,蝴蝶泉因此得名。
>
> 回味茶重于煎,用感通雪花加花椒、桂皮、生姜煎煮,出汤时加蜂蜜搅匀,使五味均衡。
>
> 品饮此道茶犹如品味人生,"麻、辣、辛、苦",百感交集,回味无穷。
>
> 3. 收尾:大理白族三道茶烤出了生活的芳香,调出了事业的主旋律,烹出了历史的积淀,体现出"一苦、二甜、三回味"的人生哲理。希望三道茶能给您带来无穷无尽的回味。愿三道茶伴您、伴我共度美好的时光!

(二)藏族的酥油茶

藏族人民视茶为神之物,从历代"赞普"至寺庙喇嘛,从土司到普通百姓,因其食物结构中,乳类、肉类占很大比重,而蔬菜、水果较少,所以人体不可缺少的维生素等营养成分主要靠喝茶来补充,故藏民以茶佐食,餐餐必不可少。按藏族人的话说:"宁可三日无粮,不可一日无茶。"

酥油茶是一种在茶汤中加入酥油等原料,再经过特殊方法加工而成的茶。具体做法为:一般先烧一锅开水,把紧压茶捣碎,放入沸水中煮,约半小时左右,待茶汁浸出后,滤去茶叶,把茶汁装进长圆柱形的打茶桶内。与此同时,用一口锅煮牛奶,一直煮到表面凝结一层酥油时,把它倒入盛有茶汤的打茶筒内,再放上适量的盐和糖。这时,盖住打茶桶,用手把住直立茶桶并上下移动长棒,不断摇打。直到桶内的声音从"咣当、咣当"变成"嚓咿、嚓咿"时,茶、酥油、盐、糖等即混为一体,酥油茶就打好了。

打酥油茶用的茶桶,多为铜质,甚至有用银质的。而盛酥油茶的茶具,多为银质。甚至还有用黄金加工而成的。茶碗虽以木碗为多,但常常是用金、银或铜镶嵌而成。更有甚者,有用翡翠制成的,这种华丽而又昂贵的茶具,常被看作传家之宝。而这些不同等级的茶具,又是人们财产拥有程度的标志。

喝酥油茶是很讲究礼节的。但凡宾客上门入座后,主妇立即会奉上糌粑,随后,再分别递上一只茶碗,主妇很有礼貌的按辈分大小,先长后幼,向众宾客一一倒上酥油茶,再热情地邀请大家用茶。这时,主客一边喝酥油茶,一边吃糌粑。按当地的习惯,客人喝酥油茶时,不能一喝而光,视为不礼貌。一般每喝一碗茶,都要留下少许,这被看作对主妇打茶手艺不凡的一种赞许,这时主妇心领神会,又来斟满。如此二三巡后,客人觉得不想再喝了,就把少许的茶汤有礼貌地泼在地上,表示酥油茶已喝饱,主妇也就不再劝喝了。

图 9-1-8　打制酥油茶

图 9-1-9　酥油茶汤

（三）蒙古咸奶茶

蒙古族同胞饮茶，除城市和农业区采用泡饮法外，牧区几乎都用铁锅熬煮。蒙古族人民一日三餐都离不开茶，与其说"一日三餐"，倒不如说每日"三茶一饭"更确切。因为牧民们习惯在早、中、晚各饮一次茶，而且他们饮茶的同时还要配以炒米、奶饼、油炸果之类的点心。

蒙古族喝的咸奶茶，用的多为青砖茶或黑砖茶，煮茶的器具是铁锅。其具体的制作方法大致是：先要将青砖茶用砍刀劈开，放在石臼内捣碎后，取茶叶约 25 克，置于碗中用清水浸泡。生起灶火，架锅烧水，水必须是新打来的水，否则口感不好。水烧开后，倒入另一锅中，将用清水泡过的茶水也倒入，再用文火熬 3 分钟，然后放入几勺鲜奶，再放少量的食盐，锅开后即香甜可口的奶茶了，用勺舀入茶碗中即可饮用。

（四）苗族八宝油茶汤

苗族吃八宝油茶汤的习俗，由来已久。他们说："一日不吃油茶汤，满桌酒菜都不香。"倘有宾客进门，他们更会用香脆可口、滋味无穷的八宝油茶汤款待。其实，称为八宝油茶汤，其意思是在油茶汤中放有多种食物之意。所以，与其说它是茶汤，还不如说它是茶食更恰当。

制作油茶汤的关键工序是炸茶时要掌握火候，其做法是：点火后待锅底发热时，倒入适量茶油，待油冒青烟时，再放上一撮茶叶和少许花椒，用铲急速翻炒茶叶和花椒。一旦茶叶色转黄，发出焦香味时，加上少量凉水，放上姜丝，而后用铲挤压，以便榨出茶汁、姜汁。待锅内水沸腾时，加上适量食盐、大蒜和胡椒之类，翻几下，再徐徐加水足量，当水再次沸腾时，就算将油茶汤做好了。讲究一点的，或是为了招待客人，那么就得制作成八宝油茶汤，制作方法也比较复杂，通常先将玉米（煮后晾干）、黄豆、花生米、核桃、团散（一种米薄饼）、豆腐干丁、蔬菜等分别用菜油炸好,形成油炸物,分装入碗待用。

接着是炸茶,特别要掌握好火候,这是制作的关键技术。具体做法是:放适量茶油在锅中,待锅内的油冒出青烟时,放入适量茶叶和花椒翻炒,待茶叶色转黄发出焦糖香时,即可倾水入锅,再放上生姜。一旦锅中水煮沸,再徐徐掺入少许冷水,等水再次煮沸时,加入适量食盐和少许大蒜之类,用勺稍加拌动,随即将锅中茶汤连同佐料,一并倾入盛有油炸物的碗中,这样就算将八宝油茶汤制好了。

待客敬八宝油茶汤时,由主妇用双手托盘,盘中放上几碗八宝油茶汤,每碗放上一只调羹,彬彬有礼地敬奉给客人。这种油茶汤,由于用料讲究,烹调精细,一碗到手,清香扑鼻,沁人肺腑。喝在口中,鲜美无比,满嘴生香。既解渴,又饱肚子,还有特异风味,堪称中国饮茶技艺中的一朵奇葩。苗族吃油茶汤的另一习俗,就用嘴在碗沿按顺时针方向转喝,不一会即可连干带汤吃得干干净净,决不会在碗底留下油炸物,可谓是苗族吃油茶汤的一手特殊技能。

图 9-1-10　制作八宝油茶

图 9-1-11　八宝油茶

(五) 傣族竹筒茶

定居在美丽的澜沧江畔的傣族人喜欢用竹筒茶。竹筒茶,傣族语称为"纳朵",是流行于云南南部傣族地区的一种民俗茶饮。其制作品饮可分为五步:

装茶:用晒干的春茶,或经初加工而成的毛茶,装入刚砍回来的生长期为1年左右的嫩香竹筒中。

烤茶:将装好茶叶的竹筒放在火边烘烤,每隔四五分钟翻动一次竹筒,使得竹筒内的茶叶均匀受热软化,再用木棒将竹筒内的茶压紧,尔后再填满茶,继续烘烤。如此边填、边烤、边压,直至竹筒内的茶叶填满压紧为止。当竹筒外壁的颜色由绿变黄时,竹筒内的茶叶已经基本烤好。

取茶:劈开竹筒,取刚烤好的茶叶,这时竹筒茶的外形已经被烤成竹筒的样子。

冲泡：冲泡竹筒茶时，一般大家围坐在小圆桌四周。取出适量的茶叶放入碗内，冲入沸水至七八分满，大约冲泡3—5分钟即可。

品饮：竹筒茶味道清新，既有茶的醇厚味道，又有竹的怡人清香。

竹筒茶也是佤族人民世代相传的一种茶饮，但制作方法与傣族的大相径庭。佤族人是将刚采的青茶放入新砍的青竹筒内，并加入少量盐巴置于火上烧烤，青茶在高温中受竹气蒸熏，产生一种特殊的清香，冲入开水后饮用能止渴消乏、祛热解暑、明目化滞。

图 9-1-12　竹筒香茶

图 9-1-13　竹筒香茶

（六）拉祜族烤茶

饮烤茶是拉祜族古老而传统的普遍饮茶方式。拉祜语中称为"腊扎夺"。按拉祜族的习惯，烤茶时，先要用一只小土陶罐，放在火塘上用文火烤热，然后放上适量茶叶抖烤，使茶受热均匀，待茶叶叶色转黄，并发出焦糖香为止。接着用沸水冲满装茶的小陶罐，随即泼去茶汤面上的浮沫，再注满沸水煮沸3—5分钟待饮。然后倒出少许，根据浓淡，决定是否另加开水。再就是将在罐内烤好的茶水倾入茶碗，奉茶敬客。喝茶时，拉祜族兄弟认为，烤茶香气足，味道

图 9-1-14　拉祜族土罐烤茶

图 9-1-15　拉祜族烤茶

浓,能振精神才是上等好茶。因此,拉祜族喝烤茶,总喜欢喝热茶。同时,客人喝茶时,特别是第一口喝下去后,啜茶,就是用口啜取茶味,口中还得"啧!啧!"有声,以示主人烤的茶有滋有味,实属上等好茶。这也是一种客人对主人的赞赏与回礼。

(七) 回族刮碗子茶

刮碗子茶是流行于回族地区的一种民俗茶饮。饮茶的盖碗通常由碗托、喇叭口茶碗和碗盖组成。茶碗盛茶,碗盖保香,碗托防烫。冲泡时以普通炒青绿茶为主料,可放一些冰糖和干果,如苹果干、葡萄干、柿饼、桃干、红枣、桂圆干、枸杞子等,也可加白菊花、芝麻之类,配料可多达八种,故也称为"八宝茶"。

喝茶时不能拿掉碗盖,也不能用嘴吹漂在茶汤表面的茶料,须一手托住碗托,一手拿盖,用盖子顺碗口由里向外刮几下,"一刮甜,二刮香,三刮茶卤变清汤",这样可以拨去浮在茶汤表面的泡沫,还可以使茶与添加的佐料相融,正贴合"刮碗子"的茶名。

刮碗子茶中放入的配料种类较多,其营养成分在茶汤中的浸出速度不同,因此每次续水后所饮的茶汤滋味不同。一般而言,刮碗子茶以沸水冲泡,随即加盖,经5分钟后开饮。第一道以茶滋味为主,清香甘醇;第二道在糖的溶解作用下,茶汤浓甜透香;第三道茶滋味转淡,各种干果的味道开始转浓,具体依所添加的干果而定。刮碗子茶一般可冲泡五六次。

图 9-1-16　回族刮碗茶及表演

(八) 布朗族青竹茶

居住在勐海县巴达乡茶树王所在地的布朗族是个古老的民族,大多从事农业,善于种茶。布朗人爱喝青竹茶,是一种既简便又实用,并贴近生活的饮茶方式,常在离开村寨进山务农或狩猎时饮用。布朗族喝的青竹茶,烧制方法比较奇特。因在当地有"三多":茶树多、泉水多和竹子多。烧制时,首先砍一节碗口粗的鲜竹筒。一端削尖,盛上洁净泉水,斜插入地,当作烧水器皿,再找一根粗度略细些的竹子,依人多少,做成几个可盛水的小竹筒作茶杯,为防止烫手,底部也削成尖状,以便插入土中。然后找些干枝落叶,当作燃料点燃于竹筒四周,待竹筒内的水煮沸。与此同时,在茶树上,采下适量嫩叶,用竹夹钳住着火上翻动烤焙,犹如茶叶加工时的"杀青",去除青草味,焙出清香。烤到茶枝柔软时,用手搓几下,使之溢出茶汁,待竹筒茶壶内的泉水煮沸时,随即将揉捻后的茶枝放进竹筒内再煮3分钟左右,一筒鲜香的竹筒茶便煮好了。接着,将竹筒内的茶汤分别倒入竹茶杯中,人手一杯,便可饮用。

布朗族喝的青竹茶,粗粗一看,似觉有点原始,但喝起来却别有风味。将泉水的甘甜,竹子的清香,茶叶的浓醇,融为一体。

图 9-1-17　布朗族青竹茶表演

图 9-1-18　哈尼族的土锅茶

(九) 哈尼族土锅茶和土罐茶

喝土锅茶是哈尼族的嗜好,也是一种古老而简便的饮茶方式。

哈尼族煮土锅茶的方法比较简单,一般凡有客人进门,主妇用土锅将水烧开,随即在沸水中加入适量茶叶,待锅中茶水再次煮沸3—5分钟后,将茶水倾入用竹制的茶盅内,就算将土锅茶煮好了。随即,敬奉给客人。平日,哈尼族同胞,也总喜欢在劳动之余,一家人围着土锅喝茶叙家常,以享天伦之乐。

哈尼族的土罐茶比较简单。煮茶用的为土陶罐。煮茶时,先在土陶罐中放上七八分满水,再直接抓一把初制青毛茶,加在罐内,接着在火塘上烧煮,待罐中茶水煮沸2—3分钟后,就算把土罐茶煮好了。随即,将土罐茶倒入杯中饮用,这种茶,既浓又香,茶劲十足。如果趁热喝下,更是倍感精神饱满,意气焕发。

(十) 基诺族凉拌茶

基诺族喜爱吃凉拌茶,其实是中国古代食茶法的延续,基诺族称它为"拉拨批皮"。

凉拌茶以现采的茶树鲜嫩新梢为主料,再配以适量黄果叶、芝麻粉、香菜、姜末、辣椒粉、大蒜末、食盐等经拌匀即可食用。佐料品种和用量,可依各人的爱好而定。按基诺族的习惯,制作凉拌茶时,可先将刚采下的鲜嫩茶树新梢,用手稍加搓揉,放在沸腾的滚水中泡一下,随即捞出,放在清洁的碗内。再将新鲜的黄果叶揉碎,辣椒、大蒜切细,连同佐料和适量食盐投入盛有茶树新梢的碗中。最后,加上少许泉水,用筷子拌匀,静置 15 分钟左右,即可食用。所以,说凉拌茶是一种饮料,还不如说它是一道茶食,它主要是在基诺族同胞吃米饭时当作菜吃的。

图 9-1-19　茶艺师阿丽展示的基诺族凉拌茶

图 9-1-20　基诺族凉拌茶的原料

(十一) 傈僳族雷响茶

雷响茶流行于云南怒江傈僳族居住的地区,是一种颇具特色的民俗茶饮。他们先准备大小两个瓦罐,大瓦罐煨开水,小瓦罐烤饼茶。待饼茶烤出焦香味后,加入开水熬煮五分钟,将滤净渣子的茶汁倒入酥油桶内,再往茶汁中加入酥油及事先炒熟碾碎的核桃仁、花生米、盐巴或糖等。为提高茶汤温度,使酥油快速融化,傈僳人会将钻有洞孔的鹅卵石用火烧红,放入装有茶汤的酥油桶内。剧热的鹅卵石在桶内遇茶汤噼啪作响,有如雷鸣,因此也称此茶为"雷响茶"。响过之后,傈僳族人再用木棒在桶内搅动,使酥油与茶汁均匀融合,然后就可趁热饮用了。

(十二) 纳西族龙虎斗

纳西族喝的"龙虎斗"茶,在纳西语中称之为"阿吉勒烤",是一种富有神奇色彩的饮茶方式。饮茶时,首先用水壶将水烧开,与此同时,另选一只小陶罐,放上适量茶,连罐带茶烘烤,为免使茶叶烤焦,还要不断转动陶罐,使茶叶受热均匀。待茶叶发出焦香时,罐内冲入开水,再烧焦 3—5 分钟。同时,准备茶盅,再放上半盅白酒,然后将煮好的茶水冲进盛有白酒的茶盅内。这时,茶盅内就会发出"啪啪"的响声,纳西族同胞将此看作吉祥的征兆。声音愈响,在场者愈高兴,响过之后,茶香四溢。有的还会在茶水中放进1—2只辣椒。这种茶不但刺激味强烈,而且"五味"俱全。纳西族认为,茶和酒,好似龙和虎,两者相冲,即为"龙虎斗"。它还是治感冒的良药。因此,提倡趁热喝下,准能使人额头发汗,全身发热,去寒解表。再甜甜地睡上一觉,感冒也就好了。

喝"龙虎斗"茶,还有香高味酽,提神解渴的作用,喝起来甚是过瘾。不过,纳西族同胞认为,冲泡"龙虎斗"茶时,只许将热茶倒入在白酒中,切不可将白酒倒入热茶水中。否则,效果大不一样。

任务二:主题特色茶艺

所谓主题茶艺,是指茶艺创作时作者已经有意识地把一个主题或一个观念乃至于一种理想,作为茶艺表演的主题来进行创作。茶艺表演发展到今天,终于开始挣脱机械的、程序化的表演进入了主题茶艺阶段。下面介绍几套主题鲜明的特色茶艺供大家分享。

一、宫廷茶艺

宫廷茶艺是古代帝王为敬神、祭祀、日常起居或赐宴群臣时举行的茶艺。唐代的清明茶宴、宋代的皇帝视学赐茶、清代的千叟茶宴及乾隆自创的三清茶茶艺、橄榄茶茶艺等均属宫廷茶艺。宫廷茶艺的特点是场面宏大、礼仪繁琐、气氛庄严、茶具奢华、等级森严,并往往带有政治教化和政治导向等色彩。自古以来上有所好,下必甚焉。在历史上,宫廷茶艺对促进我国茶艺的发展有重大推动作用。

图 9-2-1　陈文华编创的仿唐宫廷茶艺

二、文士茶艺

文士是我国茶文化的主要传播者,"自古名士皆风流",文人们视"琴棋书画诗酒茶"为文士风流的符号,其中茶通六艺,备受喜爱。文士茶艺的特点是文化气息浓郁,品茶时注重意境,茶具精致典雅,表现形式多样,常和清谈、赏花、读月、抚琴、吟诗、联句、玩石、焚香、弈棋、鉴赏古董字画等相结合。文士茶也称雅士茶,由古时文人雅士的饮茶习俗整理而来,属汉族盖碗泡法,所用茶具为盖碗,茶叶为高档绿茶。文士茶艺常以"清"为美,才子们或品茗论道,示忧国忧民之清尚;或以六艺助茶,添茶艺之清新;或以茶讽世喻理,显儒士之清傲;或以茶会友,表文人脱俗之情谊。文士茶艺其服饰为江南传统服装,古朴、大方,给人以汉族年轻妇女的成熟美。文士茶的艺术特色是意境高雅,表演上追求汤清、气清、心清、境雅、器雅、人雅的儒士境界,凡而不俗,给人以高山流水的艺术享受。总之,文士茶艺气氛轻松活泼,深得中国茶道"和静怡真"之真谛。

文士茶艺表演流程:

【备器】三才杯(盖碗)若干只,木制托盘1个,开水壶、酒精炉1套(或随手泡1套),青瓷茶荷1个,茶道组合1套,茶巾1条,茶叶罐1个。

【焚香】焚香喻义一位少妇手拈3炷细香默默祷告,这是在供奉茶神陆羽。

图 9-2-2　文士茶(焚香)

图 9-2-3　文士茶(冲泡)

【涤器】品茶的过程是茶人洗涤自己心灵的过程,熬茶涤器,不仅是洗净茶具上的尘埃,更重要的是在净化提升茶人的灵魂。

【赏茶】由主泡茶艺师打开茶叶罐,用茶匙拨茶入茶荷,由2位助泡师托盘端于客人面前,用双手奉上,稍欠身,供客人鉴赏茶叶,并由解说人介绍茶叶名称、特征、产地。

【投茶】主泡茶艺师用茶匙将茶叶拨入三才杯中,每杯3—5克茶叶。投茶时,可遵照五行学说按金、木、水、火、土五个方位一一投入,不违背茶的圣洁特性,以祈求茶带给人类更多的幸福。

【洗茶】这道程序是洗茶、润茶,向杯中倾入温度适当的开水,用水量为茶杯容量的 1/4 或 1/5,迅速放下水壶,提杯按逆时针方向转动数圈,并尽快将水倒出,以免泡久了造成茶中的养分流失。

【冲泡】提壶冲水入杯,通常用"凤凰三点头"法冲泡,即主泡茶艺师将茶壶连续三下高提低放,此动作完毕,一盏茶即注满七成,这种特殊的手法叫"凤凰三点头",表示对来客的极大敬意。

【献茗】由两位助泡师托放置茶杯盘向几位主要来宾敬献香茗,面带微笑,双手欠身奉茶,并说"请品茶"!

【收具】敬茶后,根据情况可由助泡师再给贵宾加水 1—2 次,主泡人将其他茶具收起,然后 3 位表演者退台谢幕。

三、宗教茶艺

我国政府主张宗教信仰自由,而宗教茶艺对于构建和谐社会有着积极意义。"以茶清心,心清则国土清。以禅安心,心安则众生安。"国土清、众生安,社会自然就和谐了。当前常见的宗教茶艺有禅茶、礼佛茶、观音茶、太极茶、道家养生茶等。宗教茶艺的特点是特别讲究礼仪,气氛庄严肃穆,茶具古朴典雅,强调修身养性或以茶示道。

图 9-2-4　禅茶表演之一

图 9-2-5　禅茶表演之二

1. 禅茶茶艺

禅茶是寺院僧人种植、采制、饮用的茶,其特点是在茶艺中融入禅机或以茶艺来昭示佛理。禅茶茶艺具体步骤如下:

用具:炉一个、陶制水壶一个、兔毫盏若干个、茶洗一个、泡壶一把、香炉一个、香三支、木鱼一个、磬一个、茶道具一套、茶巾一条、佛乐磁带或光盘(CD)、音响一套、铁观音茶 10—15 克。

基本程序及解说：

【开场】自古有"茶禅一味"之说，禅茶中有禅机，禅茶的每道程序都源自佛典，启迪佛性，昭示佛理。禅茶茶艺还是最适合用于修身养性，强身健体的茶艺，我们这套禅茶茶艺共十八道程序，希望大家能放下世俗的烦恼，抛却功利之心，以平和虚静之心，来领略"茶禅一味"的真谛。

【流程】

流程一：礼佛——焚香合掌

倾听庄严平和的佛乐声，像一只温柔的手，把我们的心牵引到虚无缥缈的境界。焚香合掌是僧家表示敬礼的一种方式。

流程二：调息——达摩面壁

"达摩面壁"是指禅宗初祖菩提达摩在嵩山少林寺面壁坐禅的故事。"面壁"为佛教用语，意为"内守自性，反观本明"。这道程序是通过调心调息，进一步营造祥和肃穆的气氛。

流程三：煮水——丹霞烧佛

丹霞烧佛典出于《祖堂集》卷四。据记载丹霞天然禅师于惠林寺遇到天寒，就把佛像劈了烧火取暖。寺中主人讥讽他，禅师说："我焚佛尸寻求舍利子（即佛骨）。"主人说："这是木头的，哪有什么舍利子"。禅师说："既然是这样，我烧的是木头，为什么还责怪我呢？"于是寺主无言以对。"丹霞烧佛"时要注意观察火相，从燃烧的火焰中去感悟人生的短促以及生命的辉煌。

流程四：候汤——法海听潮

佛教认为"一粒粟中藏世界，半升铛内煮山川"。从小中可以见大，从煮水候汤听水的初沸到鼎沸声的微妙变化中，我们可能会有"法海潮音，随机普应"的感悟。

流程五：洗杯——法轮常转

法轮喻指佛法，而佛法就在日常平凡的生活琐事之中。洗杯时眼前转的是杯子，心中动的是佛法，洗杯的目的是使茶杯洁净无尘；礼佛修身的目的是使心中洁净无尘。在用转动杯子的手法洗杯时，或许可看到杯转而心动悟道。

流程六：烫壶——香汤浴佛

我们用开水烫洗茶壶称之为"香汤浴佛"，表示佛无处不在，亦表明"即心即佛"。

流程七：赏花——佛祖拈花

佛祖拈花微笑典出于《五灯会元》。据载：世尊在灵山法会上拈花示众，是时众皆默然，魏迦叶尊者破颜微笑。我们借助"佛祖拈花"这道程序，向客人展示茶叶,不知各位看到了什么?想到了什么?

流程八:投茶——菩萨入狱

据佛典记载:为了救度众生,地藏王菩萨表示:"我不下地狱,谁下地狱?"投茶入壶,正如菩萨入狱,赴汤蹈火。泡出的茶水可振万民精神,正如菩萨救度一切众生。

流程九:冲水——漫天法雨

佛法无边,润泽众生。泡茶冲水如漫天法雨普降,使人"醍醐灌顶",由迷达悟。

流程十:洗茶——万流归宗

茶本洁净仍然要洗,追求的是一尘不染。洗茶的水终要入海,这是万流归宗。

流程十一:泡茶——涵盖乾坤

涵盖乾坤意谓佛性包容一切,万事万物不是真如妙体,在小小的茶壶中也蕴藏着博大精深的佛理和禅机。

流程十二:分茶——偃溪水声

"偃溪水声"出于《景德传灯录》。据载,有人问师备禅师:"学人初入禅林,请大师指点门径。"师备禅师说:"你听到偃溪流水声了吗?"来人答:"听到。"师备便告诉他:"这就是你悟道的入门途径。"斟茶时的水声亦如偃溪水声,可启人心智,警醒心性,助人悟道。

流程十三:敬茶——普度众生

禅宗六祖慧能有偈云:"佛法在世间,不离世间觉,离世求菩提,恰似觅兔角。"菩萨的全称为菩提萨埵,菩提是觉悟,萨埵是有情。所以菩萨上求大悟大觉——成佛,下求大慈大悲——普度众生。

流程十四:闻香——止语调息

在完成以上泡茶程序后,可能已心浮气躁,这时应静下心来闻香品茗。闻香时请做深呼吸,尽量多吸入茶的香气,并使茶香直达颅门,反复数次,益于健康。

流程十五:观色——曹溪观水

"曹溪水"喻指禅机佛法,我们把观赏汤色称之为"曹溪观水",暗喻要从禅宗的角度去理解"色不异空,空不异色。色即是空,空即是色。"同时也提示:"曹溪一滴,源远流长。"

流程十六:品茶——随波逐浪

品茶应随缘接物,自由自在地品茶,才能心性闲适,旷达洒脱,才能从茶水中品悟出禅机佛理。

流程十七:回味——圆通妙觉

即大悟大彻。品茶后,对前面的 16 道程序再细细回味,便会"有感即通,千杯茶映千杯月;圆通妙觉,万里云托万里夫。"通过回味我们能体悟到佛法佛理就在日常最平凡的生活琐事之中。

流程十八:谢茶——再吃茶去

饮罢茶要谢茶,谢茶是为了相约再品茶。

2. 道家留春茶

道教是我国土生土长的宗教,它有一个显著的特征,即非常重视生命的价值,强调贵生、乐生、养生,追求通过顺应自然的修炼达到长生久世。武夷山道家留春茶正是根据吕洞宾养生真诀,结合《玉蟾神功》,把道家玄奥的丹道之术与茶的保健功效相结合而创编的茶艺。

图 9-2-6　根据崂山道教及宋代宫廷茶艺的精华创编而成

任务三:茶艺编创

在我国,对茶的利用大体上经历了药用、鲜食羹饮、饮用、深加工综合利用等几个阶段。仅把茶作为日常生活饮料而言,人们品茶的主要方式也经历了唐代煮茶法、宋代点茶法、明代的撮泡法。随着时代的发展,现代人的消费越来越个性化,越来越多样化,这就要求茶艺要不断融入时尚元素,不断创新发展。

茶艺的创新在于创意,即提出一个人们乐于接受的品茶新方式。茶艺的创意建立在四点基础上:其一,对生活的热情。"要是没有热情,世界上任何伟大的事业都不会成功。"因此,对生活的热情是点燃创意的火花。其二,对茶艺的兴趣。兴趣是感情的体现。一个人只有对茶艺感兴趣,才可能自觉地、主动地、竭尽全力地思考它、研究它,才可能最大限度地努力发展它。因此说,对茶艺的兴趣是创意的动力。其三,质疑是创意的起点。我们要跳出惯性思维的模式,打破因循守旧的思想,在茶事活动中多向自己提几个问题。只有质疑,才能开启创新思维的闸门,产生新的创意。其四,博学是创意成功的保障。茶艺的创意不仅在于对茶叶商品学和茶艺学的了解,还要创意者有广博的相关知识,只有把众多美的要素与茶整合,才能创编出当代人喜闻乐见的茶艺。

知识拓展

茶艺师中级操作技能考核评分记录表

序号	鉴定内容	考核要点	配分	考核评分的扣分标准	检测结果	扣分	得分
1	仪表及礼仪	走姿身直步适中; 站姿身直挺自如; 坐姿身直腿合拢; 自我介绍注重礼仪表现仪表端庄。	5	走姿摇摆扣1分,脚步过大扣0.5分; 站姿身歪腿张扣2分,腿张开扣1.5分,目低视扣1分; 坐姿身欠直、目低视扣1分,目低视,仪容欠自如扣0.5分; 不注重礼貌用语扣1分; 另,仪表欠端庄扣1分。			
2	名茶品质因子介绍及推介	名茶五项品质因子介绍全面; 名茶推介注重技巧。	15	五项品质因子介绍含糊不清,欠推介,扣6分; 五项品质因子介绍基本清楚,欠推介,扣4分; 五项品质因子介绍表达较准确,有推介,语言欠清晰动听,扣2分。			
3	茶艺解说	熟悉完整介绍茶艺程序内容; 语言清晰动听。	10	介绍茶艺程序不完整,语言表达差,扣6分; 介绍茶艺程序尚完整,内容欠详,语言平淡,扣4分; 介绍茶艺程序内容完整,语言欠清晰动听,扣2分。			
4	名茶选择准备	选择名茶正确、快捷; 选罐装茶艺术。	10	未能正确选到所需名茶,尚能装罐,扣6分; 犹疑地选到所用名茶,选罐装茶尚艺术,扣4分; 正确快捷选到所需名茶,选罐装茶尚艺术,扣2分。			

(续表)

序号	鉴定内容	考核要点	配分	考核评分的扣分标准	检测结果	扣分	得分
5	茶具艺术配套	茶具配套齐全、茶具配套艺术。	5	茶具配套有错乱,不利索,扣3分;茶具配套齐全,色泽、大小欠艺术,扣2分;茶具配套齐全,色泽、大小尚艺术,扣1分。			
6	茶具艺术摆设	摆设位置、距离、方向美观有艺术感。	5	摆设位置欠正确,欠美观,扣3分;摆设位置正确,距离不当,欠美观,扣2分;摆设位置、距离正确,花纹方向不注意,扣1分。			
7	茶艺表演程式	表演全过程流畅地完成。	15	未能连续完成,中断或出错三次以上,扣9分;能基本顺利完成,中断或出错二次以下,扣6分;能不中断地完成,出错一次,扣4分。			
8	茶艺表演操作节奏	表演操作快慢、起伏有明显的节奏感。	15	表演操作技艺平淡,缺乏节奏感,扣9分;表演操作技艺尚显节奏感,扣6分;表演操作技艺得当欠娴熟,节奏感尚明显,扣3分。			
9	茶艺表演姿态、仪容	表演姿态造型美观、艺术感强,仪容自如。	15	表演姿态造型平淡,表情紧张,扣9分;表演姿态造型显艺术感,表情平淡,扣6分;表演姿态造型尚美观,仪容表情尚自如,扣3分。			
10	考核时间	50分钟	5	在表中序号为2—6项考核时,每项超时1分钟以上,扣1分。			
	合 计		100				

否定项:表中序号为1—7项的考核,每项在宣布开始后,超过2分钟考生仍不能正常开展考试的,终止其该项考试,该项记为"0"分;考生所用时间不足该项规定时间的1/3的,该项记为"0"分。

时间规定:准备出场时间5分钟;1—3项分别为4分钟;4—6项分别为6分钟;7—9项同时进行,为15分钟。

评分人: 年 月 日　　　　核分人: 年 月 日

项目回顾

"千里不同风,百里不同俗",本章详细地介绍了汉族民族茶艺和少数民族茶艺,其中汉族民俗茶艺主要介绍客家擂茶、江浙熏豆茶、四川掺茶,少数民族主要介绍白族三道茶、藏族的酥油茶、蒙古咸奶茶、苗族八宝油茶汤、傣族竹筒茶、拉祜族烤茶、回族刮碗子茶、布朗族青竹茶、哈尼族土锅茶和土罐茶、基诺族凉拌茶、傈僳族雷响茶、纳西族龙虎斗等。同时,还介绍宗教茶艺、文士茶艺、宫廷茶艺等具有鲜明主题的主题特色茶艺,展示中华茶艺的多样性。茶艺的发展在于不断地创新,这就要求茶艺要不断融入新的元素,不断创新才能得以发展。

技能训练

1. 分小组练习演示白族三道茶冲泡技艺。
2. 分小组练习演示擂茶冲泡技艺。
3. 分小组练习演示烘青豆茶冲泡技艺。
4. 分小组尝试编创一套特色鲜明的主题茶艺。

1. 选择题

(1) 宗教茶艺是佛教、道教与茶结合的结果,有(　　)、三清茶艺、观音茶艺、太极茶艺等。

  A. 功夫茶艺　　　　　　　　B. 闽南茶艺
  C. 潮汕功夫茶艺　　　　　　D. 禅茶茶艺

(2) 下列属于民俗茶艺表演的是(　　)。

  A. 唐代宫廷茶艺表演　　　　B. 茉莉花茶茶艺
  C. 青豆茶茶艺　　　　　　　D. 九曲红梅茶艺

(3) 擂茶主要流行于我国南方(　　)聚居区。

  A. 高山族　　B. 客家人　　C. 畲族　　D. 苗族

(4) "三生汤",其主要原料是(　　)。

  A. 茶叶、生姜、生米　　　　B. 茶叶、生姜、花生

C. 茶叶、芝麻、生米　　　　　　D. 茶叶、芝麻、花生

(5)"三道茶"是生活中美丽的苍山洱海的(　　)的茶俗。

  A. 傣族　　　B. 白族　　　C. 畲族　　　D. 纳西族

(6)(　　)的制作是将砖茶或沱茶煮沸,加一些酥油和少许盐巴,经充分打制而成。

  A. 酥油茶　　B. 咸奶茶　　C. 龙虎斗　　D. 打油茶

(7)"龙虎斗"是将煮好的茶水趁热倒入(　　)中,发出悦耳的响声,茶香四溢,味道别具一格。

  A. 白糖水　　B. 红糖水　　C. 白酒　　　D. 牛奶

(8)打油茶是(　　)的饮茶习俗。

  A. 傣族　　　B. 白族　　　C. 侗族　　　D. 苗族

(9)云南西双版纳的(　　)人,以竹筒茶待客。

  A. 白族　　　B. 彝族　　　C. 黎族　　　D. 傣族

2. 思考题

(1)编创民俗茶艺应注意哪些问题?

(2)介绍一套自己家乡的民俗茶艺。

项目九　饮茶与健康

学习目标
- 了解茶叶的内含成分
- 掌握茶饮的保健功能和预防疾病功效
- 掌握学会科学合理的饮茶
- 了解日常养生茶知识

项目导读

茶是世界上饮用最广泛的饮料之一。饮茶有益于健康已经是众所周知的事实。茶不仅是生理意义上的,更是精神意义上的"绿色食品"。本单元对茶叶所含的内含成分进行具体的介绍,系统地阐述茶叶各种保健和防治疾病的作用,介绍日常饮茶时应注意的事项,并介绍相关的养生茶。

任务一：茶叶成分及保健功效

茶是中国对人类世界文明的一大贡献。自然界有很多植物,而唯独茶叶被中国古人广泛利用成为一种饮料,并形成了中国特有的饮茶文化。《食疗本草》说:"茶叶久食令人瘦,去人脂。"科学研究成果表明,人体中含有86种元素,而茶叶中已经查明的有28种。茶叶中的各种元素不仅对茶叶的颜色、香气、滋味等有着直接的关系,对人的营养、保健和防治疾病也有着重要作用。

一、茶叶内含成分

茶叶的成分很复杂,据研究发现,茶叶中已发现的化学成分有600多种。在茶的鲜叶中,干物质为25%左右,水分约占75%。组成干物质的成分由无机物和有机物组成。所谓无机物,又称为矿质元素,就是茶叶燃烧以后剩下的灰分,约占干物质总量的3.5—7%。茶叶中的有机物约占干物质总量的93—96%,包括蛋白质、维生素、茶多酚、生物碱以及脂多糖等多种营养成分。(见图1:茶叶的内含成分)

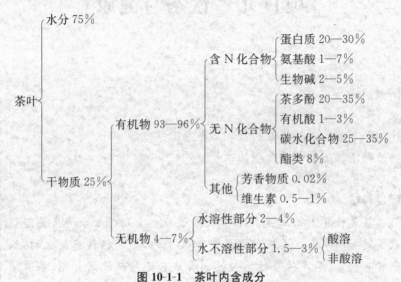

图10-1-1 茶叶内含成分

1. 蛋白质

茶叶中的蛋白质含量占干物质量的20—30%,能溶于水可直接被利用的蛋白质含量仅占1—2%,这部分水溶性蛋白质是形成茶汤滋味的成分之一。茶树中的蛋白质大致可分为以下几种:清蛋白(能溶于水和稀盐酸溶液);球蛋白(不溶于水,但能溶于稀盐酸溶液);醇溶蛋白(不溶于水,溶于稀酸、稀碱);谷蛋白(不溶于水,溶于稀酸、稀碱)。

2. 茶多酚

茶多酚是茶叶中各种多酚类化合物的总称,主要由儿茶素、类黄酮、花青素、酚酸等组成,在干茶中的比重为10—20%。其中以完全未经发酵的绿茶的茶多酚含量最高。

茶多酚的功能包括:增强毛细血管的作用;抗炎抗菌,抑制病原菌的生长,并有灭菌作用;影响维生素C代谢,刺激叶酸的生物合成;能够影响甲状腺的机能,有抗辐射的作用;作为收敛剂可用于治疗烧伤;可与重金属盐和生物碱结合起解毒的作用;缓和胃肠紧张,防炎止泻;增加微血管韧性,防治高血压;治疗糖尿病等。

3. 生物碱

茶叶中的生物碱包括咖啡因、茶碱、可可碱、嘌呤碱等。咖啡因的功能包括:兴奋中枢神经系统、消除疲劳、提高劳动效率;抵抗酒精、烟碱和吗啡等的毒害作用;强化血管和强心作用;增加支气管和胆管痉挛;控制下视丘的体温中枢,调节体温;降低胆固醇和防止动脉粥样硬化。茶碱功能与咖啡因相似,兴奋中枢神经系统的作用较咖啡因弱,强化血管和强心作用、利尿作用、松弛平滑肌作用比咖啡因强。

4. 维生素

茶叶中含有丰富的多种维生素,这些维生素对人体有多种不同的重要功用。维生素 B_1 具有维持心脏、神经系统和消化系统的正常功能。维生素 B_2 具有维持视网膜的正常功能,并增进皮肤的弹性。维生素 B_5 具有预防癞皮病等皮肤病。维生素 B_{11} 具有维持人体的脂肪代谢,参与人体核苷酸的合成。维生素 C 具有防治坏血病,增强身体的抵抗力,促进创口的愈合。维生素 E 具有阻止人体总脂质的过氧化过程,具有抗衰老的效用。维生素 K 具有促进肝脏合成凝血素。

知识拓展

每 100 g 茶叶中维生素含量　　　　单位:mg

茶叶种类	胡萝卜素	维生素 B_1	维生素 B_2	维生素 PP	维生素 C	维生素 E
红茶	3.87	—	0.17	6.2	8	5.47
花茶	5.31	0.06	0.17	—	26	12.73
绿茶	5.8	0.02	0.35	8.0	19	9.57
砖茶	1.90	0.01	0.24	1.9	—	—

每 100 g 茶叶中矿物质和微量元素含量　　　　单位:mg

茶叶种类	钾	纳	钙	镁	铁	锰	锌	铜	磷	硒
红茶	1 934	13.6	378	183	28.1	49.80	3.97	2.56	390	56.00
花茶	1 643	8.0	454	192	17.8	16.95	3.98	2.08	338	8.53
绿茶	1 661	28.2	325	196	14.4	32.60	4.34	1.74	191	3.18
砖茶	844	15.1	277	217	14.9	46.40	4.38	2.07	157	9.40

5. 氨基酸

茶叶中含有的氨基酸可达二十多种,其中最多的是茶氨酸,可占茶叶中的氨基酸总量的50%以上。这些氨基酸大多对于维持人体正常的代谢过程有着重要作用。例如：谷氨酸能降低血氨，蛋氨酸能够调整脂肪的代谢。

6. 矿物质和微量元素

经研究发现，茶叶中含有11种人体所必需的微量元素。含量最多的无机成分是钾、钙和磷。茶叶中的矿物质和微量元素对人体是很有益处的。其中的铁、铜、氟、锌比其他植物性食物要高得多。而且茶叶中的维生素C有促进铁吸收的功能。

7. 芳香类物质

茶叶中的芳香类物质包括萜烯类、酚类、醇类、醛类、酸类、酯类等。其中萜烯类是茶叶中含量较高的香气物质之一，有杀菌、消炎、祛痰等作用，可治疗支气管炎。酚类有杀菌、兴奋中枢神经和镇痛的作用，对皮肤还有刺激和麻醉的作用。醇类有杀菌的作用。醛类和酸类均有抑杀霉菌和细菌以及祛痰的功能。酯类在茶叶中具有强烈而令人愉快的花香，可消炎镇痛、治疗痛风，并促进糖代谢。

8. 碳水化合物

碳水化合物是由碳、氢、氧三种元素组成的一类化合物，其中氢和氧的比例与水分子中的氢和氧的比例相同，因而被称为碳水化合物，也称糖类。营养学上一般将其分为四类：单糖、双糖、寡糖和多糖。茶多糖是茶叶中的一种生理活性物质，是一种类似灵芝多糖和人参多糖的高分子化合物。它具有降血糖、降血脂和防治糖尿病的功效，同时在抗凝、防血栓形成、增强人体免疫力等方面具有一定的效果。

二、饮茶的保健功效

茶叶中的营养成分及含量对饮茶者的需要量来说，是微不足道的，但"涓涓之水可成江河"，常饮便能积少成多，对身体有益。许多实验研究、临床观察和流行病学调查都证实茶叶有多方面的保健作用。

1. 清胃消食助消化

茶叶有消食除腻助消化、加强胃肠蠕动、促进消化液分泌、增进食欲的功能，并可以治疗胃肠疾病和中毒性消化不良、消化性溃疡、急性肠梗阻等疾病。茶叶中芳香油、生物碱具有兴奋中枢和植物神经系统的作用，可以刺激胃液分泌、松弛胃肠道平滑肌，对含蛋白质丰富的动物性食品有良好的消化效果。茶叶中含有大量的氨基酸、维生素C、维生素B_1、维生素B_2、磷脂等成分。这些成分具有调节脂肪代谢的功能，并有助于食物的消化，起到增进食欲的效果，因此，当人们生活中进食过于油腻时,餐后饮茶,能很好地起到消食助消化的功效。

2. 消炎杀菌抗感染

饮茶能调节肠的蠕动,能抑制肠胃道的有害细菌,能保护有益微生物,维持正常的消化吸收功能,改善消化道功能。同时茶叶中的茶多酚还有抑菌的功能,常饮茶对病毒性感冒、病毒性腹泻等都有一定抑制能力。

茶叶中的脂多糖、多酚类物质都能增强人体的免疫功能。饮茶可以提高白血球和淋巴细胞的数量和活性,促进脾脏细胞中的细胞间素的形成,因而增强了人体的免疫功能。

3. 止渴提神解暑热

饮茶可解渴,人所皆知。茶叶经开水冲泡后,茶汤中有的化学成分,如多酚类物质、糖类、氨基酸、果胶、维生素等物质,与口腔中的唾液发生化学反应,使口腔湿润,产生清凉感觉,起到明显的止渴作用。饮茶同时还具有解暑热的功效。实验证实饮热茶 9 分钟后,人体皮肤温度下降 1 ℃—2 ℃并有凉快之感,而饮冷茶后皮肤温度下降不明显。同时,茶叶"苦而寒",还具有降火清热的功效。

饮茶对人体中枢神经有兴奋的作用,古代史籍中的记载较多。当人们疲劳、困倦时,喝一杯清茶,立刻感到精神振奋,这是茶叶所含咖啡因和芳香物质起的作用。实验证实喝 5 杯红茶或 7 杯绿茶相当于服用 0.5g 咖啡因,故饮茶能提神醒脑。从古至今,文人墨客常以饮茶激发文思。

4. 防龋除口臭壮身体

实验研究证实茶有固齿强骨、预防龋齿的作用。饮茶可以增加氟素的吸收,起到增强牙齿釉质层的作用。氟和钙的亲和力很强,能形成氟磷灰石,加强保护牙齿的功能。有较强的抗酸能力,防止由于食物残渣在口腔内发酵而产生的酸性物质对牙齿的腐蚀性,有效预防蛀牙。

同时,茶还具有消除口腔异味的作用。通过饮茶可以抑制口腔细菌生长繁殖,帮助人体消化吸收,防止或消除由于消化不良引起的口臭。晨起饮茶一杯,可以清除口中黏性物质,既可净化口腔,又使人心愉快。

5. 降脂美容缓衰老

我国唐代的《本草拾遗》中记载"茶久食令人瘦,去人脂"。可见古人很早就发现茶叶具有降脂减肥的作用。茶叶中的咖啡因能促进脂肪的分解,提高胃酸和消化液的分泌;茶叶中的茶多酚还能防止血液和肝脏脂肪的累积;茶叶中的叶绿素可抑制肠胃道对胆固醇的吸收。因此,人们常饮茶能有消解脂肪,降低血脂,防止肥胖的健康功效。

人体衰老的重要原因是产生了过量的自由基,这种具有高能量、高活性的物质,起着强氧化剂的作用,使人体内的脂肪酸产生过氧化作用,破坏生物体的大分子和细胞壁,细胞容易老化,引起人体衰老。茶叶中的茶多酚可以有效地清除自由基,防止脂肪酸的过氧化,延缓人体的衰老。

6. 消除电离抗辐射

这是茶叶的一个独特功能。茶叶中的茶多酚和脂多糖等成分可以吸附和捕捉放射性物质,并与其结合后排出体外。脂多糖、茶多酚、维生素C有明显的抗辐射效果。它们参与体内的氧化还原过程,修复生理机能,抑制内出血,治疗放射性损害。在电子产品充斥我们生活的今天,防止荧屏辐射对人体的损害是人们关心的问题之一。因此,在使用电子屏幕的同时,饮上一杯茶,能有效防辐射危害。同时,茶叶中含有丰富的胡萝卜素,代谢后合成视紫质以保护视力,适量饮茶具有清肝明目、保护视力的作用。

任务二:科学合理饮茶

每个人的身体情况不同,如不同的年龄、性别、身体素质等,同时,茶叶也是多种多样,所含的成分也有所差别。因此,我们应该根据具体情况选择茶叶,并注意饮用的量和时,科学合理的饮茶,以取得最理想的保健效果。

一、日常饮茶科学常识

茶为国饮,以茶养生,首先需要科学和正确饮茶。饮茶时掌握"清淡为宜,适量为佳,随泡随饮,饭后少饮,睡前不饮"的原则。尤其是瘦人、老年人、酒后、渴时以及饭前饭后宜饮淡茶。

(一)茶叶是最理想的饮料

成为最理想的饮料,必须具备以下3个条件。第一,要具有对人体全方位、多功能的保健作用。任何一种饮料都不能与茶叶相比。第二,饮料要清洁卫生。一般茶叶是洁净卫生的,不包含细菌。第三,饮料具有安全性。通常"饮茶百益无害"。茶叶是天然饮料,不但没有添加剂和对人体有害的物质,就是在水质不良的条件下,用茶泡饮,也保证"太平无事"。因为茶叶中含有的茶多酚类化合物具有抑制各种病菌的作用,所以饮茶能预防各种疾病,并解除食品和水中重金属的毒害作用。所以说茶叶是保健、卫生、安全的饮料,也是人们所追求的最理想的饮料。

（二）因人因时选择茶叶

茶不在贵,适合就好。不同人的体质、生理状况和生活习惯都有差别,饮茶后的感受和生理反应也相去甚远。中医认为人的体质有燥热、虚寒之别,而茶叶经过不同的制作工艺也有凉性及温性之分,所以体质各异饮茶也有讲究。燥热体质的人,应喝凉性茶,虚寒体质者,应喝温性茶。专家建议,有抽烟喝酒习惯,容易上火、热气及体形较胖的人,应喝凉性茶;肠胃虚寒,平时吃点苦瓜、西瓜就感觉腹胀不舒服的人或体质较虚弱者,应喝中性茶或温性茶。老年人适合饮用红茶及普洱茶。要特别注意的是,苦丁茶凉性偏重,其清热解毒、软化血管、降血脂的功能较其他茶叶更好,最适合体质燥热者饮用,但虚寒体质的人绝对不适宜饮此茶。

另外,气候和季节也是我们选择茶叶的依据。一般而言,四季饮茶各有不同。春饮花茶,夏饮绿茶,秋饮青茶,冬饮红茶。其道理在于,春季,人饮花茶,可以散发积存在人体内的寒邪,浓郁的茶香花香,能促进人体阳气发生。在炎热干旱的夏季,人们对清凉的需要很高,宜饮绿茶或白茶,因为绿茶和白茶性凉,可以驱散身上的暑气,消暑解渴;绿茶、白茶性又味苦寒,可以清热、消暑、解毒、止渴、强心。秋季,以饮青茶为好。青茶不寒不热,能消除体内的余热,恢复津液。冬季在气候寒冷的地区,应该选择红茶、花茶、普洱茶,并尽量热饮。这些性温的茶,加上热饮,可以祛寒暖身、宜肺解郁,有利于排除体内寒湿之气。

一般初次饮茶或偶尔饮茶的人,最好选用高级绿茶,如西湖龙井、黄山毛峰、庐山云雾等。对容易因饮茶而造成失眠的人,可选择低咖啡因茶。

（三）茶叶冲泡的适宜次数

茶叶中能溶解于水的物质近40%,通常绿茶质量越好,可溶性物质越多,主要是茶多酚等含量较高。据测定,绿茶泡至第3次时,茶汤中所含溶于水的浸出物只占可溶物总量的10%左右,第4次仅为1%—3%。泡茶具体次数应视茶质、茶量而定,一般红绿茶以不超过4次为好。那种一杯茶从早泡到晚成了白开水还继续加水的做法不可取。理想的泡饮法是每天上午1杯茶、下午1杯茶,既新鲜又有茶味。

（四）每天适宜的饮茶量

饮茶有多种好处,在冲泡后,可溶于水的茶成分综合作用有益于人体健康。按照人体每天对上述成分的需要量,通常每天有3—5 g干茶量,就可以摄取茶叶中营养元素和药理成分少则5—7%,多则可达50%左右。

（五）合理的饮茶温度

一般情况下饮茶提倡热饮或温饮，避免烫饮和冷饮。跟平时喝汤饮水一样，过高的水温不但烫伤口腔、咽喉及食管黏膜，长期的高温刺激还是导致口腔和食管肿瘤的一个诱因。所以，茶水温度过高是极其有害的。而对于冷饮，就要视具体情况而定了。对于老年人及脾胃虚寒者，应当忌饮冷茶。因为茶叶本身性偏寒，加上冷饮其寒性得以加强，这对脾胃虚寒者会产生聚痰、伤脾胃等不良影响，对口腔、咽喉、肠道等也会有副作用。老人及脾胃虚寒者可以喝些性温的茶类，如红茶、普洱茶等。

（六）老人喝茶注意量和时间

老年人适量饮茶有益于健康。但由于老年人的生理变化，易患某些疾病，应注意控制饮茶的量。患有骨质疏松症和关节炎、骨质增生者不宜大量饮茶，尤其粗老茶及砖茶等含氟较高的茶类，过量饮用会影响骨代谢。心脏病患者及高血压病人不宜饮用浓茶。另外，由于老人肾脏对尿浓缩功能降低，尿量明显增加，故不宜睡前饮茶。

（七）儿童饮茶注意量和时间

多数家长不敢给孩子饮茶，认为茶叶有刺激性，会伤害孩子的脾胃，其实这种担心是多余的。茶叶中含有儿童生长发育所需要的各种营养物质，只要饮用合理，茶水对儿童健康是大有好处的。总的来说，少年儿童宜适量饮用淡茶或用茶水漱口，不宜饮浓茶或过量饮茶；同时，还要注意茶的浓度和饮茶的时间，3岁以下幼儿饮茶后在咖啡因和茶碱的兴奋作用影响下，大脑皮层的兴奋性增高，不肯入睡，且烦躁不安，久之会影响健康。

二、饮茶禁忌常识

饮茶禁忌应包括两个方面内容：一方面是泡茶和品茶环境的禁忌；另一方面则是饮茶健康方面的内容。

（一）品饮环境禁忌

关于饮茶环境的禁忌，历朝历代均有很多论述。比较有代表性的是明朝冯可宾在《茶录》中提出13个"宜茶"条件，同时还提出了不适宜品茶的"禁忌"7条。它们分别是：之一为"不如法"即烧水、泡茶不得法；之二为"恶具"即泡茶时茶器选配不当，或茶具质地次，有玷污；之三为"主客不韵"即主人和宾客交谈时口出狂言，行动粗鲁，缺少修养；之四为"冠裳苛礼"即生活中不得已的被动应酬；之五为"浑肴杂陈"即饮食大鱼大肉，荤油杂陈，有损茶的本质；之六为"忙冗"即忙于应酬，无心赏茶、品茶；之七为"壁间案头多恶趣"即室内布置零乱，垃圾满地，令人生厌，俗不可耐。如果饮茶者在此情景下品茶，达不到饮茶陶冶身心的目的。

(二) 饮茶健康禁忌

饮茶的健康"禁忌"也是不容忽视的。茶叶虽是健康饮料，但是与其他饮料一样，也得饮之有度，否则过量有害。下面是我们在饮茶时应注意的几个问题：

1. 不过量空腹饮茶，以免引起"茶醉"

空腹一般不宜过量饮茶，也不宜喝浓茶。尤其是平时不常喝茶的人空腹喝过量、过浓的茶，往往会引起"茶醉"。"茶醉"的症状是：胃部不适、烦躁、心慌、头晕，直至站立不稳。一旦发生这种情况，只要停止饮茶，喝些糖水，吃些水果，即可得到缓解。

2. 不能用茶水服用含铁剂、酶制剂药物

由于茶叶中的多酚类物质会与这些药物的有效成分发生化学反应，影响药效，所以，不能用茶水服用。诸如补血糖浆、蛋白酶、多酶片等，服用镇静、催眠类药物时，也不能用茶水服用。饮茶对许多药物的影响尚不明了，因此，在服用药物时应慎重饮茶。

3. 妇女"三期"忌饮浓茶

当妇女在孕期、哺乳期、经期时，适当饮些清淡的茶，是有益而无害的。但"三期"期间，由于生理需要的不同，一般不宜多饮茶，尤其忌讳喝浓茶。

妇女孕期饮浓茶，由于咖啡因的作用，会使孕妇的心、肾负担过重，心跳和排尿加快。不仅如此，在孕妇吸收咖啡因的同时，胎儿也随之被动吸收，而胎儿对咖啡因的代谢速度要比大人慢得多，其作用时间相对较长，这对胎儿的生长发育是不利的。为避免咖啡因对胎儿的刺激作用，妇女孕期以少饮茶为好。

妇女在哺乳期饮浓茶，有可能产生两种副作用：一是浓茶中茶多酚含量较高，一旦被哺乳期妇女吸收进入血液后，便会收敛乃至抑制分泌，最终影响哺乳期奶水的分泌；二是浓茶中的咖啡因含量相对较高，被母亲吸收后，会通过奶汁进入婴儿体内，对婴儿起到兴奋作用，或者使肠发生痉挛，以致出现婴儿烦躁啼哭。

茶叶中咖啡因对神经和心血管有一定刺激作用，如果妇女经期饮浓茶，将使经期基础代谢增高，可能会引起痛经、经血过多，甚至经期延长等现象。

4. 忌饭前大量饮茶

这是因为吃饭前大量饮茶，一则会冲淡人体的唾液，二则是会影响人体胃液的分泌。饭前大量饮茶，会使人饮食时感到无味，而且使食物的消化与吸收也受到影响。

5. 忌饭后立即饮茶

饭后饮杯茶，有助于消食去脂。但不宜饭后立即饮茶。因为茶叶中含有较多的茶多酚，它与食物中的铁质、蛋白质等会发生凝固作用，从而影响人体对铁质和蛋白质的吸收，使身体受到影响。

6. 忌饮冲泡次数过多的茶

一杯茶，经三次冲泡后，90%以上可溶于水的营养成分和药效物质已被浸出。第四次冲泡时，基本上已没有可利用的物质了。如果继续多次冲泡，茶叶中的一些微量有害元素就会被浸泡出来，不利于身体健康。

7. 忌饮冲泡时间过久的茶

这样会使茶叶中的茶多酚、芳香物质、维生素、蛋白质等氧化变质变性，甚至成为有害物质，而且茶汤中还会滋生细菌，使人致病。因此，茶叶以现泡现饮为上。

8. 忌饮浓茶

由于浓茶中的茶多酚、咖啡因的含量很高，刺激性过于强烈，会使人体的新陈代谢功能失调，甚至引起头痛、恶心、失眠、烦躁等不良症状。

9. 患有疾病的患者饮茶时须控制饮茶

（1）冠心病患者需酌情用茶

茶叶中的生物碱，尤其是咖啡因和茶碱，都有兴奋作用，能增强心肌的机能，因此，对心动过速的冠心病患者来说，宜少饮茶、饮淡茶，甚至不饮茶，以免因多喝茶或喝浓茶促使心跳过速。

（2）神经衰弱患者饮茶要节制

对神经衰弱患者来说，一要做到不饮浓茶，二要做到不在临睡前饮茶。这是因为患神经衰弱的人，其主要病症就是晚上失眠，而茶叶中含量较高的咖啡因的最明显作用，是刺激中枢神经，使精神处于兴奋状态。

（3）脾胃虚寒者不宜喝浓茶

总的来说，茶叶是一种清凉保健饮料，尤其是绿茶，因其茶性偏寒，对脾胃虚寒患者更是不利。同时饮茶过多、过浓，茶叶中含的茶多酚，会对胃部产生强烈刺激，影响胃液的分泌，从而影响食物消化，进而产生食欲不振，或出现胃酸、胃痛等不适现象。所以，脾胃虚寒者，或患者有胃和十二指肠溃疡的人，要尽量少饮茶，尤其不宜喝浓茶和饭前饮茶。这类患者，一般可在饭后喝杯淡茶。在茶类选择上，应以喝性温的红茶为好。

(4) 贫血患者要慎饮茶

贫血患者能否饮茶,不能一概而论,如果是缺铁性贫血,那么,最好不饮茶。这是因为茶叶中的茶多酚很容易与食物中的铁发生化和反应,不利于人体对铁的吸收,从而,加重病情的发展。其次,缺铁性贫血患者服的药物,多数为含铁补剂,因此除应停止饮茶外,服药时也不能用茶水送服,以免影响药物的作用。

对其他贫血患者来说,因多数气血两虚,身体虚弱,而喝茶有消脂、瘦身的作用,因此,也以少饮茶为宜,特别是要防止过量或过饮浓茶。

任务三:养生茶

健康长寿是人类永恒的追求。自古以来茶被我国的医学家誉为"万病之药"。日本茶圣容西禅师在《吃茶养生记》中认为"茶乃养生之仙药,延龄之妙术"。到了现代,人们在深入研究了茶的医疗保健功能之后,创编了一些具有养生功效的茶验方。

(一)时令保健茶

"智者之养生也,必须顺应四时而适寒暑。"饮茶也应当顺四时,适寒暑,只有这样,茶的保健养生功效才能得到充分的发挥。

1. 春季养生茶

春天风和日暖,阳气升发,草木复苏,万物生机盎然,人体通过一个冬天的调整休息后,新陈代谢转为旺盛,因此可以适当饮用疏肝泄风、发散升提的茶饮。另外,春天北方气候干燥,而南方阴湿,所以南北方的茶疗应因地制宜。

(1) 肉桂生姜茶(适于南方)

表 10-3-1　肉桂生姜茶配方

原料	数量	制法	功效
肉桂	10 克	用沸水冲泡 5 分钟饮用;可反复冲泡直到味淡弃之。	1. 肉桂性甘温,可解肌发表、温通经脉、通肝化气; 2. 生姜味辛,性温,开胃、去冷气;
红茶	5 克		
生姜	6 片		
红糖	15 克		

(2) 金银花山楂茶(适于北方)

表 10-3-2 金银花山楂茶配方

原料	数量	制法	功效
金银花	30 克	将金银花、山楂加水煎沸5分钟后趁沸放入绿茶，倒出茶汤，凉后调蜂蜜饮用。	1. 金银花性味甘寒，可清热解毒； 2. 山楂味酸，性冷，可消食、补脾； 3. 蜂蜜味甘，性平，可益气润肺。
山楂	10 克		
绿茶	10 克		
蜂蜜	适量		

2. 夏季养生茶

夏天阳气旺盛，气候炎热，人体新陈代谢亢盛，且因暑热逼人，从而流汗过多，易耗身体真元。因此，夏季适宜饮用清心祛暑、生津止渴的茶饮。

(1) 灵芝银耳茶

表 10-3-3 灵芝银耳茶配方

原料	数量	制法	功效
灵芝草	6—9 克切片	银耳洗净炖熟，灵芝片与绿茶用沸水冲泡后去茶汤与银耳混合，加入冰糖再炖 5 分钟食用。	1. 灵芝草味甘，性温、入心经，有养心血、安心神、益气的作用； 2. 银耳味甘、淡、性平、无毒，既有补脾开胃的功效，又有益气清肠、滋阴润肺的作用。
银耳	15 克		
绿茶	3 克		
冰糖	适量		

(2) 竹叶甘草茶

表 10-3-4 竹叶甘草茶配方

原料	数量	制法	功效
淡竹叶	5 克	沸水冲泡后常饮，亦可加蜂蜜或冰糖。	清热、解毒、润喉。
甘草	3 克(切片)		
绿茶	3 克		

(3) 竹叶薄荷茶

表 10-3-5 竹叶薄荷茶茶配方

原料	数量	制法	功效
淡竹叶	20 克	淡竹叶煎沸 5 分钟后，趁热加入绿茶，离火再加入薄荷，加盖焖 3 分钟后，倒出茶汤加入冰糖，放凉后可冰镇饮用。	解暑、清热、润喉。
绿茶	10 克		
薄荷	10 克		
冰糖	适量		

3. 秋季养生茶

秋天气候由热转凉,万物渐趋凋谢。人体受秋燥的影响,常出现肺燥等症状。因此,秋季适宜通肺补阴的茶饮。

(1) 竹荪银耳茶

表 10-3-6　竹荪银耳茶配方

原料	数量	制法	功效
干竹荪	10 克	将竹荪、银耳洗净,加入冰糖炖烂;乌龙茶沸水冲泡 3 分钟取茶汤注入银耳竹荪中,再炖 3 分钟后食用。	清心明目、滋阴润肺。
银耳	10 克		
乌龙茶	5 克		
冰糖	适量		

(2) 双耳茶

表 10-3-7　双耳茶配方

原料	数量	制法	功效
银耳	10 克	银耳、黑木耳洗净,加冰糖炖烂,乌龙茶用沸水冲泡后将茶汤与炖烂的双耳混合服食。	滋阴、补肾、润肺。
黑木耳	10 克		
乌龙茶	5 克		
冰糖	30 克		

(3) 枇杷竹叶茶

表 10-3-8　枇杷竹叶茶配方

原料	数量	制法	功效
鲜枇杷叶	30 克	洗去枇杷叶表面绒毛,与淡竹叶切碎煮沸 10 分钟,趁热加入绿茶,加盖闷 3 分钟,倒出茶汤加冰糖饮用。	清肺、止咳、降火。
淡竹叶	15 克		
绿茶	5 克		

4. 冬季养生茶

冬天阳气闭藏,寒气逼人,人体新陈代谢缓慢,精气内藏。因此,在这个季节应注意温补助阳,补肾填精。

(1) 枸杞桂圆茶

表 10-3-9　枸杞桂圆茶配方

原料	数量	制法	功效
桂圆肉	10 克	将桂圆肉、红枣、枸杞、莲子加红糖用红茶汤炖服。	桂圆干补血；莲子固精；红枣补血补气；枸杞补肾养肝。
红枣	10 枚		
枸杞	3 克		
莲子	20 克		
红茶	5 克		
红糖	适量		

(2) 参桂茶

表 10-3-10　参桂茶配方

原料	数量	制法	功效
人参	2 克	用沸水冲泡 5 分钟饮用。	益气温中，治气血两亏。
肉桂	4 克		
黄芪	3 克		
甘草	3 克		
红茶	3 克		

(3) 菟丝子茶

表 10-3-11　菟丝子茶配方

原料	数量	制法	功效
菟丝子	10 克	用沸水冲泡后热饮。	菟丝子性甘平，常服可补肝肾、益精髓。
红茶	3 克		

(二) 美容养颜茶

"茶可调六气而成美，挟万寿以效珍。"据史料考证，清代时期，坚持常年饮养颜茶的慈禧太后，到了古稀之年仍然面如桃花，肌若处女，可见常饮茶确有美容养颜

1. 养颜茶
（1）武则天女皇茶

表 10-3-12　武则天女皇茶配方

原料	数量	制法	功效
益母草	10 克	益母草、滑石煎煮成 350 毫升泡茶饮用；可加冰糖或蜂蜜。	润肤祛斑，消皱。
滑石	3 克		
绿茶	3 克		

（2）宫廷美肤茶

表 10-3-13　宫廷美肤茶配方

原料	数量	制法	功效
枸杞	2 克	用沸水冲泡后饮用，青果嚼食。	生血养阴，润肤美容。
龙眼肉	2 克		
山楂	2 克		
菊花	2 克		
茶叶	3 克		
青果	2 枚		

（3）黑芝麻茶

表 10-3-14　黑芝麻茶配方

原料	数量	制法	功效
黑芝麻	250 克	将黑芝麻炒熟后与茶叶混合研成末，密封贮存。每次取 15 克开水冲饮，可加蜂蜜或白糖。	滋补益气，驻颜乌发，补肝肾，延缓衰老。
茶叶	100 克		

2. 瘦身茶
（1）健身降脂茶

表 10-3-15　健身降脂茶配方

原料	数量	制法	功效
绿茶	10 克	将首乌、泽泻、丹参混合研末，纳入热水瓶中，用沸水冲泡，盖闷 20 分钟后加入绿茶，再闷盖 5 分钟后饮用。	活血利湿，降脂减肥；胃溃疡者不宜饮用。
何首乌	15 克		
泽泻	10 克		
丹参	15 克		

（2）三花减肥茶

表 10-3-16　三花减肥茶配方

原料	数量	制法	功效
玫瑰花	2克	用沸水冲泡5分钟后饮用。	芳香化浊，行气活血。肥胖体型者宜常饮，阴虚者不宜。
茉莉花	2克		
代代花	2克		
川芎	6克		
荷叶	7克		
绿茶	3克		

（3）山楂降脂茶

表 10-3-17　山楂降脂茶配方

原料	数量	制法	功效
生山楂	7克	沸水冲泡10分钟后温饮。	消食、理气、降脂。饮食过多油腻或偏胖者宜常饮，胃酸过多或溃疡病者不宜饮用。
炒山楂	7克		
炒陈皮	9克		
红茶	适量		

（三）延年益寿茶

世界上有五大著名的长寿之乡，巴基斯坦的世外桃源罕萨，格鲁吉亚、阿塞拜疆、厄瓜多尔的圣谷比尔卡邦巴，我国新疆的和田和广西的巴马县。这些长寿之乡虽然各有特点，但寿星们的秘诀之一"粗茶淡饭，饮茶不断"。可见，常年饮茶可延年益寿。

（1）神仙延寿茶

表 10-3-18　神仙延寿茶配方

原料	数量	制法	功效
人参	3克	用500毫升水煎煮五味药，水沸10分钟即可用药汤冲泡红茶，加蜂蜜，冲饮至味淡。	滋补气血，养精益脑。
牛膝	2克		
巴戟	2克		
杜仲	2克		
枸杞	2克		
红茶	5克		

（2）真人茶

表 10-3-19　真人茶配方

原料	数量	制法	功效
茯苓	2 克	用 500 毫升水煎煮五味药，水沸 10 分钟后用药汤冲泡红茶。	补脏安神。
熟地	2 克		
菊花	2 克		
人参	2 克		
柏子仁	2 克		
红茶	5 克		

（3）参芪薏苡茶

表 10-3-20　参芪薏苡茶配方

原料	数量	制法	功效
党参	10 克	将党参、薏苡仁、黄芪三味药炒黄研碎，生姜切片与大枣、红茶混匀后用沸水冲泡 10 分钟后饮用。	补中益气，健脾除湿。
薏苡仁	50 克		
黄芪	20 克		
生姜	12 克		
大枣	10 克		
红茶	10 克		

项目回顾

　　本章系统介绍了茶的内含物质，包括蛋白质、维生素、茶多酚、生物碱、氨基酸、矿物质和微量元素、芳香类物质以及碳水化合物等多种营养成分。茶的多种营养成分具有提神、利尿、助消化、抗衰老、防辐射、解毒、降血压、血糖、抗癌等保健功效。茶有不同的特性，人也有不同的状况，加上不同的季节和环境条件，都会影响人与茶之间的关系，所以，我们要科学合理的饮茶，以取得最理想的保健效果。

 自我测试

1. 选择题

(1) 茶叶中的（　　）含量直接关系到茶叶品质，尤其是茶的滋味和香气组成。

　　A. 氨基酸　　B. 氟　　C. 脂多糖　　D. 维生素

(2) 茶叶中已知的氨基酸主要有（　　）种。

　　A. 10多种　　B. 20多种　　C. 30多种　　D. 40多种

(3) 茶叶中多酚类含量占鲜叶干物质重的（　　），主要决定茶汤的滋味及色泽。

　　A. 5—10%　　B. 15—35%　　C. 30—45%　　D. 50—64%

(4) 咖啡因的主要药理功能是（　　）作用。

　　A. 抗氧化　　B. 兴奋　　C. 抗衰老　　D. 消炎

(5)（　　）具有降血脂、杀菌消炎、抗氧化、抗衰老、抗辐射等药理作用。

　　A. 氨基酸　　B. 咖啡因　　C. 茶多酚　　D. 维生素

(6) 茶叶中的维生素（　　）是著名的抗氧化剂，具有抗衰老的作用。

　　A. 维生素A　　B. 维生素C　　C. 维生素E　　D. 维生素D

2. 思考题

(1) 茶叶中具有保健功效的成分有哪几类？

(2) 茶叶有哪几方面的保健功效？

项目十　茶席的设计

学习目标
- 了解茶艺及茶席设计的由来
- 掌握茶艺及茶席的概念

项目导读

我国唐朝，开始了对中国茶文化的悟道与升华，从而形成了以茶礼、茶道、茶艺为特色的中国独有的文化符号。至宋代，茶席不仅置于自然之中，宋人还把艺术品设在茶席上，而插花、焚香、挂画与茶一起更被合称为"四艺"，常在各种茶席间出现。

任务一：茶席与茶席设计

一、茶席概念

中国古代无茶席一词，茶席是从酒席、筵席、宴席转化而来，茶席名称最早出现在日本、韩国茶事活动中。

"席，指用芦苇、竹篾、蒲草等编成的坐卧垫具。"（《中国汉字大辞典》）席的本义是指用芦苇、竹篾、蒲草等编成的坐卧垫具，如竹席、草席、苇席、篾席、芦席等，可卷而收起。"我心非席，不可卷也"（《诗经·邶风·柏舟》）、"席卷天下"（贾谊《过秦论》）。

席，引申为座位、席位、坐席。"君赐食，必正席，先尝之。"（《论语·乡党》）坐正席位。

席，后又引申为酒席、宴席。是指请客或聚会酒水和桌上的菜。

虽然唐代有茶会、茶宴，但在中国古籍中未见"茶席"一词。

"茶席"一词在日本茶事中出现不少，有时也兼指茶室、茶屋。"去年的平安宫献茶会,在这种暑天般的气候中举行了。京都六个煎茶流派纷纷设起茶席,欢迎客人。小川流在纪念殿设立了礼茶席迎接客人……略盆玉露茶席有400多位客人光临。"(《小川流煎茶·平安宫献茶会》)

韩国也有"茶席"一词,"茶席,为喝茶或喝饮料而摆的席。"出于韩国一则观光公社中的广告文字,并有"茶席"配图。图中为一桌面上摆放各类点心干果,并有二人的空碗和空碗旁各一双筷子。

近年在中国台湾,"茶席"一词出现颇多。

"茶席,是泡茶、喝茶的地方。包括泡茶的操作场所、客人的坐席以及所需气氛的环境布置。"(童启庆主编《影像中国茶道》,浙江摄影出版社2002年)

"茶席是沏茶、饮茶的场所,包括沏茶者的操作场所,茶道活动的必需空间、奉茶处所、宾客的坐席、修饰与雅化环境氛围的设计与布置等,是茶道中文人雅艺的重要内容之一。"(周文棠《茶道》,浙江大学出版社2003年)

我们说,茶席不同于茶室,茶席只是茶室的一部分。因此说,茶席泛指习茶、饮茶的桌席。它是以茶器为素材,并与其他器物及艺术相结合,展现某种茶事功能或表达某个主题的艺术组合形式。

茶席的特征主要有四个,即:实用性、艺术性、综合性、独立性

茶席有普通茶席(生活茶席、实用茶席)和艺术茶席之分。

二、茶席设计概念

"茶席设计与布置包括茶室内的茶座,室外茶会的活动茶席、表演型的沏茶台(案)等。"(周文棠《茶道》,浙江大学出版社2003年)

"所谓茶席设计,就是指以茶为灵魂,以茶具为主体,在特定的空间形态中,与其他的艺术形式相结合,所共同完成的一个有独立主题的茶道艺术组合整体。"(乔木森《茶席设计》,上海文化出版社2005年)

茶席设计就是以茶具为主材,以铺垫等器物为辅材,并与插花等艺术相结合,从而布置出具有一定意义或功能的茶席。

举办茶会的房间称茶室,也称本席、茶席或者只称席。茶室内设壁龛、地炉。地炉的位置决定室内席子的铺放方式。一般说来客人坐在操作人(主人)左手一边称为顺手席。客人坐在操作人右手一边称为逆手席。客人经茶室特有的小出口进入茶室,传说这种小出口是茶道始祖千利休模仿淀川小舟上的窗户设计的。相关经典名句:"一器成名只为茗,悦来客满是茶香。"

任务二：茶席配备

茶席是提供泡茶、饮茶和奉茶的一套茶桌椅或地面席。为了达到冲泡茶的功能，茶席上必须配备茶器与铺垫。

一、茶器

茶器即茶具组合是茶席设计的基础，也是茶席构成因素的主体。茶具组合的基本特征是实用性和艺术性相融合。实用性决定艺术性，艺术性又服务实用性。因此，茶具组合在它的质地、造型、体积、色彩、内涵等方面，应作为茶席设计的重要部分加以考虑，并使其在整个茶席布局中处于最显著的位置。

中国的茶具组合可追溯到唐代陆羽。陆羽在《茶经·四之器》设计和归整了二十四件茶器具及附件的茶具组合。此后，历代茶人又对茶具在形式和功能上不断创新、发展，并融入人文艺术精神，使茶具组合这一艺术表现形式不断充实和完善。

（一）茶器分类

1. 按照质地主要有金属类、陶瓷类、紫砂类、竹木类、玻璃类等。
2. 按照功能

（1）主茶器：用以泡茶的器具包括泡茶器，如茶壶、盖碗、泡茶器或飘逸杯、公道杯、茶盘、品茗杯、闻香杯、奉茶盘、杯托、盖置等。

（2）辅茶器：方便泡茶的器具包括赏茶荷，茶巾，茶滤，茶道六君子（茶针、茶匙、茶夹、茶则、茶漏、茶桶）。

（3）备水器：用来储水或弃置废水的容器，如随手泡、热水瓶、水盂等。

（4）储茶器：用来存置茶叶的容器如贮茶罐等。

茶具组合既可按规范样式配置，也可创意配置，而且以创意配置为主。既可齐全配置，也可基本配置。创意配置、基本配置、齐全配置在个件选择上随意性、变化性较大，而规范样式配置在个件选择上一般较为固定。

二、铺垫

铺垫，是指茶席整体或局部物件摆放下的各种铺垫、衬托、装饰物的统称。

铺垫可使茶席中的器物不直接触及桌（地）面，以保持器物的清洁同时以自身的特征辅助器物共同完成茶席设计的主题。

(一)铺垫的类型

1. 织品类:棉布、麻布、化纤、蜡染、印花、毛织、织锦、绸缎、手工编织等。

(1)棉布:棉布质地柔软,吸水性强,易裁易缝,不易毛边。新布较适合桌面铺,平整挺括,视觉效果柔和,不反光。缺点是清洗后易皱,易掉色,须及时烫平。棉布在茶席中多作为表现传统题材和乡土题材时使用。

图 11-2-1　棉质地铺垫

(2)麻布:麻布历史悠久,人类先织麻后织线,再织丝。现代出现机械织麻,因此,麻织品也日渐细密,品高质良。麻布有粗麻与细麻之分。粗麻和细麻均可在茶席设计中使用。粗麻硬度高,柔软度差,不宜大片铺设,可作小块局部铺垫,以衬托重要器物。细麻相对柔软,且常印有纹饰,可作大面积处理。麻布古朴大方,极富怀旧感,常在茶席设计中表现古代传统题材和乡土及少数民族题材时使用。

2. 非织品类:竹编、草秆编、树叶铺、纸铺、石铺、瓷砖铺、不铺。

图 11-2-2　竹编铺垫

图 11-2-3　树叶铺垫

不铺——即以桌、台、几本身为铺垫。不铺的前提是桌、台、几本身的质地、色彩、形状具有某种质感和色感。如红木桌、台、几，古朴而有光感；原木桌、台、几，自然而现木纹；仿古茶几，喻示某个朝代；竹制几台，是山野乡村的象征。看似不铺，其实也是一种铺，往往是最铺。善于不铺，也往往最能体现茶席设计者的文化与艺术功底。

图 11-2-4　纸铺垫

图 11-2-5　不铺类茶席

（二）铺垫的形状

铺垫的形状一般分为正方形、长方形、三角形、菱形、圆形、椭圆形、多边形和不确定形。

正方形和长方形，多在桌铺中使用。又分为两种，一种为遮沿型，即铺物比桌面大，四面垂下，遮住桌沿；一种为不遮沿型，即按桌面形状设计，又比桌面小。以正方形和长方形而设计的遮沿铺，是桌铺形式中属较大气的一种。许多叠铺、三角铺和纸铺、草秆铺、手工编织铺等都要依赖遮沿铺作为基础。因此，遮沿铺往往又称为基础铺。遮沿铺在正面垂沿下常缝上一排流苏或其他垂挂，更显其正式与庄重。

（三）铺垫的色彩

把握铺垫色彩的基本原则：单色为上、碎花为次、繁华为下，铺垫在茶席中是基础和烘托的代名词，它的作用是为了帮助设计者实现最终目标追求。单色最能适应器物的色彩变化，即便是最深的单色——黑色，也绝不夺器。茶席铺垫中选择单色，反而是最富色彩的一种选择。碎花，包含纹饰，在茶席铺垫中，只要处理得当，一般也不会夺器，反而能恰到好处地点缀器物、烘托器物。碎花、纹饰会使铺垫的色彩复调显得更为和谐。一般选择规律是：与器物同类色的更低调处理。繁花在铺垫中一般不使用，但在某些特定的条件下选择繁花，往往会造成某种特别强烈的效果。

（四）铺垫的方法

铺垫的材质、形式、色彩选定之后，铺垫的方法便是获得理想效果的关键所在。铺垫的基本方法有平铺、对角铺、三角铺、叠铺、立体铺、帘下铺等。

1. 平铺

平铺,又称基本铺,是茶席设计中最常见的铺垫。即用一块横直都比桌(台、几)大的铺品,将四边垂沿遮住的铺垫。垂沿,可触地遮,也可随意遮。平铺,也可不遮沿铺。即在桌(台、几)铺上比四边线稍短一些的铺垫。平铺作为基本铺,还是叠铺形式的基础。如三角铺、手工编织铺、对角铺等都是以平铺为再铺垫的基础。平铺适合所有题材的器物的摆置,被称为"懒人铺",对于质地、色彩、纹饰、制作上有缺陷的桌(台、几),平铺还能起到某种程度的遮掩作用。在正面垂沿下,若再缝以色彩鲜明的流苏、绳结及其他饰物,会使平铺更具艺术美感。

图 11-2-6 遮沿平铺式

图 11-2-7 不遮沿平铺式

图 11-2-8 垂沿平铺

图 11-2-9 不完全垂沿平铺

2. 叠铺

叠铺,是指在不铺或平铺的基础上,叠铺成两层或多层的铺垫。叠铺属于铺垫中最富层次感的一种方法。叠铺最常见的手段,是将纸类艺术品,如书法、国画等相叠铺在桌面上。另外,也可由多种形状的小铺垫叠铺在一起,组成某种叠铺图案。

图 11-2-10　叠铺式

3. 立体铺

立体铺，是指在织品下先固定一些支撑物，然后将织品铺在支撑物上，以构成某种物象的效果。如一群远山及山脚下连绵的草地，或绿水从某处弯弯流下等。然后再在面上摆置器件。

立体铺属于更加艺术化的一种铺垫方法。它从茶席的主题和审美的角度设定一种物象环境，使观赏者按照营造的想象去品味器物，这样会比较容易地传达出茶席设计的理念。同时，画面效果也比较富有动感。立体铺一般都用在地铺中。表现面积可大可小。大者，具有一定气势；小者，精巧而富有生气。立体铺，对铺垫的质地、色彩要求比较严格。否则，就很难造成理想的物象效果。

4. 帘下铺

帘下铺，是将窗帘或挂帘作为背景，在帘下进行桌铺或地铺。帘下铺，常用两块不同质地、色彩的织品，形成巨大的反差，给人以强烈的层次感。若帘与铺的织品采用同一质地和色彩，又会造成一种从高处一泄而下的宏大气势，并使铺垫从形态上发生根本的变化。

由于帘具有较强的动感，在风的吹拂下，就会形成线、面的变化，这种变化过程还富有音乐的节奏美，使静态的茶席增添了韵律感。在一动一静中，在变与不变中，茶席中的器物仿佛也在频频与你亲切对话。这种艺术效果，往往是其他铺垫方法所不能比拟的。

任务三：茶席四艺

茶席四艺是宋朝的点茶、挂画、插花与香道，现以其他三项衬托茶艺，增强茶艺表现力。

一、香道

香道在茶席上的应用分为"香气"与"烟景",协助品茗空间氛围。香一开始就从人们的生理需求迅速与精神需求结合在一起。在中国盛唐时期,达官贵人、文人雅士及富裕人家就经常在聚会时,争奇斗香,使熏香成为一种艺术,与茶文化一起发展起来。至宋,我国的焚香艺术,与点茶、插花、挂画一起,被作为文人"四艺"。

焚香,可用在茶席中。它不仅作为一种艺术形态融于整个茶席中,同时以它美妙的气味弥漫于茶席四周的空间,使人在嗅觉上获得非常舒适的感受。

(一) 香与香道的概述

1. 香的概念

所谓香,指的是通过对有香气的植物、花卉和动物的分泌物及其他物质进行采取,制作,使之成为可焚熏、涂抹、喷洒并产生对人有益健康和芬芳感受的制品。

2. 香道

所谓香道,就是通过眼观、手触、鼻嗅等品香形式对名贵香料进行全身心的鉴赏和感悟,并在略带表演性的程序中,坚守令人愉悦和规矩的秩序,使我们在那种久违的仪式感中追慕前贤,感悟今天,享受友情,珍爱生命,与大自然融于美妙无比的寂静之中。香,不仅芳香养鼻、颐养身心,还可祛秽疗疾、养神养生。

图 11-3-1　熏香

3. 香的功效

中国香的价值与茶一样,最初是为了药用。因此,它与中国传统文化的中医有着密切的关联。

我国中医的养生理念强调养生与养性开慧并行,养生是以整体"致和"为目的的,是以"有无、阴阳、气血、脏腑、性命、人天"等诸方面的结合为目的的。特别是构成人体有限生命与无限生命的"性"与"命",以及二者潜能的开发与和合,更是中国传统养生中的重点。身心健康,性命和合,能使生命产生智慧,以致产生真正地生命价值和意义,这正是我国传统养生理念的根本。而香的养生作用,正是这种有无养生观的直接体现。

"脾胃喜芳香,芳香可以养鼻是也。"所以古人认为,一个性命相合、脏腑、气血相合,品质高尚的人,体内会自然生发一种香气。因此,香气也就是一个人健康与德行的体现。这种香气被认为是天地万物的本性之香,是人们进入理想的"众香国"的先决条件。先人们对众香国的向往,也正是一种对健康、幸福的追求。

香对于人的养生、保健作用主要表现在以下几个方面:

① 传统香药对人的养生保健作用

香药多属植物类,也是现在中药类属中的芳香类药物。如沉香、檀香、苏合香、乳香、丁香等。但也有少量取之于动物的分泌物,如麝香、灵猫香、龙涎香等。目前,人类已知且使用的香药有三千六百多余种,常用的也有四百余种之多,制香常用的香药约为一百三十余种。它们的共同点是具有"驱邪扶正、痛经开窍、疗疾养生"的作用。如《神农本草经疏》中说"凡邪恶气之中,人必从口鼻入。口鼻为阳明之窍,阳明虚,则恶气易入。得芬芳清阳之气,则恶气除而脾胃安矣。"人们根据这些香药的综合药性,按君、臣、佐、辅(使)组成各种方剂,制成各种剂型、各种形状的香品,以供人们佩戴(帷佩、香包、香囊)、铺枕(香枕、香被、香褥)、焚烧(线香、盘香)和食用(香食、香粥),以达到养生保健、防病治病、陶冶性情、营造和美化环境的效果。

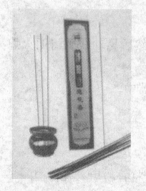

图 11-3-2　线香与盘香

② 用香形式对养生保健的作用

对于香气的喜好与需求是人类的共性,如蝶之恋花、木之向阳。古代的烧香基本可以分为几个大的方面:居家用香;祭祀用香;修行用香;治病用香;养生用香;香艺用香。这些烧香形式和内容中,都要从静心开始,甚至要有恭敬心。既是治病与养生的用香过程,净心也是必不可少的。心烦意乱、心浮气躁不会有好的效果。一种形式,产生一种氛围;一种心境,产生一种效果。这些也是为了让燃香者进入一种状态,一种境界。甚至,这种净心的状态下,会产生许多用心求之不得的效果。所以,传统用香最基本的过程是:安坐、放松、净心、品香、观香、证香。实际是与传统修炼的"净、定、观、运、真"有异曲同工之妙。

(二)香道呈现

1. 香气散发的种类

中国人焚香的历史悠久,早在战国时代就已开始,到了汉代已有焚香专属的炉具。焚香需要香具,依散发香气的方式来说,可分为燃烧、熏炙、自然散发三种。燃烧的香品有以香草、沉香木做成的香丸、线香、盘香、环香、香粉;熏炙的香品有龙脑等树脂性的香品;自然散发的香品有香油、香花等。

2. 香品原料的种类

香品原料有很多,有植物性、动物性、合成性三种。植物性的香料,如茅香草、龙脑、沉香木、降真香等。动物性的香料,如龙涎香、麝香等。合成性的香料,是通过化合反应生成的香料。这些香料制成的香晶可依散发香气的方式不同而呈现各种形状,如香木槐、香丸、线香、香粉等。

(三)香道形式

1. 香之简道——线香

(1)取香:从香筒中取一支线香。

(2)点香:用打火机内焰点燃线香一端,然后晃动线香将明火熄灭,切勿用嘴吹灭。

(3)插香:将线香放置在香盘,香插等香器中。

(4)品香:用右手招香的手法静静品香。

2. 香之中道——篆香

(1)用灰压把香灰压紧实,平整。

(2)将香篆放在香灰上,应用香勺和香铲将香粉填入香粉槽。

(3)用香铲把香粉槽边缘的香粉刮平整,干净。

(4)用香铲或香勺沿香篆边缘轻轻敲击,使香粉与香粉槽脱离,以便提起香篆时香粉不会粘连在香粉槽内;捏住香篆把手,慢慢向上垂直提起香篆。

(5)用线香或香道打火机点燃篆香。

(6)静心品香。

图 11-3-3　一线香

图 11-3-4　篆香

图 11-3-5　隔火香

3. 香之上道——隔火香

（1）在香料路中加入适当香灰，用火箸旋转捣松香灰，使空气充分进入。

（2）用火箸夹起香碳点燃，待其充分燃烧。

（3）将燃烧充分的香碳放入炉中适当位置，用香灰掩埋香碳，香碳的深度距香灰表面 1.5—2 厘米。

（4）用灰押整理香灰，将香灰整压成山形，山坡角度约 30 度。

（5）用火箸在上侧压出香筋。

（6）用单根火箸在香灰上插孔，通达香碳，山峰的中心应为香碳中心点。

（7）制备香材。

（8）在气孔开口处放置云母片，将相片置于垫片上。

（9）品香。

4. 品茗焚香香品、香具的选择

焚香是以燃烧香品散发香气，因此，在品茗焚香时所用的香品、香具是有选择性的：

(1) 配合茶叶选择香品。浓香的茶需要焚较重的香品；幽香的茶，焚较淡的香品。

(2) 配合时空选择香品。春天、冬天焚较重的香品；夏秋焚较淡的香品。空间大焚较重的香品；空间小焚较淡的香品。

(3) 选择香具。焚香必须有香具，而品茗焚香的香具以香炉为最佳选择。

(4) 选择焚香效果。焚香除了散发的香气，香烟也是非常重要的，不同的香品会产生不同的香烟；不同的香具也会产生不同的香烟，欣赏袅袅的香烟和香烟所带来的气氛也是一种幽思和美的享受。

(5) 香品的形状。在四大香品的形状中，线香和香粉的形状较多。线香可分为横式线香、直式线香、盘、香环。直式的线香，又可分为带竹签的和不带竹签的，不带竹签的线香连成一排又称排香。凡是直式线香又称为柱香。香粉，又分为散状撒在炙热的炭上所散发出来的香气和香烟；另外是将香粉印成一定的形状再点燃，这叫做"香篆"。

5. 注意整体的谐调

在茶艺的整体表演时，要特别注意彼此的搭配调和，尤其是焚香，例如，花有真香非烟燎；香气燥烈会损花的生机，因此，花下不可焚香，焚香时，香案要高于花，插花和焚香要尽可能保持较远的距离。挂画、插花、焚香、点茶本是一体的呈现，所以对它们就要考虑到整体的调和。

知识拓展

日本香道简介

日本香道文化起源大约于六世纪左右。从夕阳里，从海西头，三桅船载来了唐朝的"香文化"。从此，香气缥缈于推崇雅文化的日本，历千年而不绝。不过，日本人讲起香道的历史，第一笔总是"香木传来"的故事。据《日本书纪》记载，推古天皇三年春(596年)，有沉木漂至淡路岛，岛人不知是沉香，作为柴薪烧于灶台，香味远飘，于是献之于朝廷。随后，经贵族学者三条西实隆和将军近臣志野宗信的推动，香道成为室町时代东山文化中与茶道、花道并列的"艺道之花"。在那个华丽的背景下确立的"东洋三道"，犹如三条清流灌注至今。当时"香"又名"晡烧香"，仅于寺院重要法会活动时，燃香供佛、清净坛场之用。后来"香"从佛坛走入王宫贵族，贵族们将香作为净化居家、头发及衣服薰香的用途,于是焚"香"的风气,逐渐广泛的传开来。

在奈良时代,香主要用于佛教的宗教礼仪,人们将香木炼制成香,少数也用于薰衣或使室内空气芬芳。平安时代,香料悄悄走进了贵族的生活,伴随着国风文化的兴起,焚香成了贵族生活中不可或缺的一部分,但香的用途还只是限于作薰物。将各种香木粉末混合,再加入炭粉,最后以蜂蜜调和凝固,这就是所谓的"炼香"。随着季节的更替共制六种薰香——"梅花"、"荷叶"、"侍从"、"菊花"、"落叶"、"黑方"——这都是因贵族的嗜好所需而制的。用香薰衣,在室内燃香,连出游时仍带着香物,贵族们对香的偏好为辉煌的平安王朝更披加了一件华服。薰香的配方现都由平安贵族的后人珍藏传承。

到了镰仓、室町时代,贵族衰败,武士当权。一种纯粹对香的爱好的风气滋长了起来。建立在"善"的精神之上,武士尊崇香的幽远枯淡。同一时期,佛教中密教信仰与净土禅的发展,绘画中水墨画的出现等使这种强调精神性的风潮影响不断扩大。香料越制越精细,闻香分香道具的改良进一步加快了香的普及。香的艺术性也开始逐步展现出来,从不少的和歌或物语文学作品中可看到对闻香的着重描绘。当时还有比试自己所藏的上等香的活动,而流行的连歌会也在一边燃香的环境下进行。"焚继香"与赛香的活动就是现行香道的雏形。以足利义政为中心的东山文化将闻香与茶道、连歌密切联系了起来。香道二大流派始祖——御家流的三条西实隆与志野流的志野宗信——最终确立了香道的基础。

现在香道使用的组香大多是江户时代所制的。美丽的小道具以及精巧的盘物使得香道更为女性所喜好。町人阶层的兴起使香道也频频出现在平民的文化生活中,香道的传播更广泛了。然而,明治时期由于西方文化的侵入,作为日本传统文化的香道一度衰退,再次成为只有上流阶层参与的高级嗜好。二战后,随着花道、茶道的振兴,香道也向一般平民打开了大门,御家流与志野流的继承人们正在努力着日益扩大香道的影响。

二、茶道插花

(一) 插花概述

1. 插花概念

插花是指人们以自然界的鲜花、叶草为材料,通过艺术加工,在不同的线条和造型变化中,融入一定的思想和情感而完成的花卉的再造形象。

插花是一门古老的艺术,寄托人们美好的情感。插花的起源应归于人们对花卉的热爱,通过对花卉的定格,表达一种意境来体验生命的真实与灿烂。

中国插花历史悠久,素以风雅见称于世,形成了独特的民族风格,色彩鲜丽、形态丰富、结构严谨。

2. 茶道插花和其他插花形式

茶花是斋花与室花更加精髓的一种文人插花形式。

茶花与茶肆之花统称为茶道插花。

斋花是指古代佛前供花,有散花、皿花、瓶供三种。

室花是指文人雅士书房里的插花。

3. 茶花的应用

茶花是饮茶人自己插作的小品,旨在自己赏玩。用于点缀茶席,使饮茶更具生动活泼的艺术效果。茶花的特点:① 茶花造型简练;② 茶花用的花器小而雅朴;③ 茶花取材简约、花型小、数量少;④ 茶花色彩或淡雅或单一,以和谐为原则;⑤ 花型简练,结构清疏。

4. 茶花的神韵

茶花旨在重视品味,和合茶趣,茶花的精神是纯、真的情,茶花的特征是清远的趣。

(二) 茶花常见花材

1. 花材名称

表 11-3-1　花材名称

名称	常见
常见鲜花	菊花、非洲菊、康乃馨、玫瑰、马蹄莲、剑兰、鹤望兰、百合、蝴蝶兰、郁金香
散点花卉	满天星、勿忘我、黄莺、情人草
常用切叶	肾蕨、巴西铁木、富贵竹、高山羊齿、龟背叶、剑叶、蓬莱松
果实	西红柿、唐棉
枝条	龙柳枝、鸡爪槭、文竹

2. 购买花材常识

(1) 花枝越长越新鲜。

(2) 观察花材的整体形态。(叶片、花枝)

(3) 用手触摸花枝,判断有无滑的感觉。

(4) 花朵大部分全开不宜购买。

(5) 花朵过小不宜购买。

(6) 枝杆过细、过弯不宜购买。

(7) 花色应新鲜,花瓣应有弹力。

(8) 用玻璃纸包裹,以免失水。

(三) 插花器具

花型设计的必需品花器的种类很多。陶瓷、金属、玻璃、藤、竹、草编、化学树脂等在材质、形态上有很多种类。花器要根据设计的目的、用途、使用花材等进行合理选择。

1. 花器

(1) 陶瓷花器。花型设计中最常见的道具。突出民族风情和各自的文化艺术。

(2) 素烧陶器。在回归大自然的潮流中,素烧陶器有它独特的魅力。它以自身的自然风味,使整个作品显得朴素典雅。

(3) 金属花器。由铜、铁、银、锡等金属材质制成。给人以庄重肃穆、敦厚豪华的感觉,又能反映出不同历史时代的艺术发展。

(4) 藤、竹、草编花器。形式多种多样。因为采用自然的植物素材,可以体现出原野风情,比较适宜自然情趣的造型。

(5) 玻璃花器。玻璃花器的魅力在于它的透明感和闪耀的光泽。混有金属酸化物的彩色玻璃、表面绘有图案的器皿,能够很好地映衬出花的美丽。

(6) 塑料花器。价格便宜,轻便且色彩丰富,造型多样。

图 11-3-6 各式花器

2. 固定花材用具：花泥，剑山

图 11-3-7　各式固定花材用具

(四) 茶花主要造型

按照主枝伸展的角度差异，茶花造型分为以下几种。

1. 直立式

直立式插花是以第一主枝基本呈直立状为基准的，第一主枝在花器内必须插成直立状。第二主枝插在第一主枝的一侧略有倾斜。第三主枝插在第一主枝的另一侧也可略作倾斜，后两枝花要求与第一支花相呼应，形成一个整体。表达亭亭玉立或挺拔向上的意境。要力求变化，辅助花材不要削弱主枝的走势。插作要点——高低都可作此造型，用浅盘插时注意主枝在容器中的位置，置于中央时，要力求变化，以免呆板。最长的主枝与垂直线一致，或在垂直线夹角的 15 度范围内。可用浅盆或高瓶做插花容器。

2. 平展式构图

平展式插花是以全部在整个平面上表现出的样式。造型如同地被植物匍匐生长的姿态，花枝间没有明显的高低层次变化，只有向左右平行方向作长短的伸缩。插花中三主枝虽然都在一个平面上，但每一枝花的插入也是有长与短，有远有近，也能形成动势。一般是将第一主枝插在花器的一侧，第二主枝插在另一侧，第三主枝根据作品重心平衡情况插入。一般情况下，花枝在水平线上下各 15°范围内进行变化。主枝在容器中呈水平方向开展，可以 180°或上下稍有倾斜。插作要点——宜用高身容器，避免作品过于呆板单调。

3. 倾斜式构图

主枝在容器中呈倾斜式布局，以第一主枝倾斜于花器一侧为标志。用来表达一种曲折苍劲或迎风摇曳的景观。这种样式的插花具有一定的自然状态,如同风雨过后那些被吹压弯曲的枝条,重又向上生长,蕴含着不屈不挠的顽强精神;又有临水之花木"疏影横斜"的韵味。姿态清秀雅致。第一主枝表现的位置是在垂直线左右各30°之外,至水平线以下30°为止的两个90°的范围里。倾斜式的第一主枝变化范围最大,可以在左右两个90°内确定花体位置。但在确定第一主枝的位置时,应尽可能地避开与花器口水平线相交的位置,更忌讳三主枝插在同一水平层次上。第二、三主枝都是围绕第一主枝进行变化,但不受第一主枝摆设范围的限制,可以成直立状,也可以是下悬状,总之是与第一主枝形成最佳呼应态势为原则,保持统一的趋势。这就好比是自由生长的花木,都朝着一个方向,竞相取得阳光的照射一般。倾斜式构图动感强,注意保持作品的重心,不可失去平衡。

4. 下垂式构图

主枝在容器中呈下垂的姿态,最宜表达柔软、袅娜、轻盈、浪漫的性格。是以第一枝在花器上悬挂下垂,作为主要造型特征,形如高山流水,瀑布倾泻,又似悬崖上的葛藤垂挂。花枝要求柔枝蔓条,清疏流畅,使其线条简洁而又夸张。宜用高身容器,保持作品重心平衡,作品的摆设位置宜高于视线。对使用花材的长度没有明确的规定,可以长些,也可以短些,主要根据花器和摆设位置来决定。第一主枝插入花器的位置,是由上向下弯曲在平行线以下30°外的120°范围里,一般第一主枝不从花器口直接下降,而是先向斜上方伸出,再以圆滑的曲线向下垂挂更好。花卉枝条可以保持弯曲度,使作品充满曲线变化的美感。

图11-3-8　直立型:平和稳重　　图11-3-9　倾斜型:悠闲秀美

图 11-3-10　平铺型：平和舒适　　图 11-3-11　下垂型：强烈的生命感

（五）操作原则

1. 虚实相宜

花为实，叶为虚，有花无叶欠陪衬，有叶无花缺实体。做到实中有虚，虚中有实。

2. 高低错落

花朵的位置切忌在同一横线或直线上。

3. 疏密有致

每朵花、每张叶都具有观赏效果和构图效果，过密则复杂，过疏则空荡。

4. 顾盼呼应

花朵、枝叶要围绕中心顾盼呼应，在反映作品整体性的同时，又保持作品均衡感。

5. 上轻下重

花苞在上，盛花在下；浅色在上，深色在下，显得均衡自然。

6. 上散下聚

花朵枝叶基部聚拢似同生一根，上部疏散多姿多态。

在茶艺插花中，应选择花小而不艳，香清淡雅的花材，最好是含苞待放或花蕾初绽。崇尚简素，忌繁复。插花只是衬托，为茶艺服务，切忌喧宾夺主。至于选择什么类型的插花，要视具体的茶艺而定。

三、挂画

挂画也称为挂轴，这是茶席布置时很重要的内容。茶艺表演时所挂的字画是茶艺风格和主题的集中表现，在茶席布置时，挂画常起到画龙点睛的作用。

我国茶室挂画远比日本复杂,因为日本一间茶室中一般只挂一副挂轴,而在我国可以只挂一副,也可以挂多幅。所以在挂画时,无论是主次搭配、色调照应,还是形式和内容的协调,都要求主人有较高的文学素养和美学修养,否则很容易画蛇添足。我国自古就有"坐卧高堂,究尽泉壑"之说,在茶室张挂字画的风格、技法、内容是表现主人胸怀和素养的一种方式,所以很受重视。

1. 挂画位置的选择

主题书法的位置宜选在一进门时目光的第一个落点或者主墙面上,也可以选在泡茶台的前上方,或者主宾坐席的正上方等明显之处。

2. 采光

挂画时应注意采光,特别是绘画作品,在向阳居室,花卉作品宜张挂在于窗户成直角的墙壁上,通常能得到最佳的观赏效果。

3. 挂画的高度

挂画是供人欣赏的,为了便于欣赏,画面中以离地2米为宜。字体小或者工笔画可以适当的低一些。若是画框,与背后墙面成15度到30度角为宜。

4. 简素美

茶室之美,美在简素,美在高雅,张挂的字画宜少不宜多,应重点突出。当茶室不是很大时,一副精心挑选的主题字画,再配一两幅陪衬就足够了。

5. 字画的色彩

字画的色彩要与室内的装修和陈设相协调。简式画面的内容也要尽可能精炼简素。此外,主题字画与陪衬点缀的字画,无论是内同还是装裱形式都要求能相得益彰。

任务四:茶席设计鉴赏

一、山塘四季品茗

主题思想:姑苏古城,水港交错,街衢纵横。乾隆帝游江南御笔书写"山塘寻胜"。它是苏州的缩影,小桥流水人家在此浓缩成美丽的江南画卷,阁楼品茗,花窗观景,赏四季花,品四季茶,领略江南风韵。江南情怀在品茗赏景中体现,传统文化在姑苏风情中展现。茶席布长7米,绘山塘古宅,寓意七里山塘,底下铺湖蓝色绸布寓意古宅枕河而居,配乐选择世博开幕演出评弹曲目《江南好风光》，服饰穿着绿色寓意茶鲜叶的生命力。

图 11-4-1　2014年中华茶艺大赛场景"山塘四景"茶席

二、吃茶去

主题思想："吃茶去"是禅门的一句著名的偈子，《五灯会元》载：赵州禅师，师闻新来僧人："曾到此间否？"答曰"曾到。"师曰："吃茶去。"又问另一位新来的僧人同样的问题，僧人答道："我不曾来过！"禅师对他说："吃茶去！"院主感到疑惑不解，就问禅师："为什么到过这里和没到过这里的人都要吃茶去呢？"禅师叫："院主！"院主随声答应。禅师说："吃茶去！"禅宗讲究顿悟，认为何时何地何物都能悟道，极平常的事物中蕴藏着真谛。茶对佛教徒而言，是平常的一种饮料，几乎每天必饮，因而，赵州禅师以"吃茶去"作为悟道的机锋语。

图 11-4-2　"吃茶去"茶席

三、茶缘

主题思想：自神农与茶相遇的那刹那开始，茶就从隐士逐渐进入凡尘中，苏东坡诗云"何须魏帝一丸药，且尽卢仝七碗茶"，一碗喉吻润，茶给人们带来的生理解渴效果；两碗破孤闷，茶带来了心理愉悦之感；三碗搜枯肠开始思考人生，四碗发轻汗，平生不平事。尽向毛孔散，既是好茶带来的通气感又有将世俗烦恼抛却脑后之意；到了五碗肌骨清，六碗通仙灵，七碗吃不得也的境界时，也就只能唯觉两腋习习清风生了。由此可以深刻感受到"茶"这个神奇的物质，不单可用感官感受它的色香味，而且可由它引发出茶道、茶艺等精神领域的多层次体会，静心品茗从茶之源开始，让我们净心品味这份奇妙的茶缘。

图 11-4-3　"茶缘"茶席

四、独啜

主题思想："饮茶以客少为贵，客众则喧，喧则雅趣乏矣。独啜曰神，二客曰胜，三四曰趣，五六曰泛，七八施茶耳。"行者，走过千山万水，阅尽人间繁华，归于平淡，在清风翠竹下，喝壶茶来。正所谓："春有百花秋有月，夏有凉风冬有雪。若无闲事挂心头，便是人间好时节。"

图 11-4-4　"独啜"茶席

五、生·活

主题思想:生,亦如存储了 30 年的生普,象征着生命不同阶段。活,如壶中被煮活的生普。现今能邀约二三知己,起火生炉,细烟袅袅,缓煎慢烹,悠啜细品,清谈唱和,海阔天空,其乐真可谓欲言而忘。品茗本身就是雅事,煮茶煎茶更增添了几许情趣,几多欢乐。

图 11-4-5 "生·活"茶席

六、冬景

主题思想:"午眠新觉书无味,闲倚栏杆吃苦茶。"普洱在黑暗中静候岁月的流转,期待在某个日子重新沐浴光明。在冬日午后,当茶叶与阳光和新鲜的空气重逢,时光沉积而成的味道浓烈、醇厚、绵长……倚窗望景,风雅之至,可邀山间之明月,江山之清风对饮。

图 11-4-6 "冬景"茶席

七、茶

主题思想：茶是日精月华，是天地间最美妙的灵物，它生于土，长于木，制于金，成于火，在水中复活，最后留在心里。用今生的水泡一杯生生世世的牵挂。

图 11-4-7　"茶"茶席

八、荷的姿势

主题思想：冈仓天心说："本质上茶道是一种对'残缺'的崇拜，是在我们都明白不可能完美的生命中为了成就某种可能的完美所进行的温柔试探。"秋末的荷已然枯萎，我们对爱情的向往依如盛夏，牵她的手不要再从茫茫的人海中丢了彼此！

图 11-4-8　"荷的姿态"茶席

九、奕粹

主题思想：棋,国之精粹；茶,古之精华,现将二者合二为一。落子,金戈铁马,感受生活中的忙碌与激情；举杯,闲适安逸,回抱大自然的清新与淡雅,在喧嚣的尘世寻一方净土,在品味与分享中升华。

图11-4-9 "奕粹"茶席

知识拓展

日本花道

日本花道最早来源于中国隋朝时代的佛堂供花,传到日本后,其天时,地理,国情,使之发展到如今的规模,先后产生了各种流派,并成为女子教育的一个重要环节。各流派其特色和规模虽各有千秋,但基本点都是相通的,那就是天、地、人三位一体的和谐统一。这种思想,贯穿于花道的仁义、礼仪、言行以及插花技艺的基本造型、色彩、意境和神韵之中。目前日本花道形式有以下几种。

池坊花派：十五世纪由立花名家专庆创造的池坊花是当今花道界最古老的流派。池坊之名取自京都六角堂(顶法寺),当年六角堂内的许多僧人都擅长专庆的立花。所以池坊又是花道的代名词。

日本宽政三年(1462年)池坊插花术的开山祖专庆应邀为武将佐佐木高秀插花。几十枝鲜花插入金瓶内,绮丽无比,顷刻专庆的池坊插花术在立花界获得很高的声誉。十六世纪专应创作了《池坊专应口传》、专荣创作了《池坊专荣传书》。通过专应、专荣的努力,池坊立花成为花道界的主流派。直到今天,池坊立花仍是日本国内规模最大的花道流派。特别是战后建立了池坊学园。使用新的教授方法培养花道人才。与此同时,也开展对花道理论、技艺的研究。

未生流派:未生流派是日本江户初期由未生斋一莆(1761—1824年)创立的另一个花道流派。今天,池坊流、未生流派已发展成为比较有代表性的流派之一,致力于花道知识的普及工作。如今未生流派内又相继出现了斋家未生派、庵家未生派、院家未生派、嵯峨未生派、未生派中山文莆会、真养未生派、平安未生派、本能寺未生派、未生箴、大阪未生派、未生方云派、都未生派、洛阳未生派等。未生派将儒家的天地人合作为插花的原理。基本花形为体现天圆、地方统一体的两个直角三角形。在直角三角形内,未生流派进行多种多样的创造发挥。其作品的特点是明快、简洁。

小原流派:日本明治末年由小原云心(1861—1916年)创立的小原流至今仍是日本有代表性的花道流派之一。云心自幼随父学习池坊的插花技术。后来云心发现池坊派插花术重心过高,不够安稳。便创立了有重量感、重心偏低的插花术。接受自然影响的小原插花术以新颖的花型,为插花技艺增添了时代感。小原插花术的诞生是日本人学习西方文学的反映。但是,小原的插花术一直受到正统派的指责。云心不同于其他流派逐个收弟子学艺,而是招收弟子在自己家进行集体教授。这种教学法在当时可谓划时代的创举。至今小原流派的自然主义插花术仍受到不少日本人的喜爱。

草月流派:由使节河原苍风(1900—)创立的草月流派是战后兴起的新流派。今天它同未生流派、小原流派一样。使节河原苍生批判了形式固定化的传统流派,提出自由地使用花器,自由处理素材的新理论。草月流派着眼于现实生活,组织造形,将西方的艺术观点糅合于插花艺术之中。铁丝、塑料、玻璃、石膏等均成为草月流派使用的插花辅助材料。今天尽管日本人对草月流派的评价各不相同,但它仍然是有实力的花道流派之一。

项目回顾

本章主要介绍了茶席的概念,茶席设计中的要素包括茶道插花、香道、挂画的应用要点,合理设计茶席。

技能训练

可 5—6 人一组设计一套茶席。

简答题
1. 茶道插花的操作要点有哪些?
2. 茶席挂画的要求是什么?

项目十一 茶艺师服务与管理

学习目标
- 了解茶艺师职业素质相关礼仪
- 熟悉茶事活动的组织与管理
- 掌握茶馆的经营与管理

项目导读

随着人们生活水平的提高,喝茶已不再是味觉的滋润,更是视觉的享受,健康的需求。所以,作为新时期的茶艺师,不仅要掌握茶叶知识冲泡一杯好茶,更要熟练地掌握冲泡技巧,从事茶事服务,传承中国文化。

任务一:茶艺师职业素养

一、熟练的服务技能

(一)茶叶知识

茶文化是我国历史悠久的文化之一,作为新时期的茶艺师,肩负着传承中国文化的使命,因此茶艺师要做好本职工作,不仅要熟练掌握茶艺服务的基本技能,更要掌握从事茶艺工作的相关知识。

(1)熟知茶叶分类和茶叶品种是茶艺师最基本的知识必备。

(2)了解水质,因茶泽水,同时掌握泡茶的水温,水速,带给茶叶不同的口感。

(3)掌握茶叶的特性,品质特点,品饮方法,提供更优质的茶感享受。

(4)了解茶具类别,特性,因茶择具。

(5)了解不同的民俗,茶俗,宗教信仰,在冲泡过程中不仅是味觉的享受,同时还应是精神的享受。

(二) 恰当的产品推荐

1. 熟知所有茶品

熟知产品信息是每一位茶艺从业人员必要的基本功,要了解产品的几个特征、品类、产地、重量、价位、口感、冲泡技巧及礼品包装。在了解茶品的基础上才能发挥推荐的能力。茶艺师的茶叶推荐在茶叶销售中起到十分重要的作用。

2. 推销技巧

(1) 换位推荐

站在客人的角度上分析他需要的是什么,在茶艺师冲泡茶叶的过程中,能细心的掌握到喝茶人的口感及需求。也可以明确地知道客人买茶的用途。

(2) 尊重与信任

茶艺从业人员要有一项过硬的基本功就是熟记每一位客人的面孔、姓名,以便能在第一时间称呼客人,让客人觉得受到尊重,在接下来的过程中,客人会对茶艺师报以信赖,交流建立在信任的基础上,推荐产品会节省很多时间。

(3) 掌握时机

茶艺师在茶品导购的时候要掌握好时机,如果客人只是来喝茶并不是来买茶的时候,茶艺师若主动推荐并交流用语一直围绕茶品,反倒会引起茶客的反感,一旦形成这种印象,茶艺师将永远失去可推荐的客户。

(三) 良好的沟通交流

1. 沟通交流认知

体现在优美的语言艺术,茶馆是现在精神文明的产物,也是社会中高雅的交流场所,这就要求茶艺师言谈文雅、语调轻柔、语气亲切、态度诚恳。

2. 语言艺术特征

(1) 用语礼貌:在茶馆服务中应使用敬语

迎宾用语:"欢迎光临×××茶馆"、"欢迎您来这里喝茶"、"里面请"

问候用语:"您好"、"早上/中午/下午/晚上好"、"多日不见,近来可好"

送别用语:"欢迎下次光临"、"请您慢走"、"期待下次光临"

征询用语:"您好,请问有什么帮忙的"、"请问需要帮您介绍一下吗"

应答用语:"请稍等,马上来"、"好的,没关系"、"谢谢您的好意"

道歉用语:"对不起让您久等了"、"抱歉,请在多等几分钟好吗"、"非常抱歉,打扰您了"

(2) 用语注意事项：良好的语言表达会给客人留下美好的服务印象

语气委婉：委婉的语气更易得到的客人的认可和配合。

应答及时：是表示对茶客的尊重和重视。无论客人询问多少次，要求有多难，茶艺服务人员都要及时应答，不能报以视而不见得态度。

音量适度：茶馆本就是人们休闲放松的地方，环境优雅，声音轻柔。

3. 语言表达技巧

茶艺师不应把话说得太满，应留给茶客思考和交流的空间。增加交流的互动性，有利于提高服务质量。同时茶艺师应主动寻找交流的话题，如赞美客人的服饰、发式、气色等，寻找共同交流点。再次，交流的过程中要分清主次，控制语速，不可喧宾夺主。

(四) 强烈的服务意识

1. 服务认知

服务意识是茶艺师应具备的基本意识，也是茶艺师开展工作的思想基础。本着宾客至上的原则才能做到贴心准确的服务，得到宾客的认可。

2. 具体要求

(1) 热爱服务工作，以为客人服务为荣。

(2) 眼观六路，耳听八方。随时准备为客人提供及时准确的服务。

(3) 当有客人询问的时候，立即放下手上的工作招呼客人。

(4) 认真倾听，热情回答问题。

(5) 对自己不熟悉的问题，不能回答"可能"、"不知道"等字样，应及时询问并告知。站立式服务。

(6) 不与客人发生争执。

(五) 端庄的仪容仪表

1. 个人仪容

(1) 头发：梳理整齐，不可有散乱的发丝，并保持整洁，不佩戴怪异发饰，短发不遮面，不得染发，留怪异发型。头发应经常清洗，保持干净，无头屑，无异味。

(2) 面容：化淡妆为宜（面部清洁、画眉毛、眼影、口红），不可化浓妆。

(3) 口腔：上岗前及上岗期间不得吃带有刺激性异味的食物，保持口腔清新。牙齿无杂物、口腔无异味。

(4) 指甲：不得留长指甲，指甲内无污物、不可涂有色指甲油。

2. 个人仪表

(1) 胸卡：将工卡别在左胸口（衣服肩膀上的封口往下 15 厘米）。

（2）服装：穿戴茶馆统一制服，保持制服清洁、平整。

（3）首饰：不准戴耳环、戒指、手链、脚链等与茶叶不协调的饰物，可佩戴耳钉（浅色）。

（4）上班时间不允许使用香水，不可使用气味浓烈的护肤品，不涂抹有刺激气味的化妆品及润手霜。要勤洗澡、勤理发、勤洗手、勤剪指甲。

（5）保持鞋面清洁，鞋跟高度以中跟为准。

任务二：茶会组织

一、茶会的定义

中国是茶的故乡，有着悠久的种茶历史，又有着严格的敬茶礼节，还有着奇特的饮茶风俗。茶礼有缘，古已有之。客来敬茶，是国人最早重情好客的传统美德与礼节。中国茶道自然谦和，是山水，是晚霞。有人能喝出刀光剑影、兵戈铁马，有人却喝得行云流水、风调雨顺；有人对茶而当歌，有人饮茗如苦药……不同的思想人格，将是不同的茶道。

二、茶会的分类

茶会的种类是按茶会的目的而划分的，通常可以分为节日茶会、纪念茶会、喜庆茶会、研讨茶会、品赏茶会、艺术茶会、联谊茶会、交流茶会等。

1. 节日茶会

以庆祝国定节日而举行的各种茶会，如国庆茶会、春节茶会（迎春茶会）等；另一种是中国传统节日的茶会，如中秋茶会、重阳茶会。

2. 纪念茶会

为某项事件之纪念，如公司成立周年日、从教 50 周年纪念日等。

3. 喜庆茶会

为某项事件之庆祝，如结婚时的喜庆茶会、生日时的寿诞茶会、添丁的满月茶会等。

4. 研讨茶会

为某项学术之研讨，如弘扬国饮研讨茶会、茶与健康研讨茶会等。

5. 品尝茶会

为某种或数种茶之品尝，如新春品茗会，×××名茶品尝会等。

6. 艺术茶会
为某项相关艺术的共赏,如吟诗茶会、书法茶会、插花茶会等。

7. 联谊茶会
为广交朋友或同窗聚会,如老三界知青联谊茶会、欧美日同学会联谊茶会等。

8. 交流茶会
为切磋茶艺和推动茶文化发展等的经验交流,如中日韩茶文化交流茶会、国际茶文化交流茶会、国际西湖茶会等。

三、茶会策划

1. 明确茶会主题:根据不同的茶会主题产生不同的效果。

2. 茶会布置

围绕主题选择布置背景,茶席及音乐。一个茶会的布置很重要不仅体现茶会主办人的品位,更能渲染气氛,增强茶会效果。

3. 商议出席人员

根据茶会设计的流程邀请出席人员,让茶会有核心的文化,不至于过分单调。

4. 茶会流程

适时根据茶会举行。

四、无我茶会的组织策划

1. 无我茶会的概念

无我茶会是一种茶会形式,我国目前最普遍,举行最多的名茶会。其特点是参加者都自带茶叶、茶具,人人泡茶,人人敬茶,人人品茶,一味同心,无尊卑之分、无地域流派之分、无报偿之心、无好恶之心、求清静之心。在茶会中以茶对传言,广为联谊,忘却自我,打成一片。以大家共同约定的时间和秩序为准则,因而它的包容性极强。

2. 无我茶会的准备事项

(1) 准备与人分享的茶叶

(2) 必备茶具

① 主茶具(紫砂茶壶/盖碗/飘逸杯/同心杯均可);

② 品茗杯四个;

③ 保温壶/保温杯一个(自带热水)。

(3) 其他茶具

① 公道杯/茶漏；

② 茶巾一块/茶帘一块（竹帘或各式布巾）；

③ 奉茶盘（用来奉茶给其他茶友）；

④ 水盂。

(4) 补充：垫子（无我茶会泡茶需要坐在地上或跪在地上），也可不用。

3. 无我茶会茶具摆放形式

每人依号码找到位置后，将自带坐垫前铺放一块泡茶巾（常用包壶巾代替），上置冲泡器，泡茶巾前放置奉茶盘，内置四只茶杯，热水瓶放在泡茶巾左侧，提袋放在坐垫右侧，脱下鞋子放在坐垫左后方。

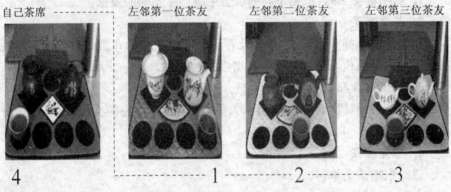

图 12-2-1　无我茶会的杯子放置方式

4. 无我茶会奉茶方式

按约定时间开始泡茶，泡好后分茶于四只杯中，将留给自己饮用的一杯放在自己泡茶巾上的最右边，然后奉茶盘奉茶给左侧三位茶侣，第一位奉茶人将杯子放在受茶人的最左边，第二位奉茶人将杯子放在受茶人的左边第二位，第三位奉茶人将杯子放在受茶人左边第三位。如果您要奉茶的人也去奉茶了，只要将茶放在他（她）座位的泡茶帕上就好；如您在座位上，有人来奉茶，应行礼接受。待四杯茶奉齐，就可以自行品饮，喝完后，即开始冲第二道，第二道奉茶时拿奉茶盘托了冲泡器具或茶盅依次给左侧三位茶侣斟茶。进行完约定的冲泡数后，就要安坐原位，专心聆听，结束后方可端奉茶盘收回自己的杯子，将茶具收拾停当，清理好自己座位的场地。

5. 无我茶会基本流程

(1) 发布茶会组织的通知及邀请：即茶会组办时间、地点、流程、注意事项。

(2) 排座号:茶会开始前,工作人员排好座位号码牌,依地形排成封闭式图案,人数众多可叠成多圈。

(3) 抽签选位:随机抽取座位号,不分前后。

(4) 摆设茶具:简单便捷,摆出自己的茶具,摆好后将号码牌收掉。

(5) 茶友交流介绍:茶具摆好后应主动起身与其他茶友相互认识,自我介绍,主动交流,增进友谊。拍照留念。

(6) 泡茶:在规定的泡茶时间,回到自己的位置上进行茶水冲泡,此时不应讲话,泡四道茶,分四杯。

(7) 奉茶:泡好茶后,将四杯茶放置在奉茶盘上,三杯茶奉给左侧的三位茶友,最后一杯留给自己。先奉给茶友,最后留给自己。放好后,互相鞠躬行礼。

图 12-2-2　无我茶会的行礼方式

(8) 喝茶:当四杯到齐后,可以开始品尝,无顺序限制。

品后回味:喝完最后一道茶后坐下聆听音乐,回味品饮。

清洁备具:无我茶会结束,每人将茶席上用过的杯子略作擦拭,擦拭污渍。然后出去将自己奉给左侧的三个杯子一一收回。

收具:将自己的茶具收整,放入品茗袋中。

结束:收具结束可自行离开,也可拍照留念。

知识拓展

无我茶会实例介绍

表 12-2-1　柳浪闻莺无我大茶会公告事项

项目	内容
时间	1999年10月17日（星期日）9:00—11:30
地点	柳浪闻莺公园（杭州）
主题	和平友谊、迎千禧
人数	500人
座位方式	环形、席地
茶类	不拘
泡几种茶	1种
供茶杯数	4杯
泡几道茶	3道
供茶规则	奉3杯给左边3位茶友，自己留1杯
供茶食否	否
时间安排	7:00 工作人员开始布置会场 9:00 与会人员开始报到入席 9:30 茶具观摩与联谊开始 10:00 泡茶开始 10:30 名乐欣赏 11:30 大会结束
注意事项	每人泡茶席座位的左右宽度为1.2米（含奉茶通道） 大会场地的所在公园内均不得自带炉具煮水 大会结束时，请将废弃物妥善处理，以保持场地整洁

任务三：服务管理与培训

一、明确职务与工作流程

（一）店长

茶馆职务：店长

直接上级：经理

岗位目的：做好茶艺馆各项管理制度，完成上级交办的各项事务

岗位任务：主持门店例会，传达相关事务通知，并落实执行

1. 运营

（1）负责门店商品进货、验收、配置、质量与陈列管理工作。

（2）监督管理员工礼仪形象，茶馆卫生，茶馆布置。

（3）调整促销产品和新品的商品摆放。

（4）库存管理，保证货品充足，月底进行盘点货品。

（5）做好茶馆安全维护，处理突发事件。

（6）处理客户关系及做好售后工作。

（7）监督组织员工日常工作纪律，并进行考核。

（8）负责茶艺馆人员考勤。

（9）协调员工请假，换岗等相关调动及分配。

（10）定期制定培训计划，并实施。

（11）完成上级领导交代的临时事务。

2. 销售

（1）明确茶艺馆销售目标，制定销售计划。

（2）指导协助茶艺师销售工作，带领员工完成销售目标。

（3）根据市场制定促销活动的计划，及时汇报经理并统计活动相关数据，汇报活动总结。

（4）分析总结销售情况，产品分析，掌握市场需求及时向上级领导寻求建议。

3. 工作流程

（1）考勤茶艺馆人员到岗情况。

（2）查看交班本（查看事情进度及安排）。

（3）交班会议前口号宣言：为明天成为一名合格的茶人——加油、加油、

加油(声音可吹倒饮料瓶可获名茶一包)。

(4) 13:15开交班会议(检查仪容仪表,布置工作任务,告知新进货品及价格变更,通知临时事务,告知昨天收益)。

(5) 检查茶艺馆营业前的准备工作(茶具的摆放、卫生状况、货品充足),完成物品进货、验货程序,并填写报表。

(6) 维护客户关系,正常营业。

(7) 进行和茶艺馆相关的培训工作,提高员工素质。

(8) 完成账务核对。

(9) 检查物品收整及茶具清洗情况。

(10) 检查门窗、电器是否关闭。

(11) 锁门。

(二) 店长助理

茶馆职务:店长助理

直接上级:店长

岗位目的:协助店长做好各项管理及销售工作,充分利用各项资源达成管理标准,完成上级领导交办的事务

1. 岗位任务

(1) 协助店长做好日常管理事务,店长不在时履行店长职务。

(2) 做好茶馆卫生、员工形象、礼仪等制度执行工作。

(3) 负责员工排班及出勤监督工作,向店长提交考勤表。

(4) 负责统计商品库存、销售及费用收支情况,向店长提交财务报表。

(5) 协助店长执行每月盘点,核对账面数据及库存量。

(6) 做好茶馆各类报表的完善(纸质版、电子版)。

(7) 负责员工在岗培训工作,及时进行辅导。

(8) 了解员工思想动态,协调员工之间的关系,确保员工之间关系融洽。

(9) 调节现场气氛,调动员工工作积极性,营造温暖舒心、积极向上的工作环境。

(10) 负责员工日常工作纪律,不断提升茶艺馆工作水平。

2. 工作流程

(1) 提前10分钟到岗。

(2) 着装整齐、带好工牌检查仪容仪表。

(3) 查看交班本(价格调整、新进品种、顾客投诉、物品维修、处理未完成事件)。

(4) 交班会议前口号宣言:为明天成为一名合格的茶人——加油、加油、加油(声音可吹倒饮料瓶可获名茶一包)。

(5) 开交班会议(检查仪容仪表,布置工作任务,告知新进货品及价格变更,通知临时事务)。

(6) 检查营业所需茶叶茶点是否充足(填领货单或采购单)。

(7) 清扫负责区域卫生。

(8) 回收前一天晾晒的干茶。

(9) 检查茶馆经营区域卫生。

(10) 花草护理(填写花草护理记录表)。

(11) 巡视茶艺馆,及时处理突发情况及维护卫生清洁。

(12) 提前一小时准备结业工作(正常营业,不能打扰到客人)。

(13) 晾晒清洗间的茶叶。

(14) 清洗水池卫生,安排人员倾倒垃圾。

(15) 检查门窗、灯光、电器是否关闭。

(16) 锁门。

(三) 收银员

茶馆职务:收银员

直接上级:财务部

岗位目的:明确茶艺馆账务,做到账务明细详尽无误

1. 岗位任务

(1) 完成每日销售账务的核对与登记。

(2) 保证现金和物品统一。

2. 工作流程

(1) 提前 10 分钟到达茶艺馆开门。

(2) 着装整齐、带好工牌检查仪容仪表。

(3) 接通吧台内的电器。

(4) 签到。登记馆内工作人员到岗情况。

(5) 查看交班本,并处理前一天营业遗留问题。

(6) 交班会议前口号宣言:为明天成为一名合格的茶人——加油、加油、加油(声音可吹倒饮料瓶可获名茶一包)。

(7) 开交班会(开会内容、价格调整、新进品种、顾客投诉、物品维修)进行登记。

(8) 进入收银系统,清点备用金,准备零钱,准备茶单。

(9) 清扫吧台及茶叶仓库的卫生。

(10) 开启茶叶仓库的空调和窗帘(视天气情况而定)。

(11) 正常营业收银。时时对账,确保无遗漏,并检查茶艺师茶单是否填写正确。唱价唱收唱付,复核。

(12) 对账。红色单据、机打账单、现金核对无误,经理签字,投入保险箱。

(13) 完善员工考勤表、茶叶日销售表、表演统计表、手写账务明细表及物品损坏赔偿表。

(14) 关闭茶叶仓库和吧台电器。

(15) 更换工装。

(16) 锁门。

(四) 领班

茶馆职务:领班

直接上级:店助

岗位目的:协助店助做好管理和销售的各项工作,完成临时工作任务

1. 岗位任务

(1) 协助店助做好日常管理事务。

(2) 做好茶馆卫生、员工形象、礼仪等制度执行工作。

(3) 负责员工出勤监督工作。

(4) 负责统计运营物品数量及销售情况,向店长提交合理化建议。

(5) 协助店助执行每月盘点,核对账面数据及库存量。

(6) 了解员工思想动态,协调员工之间的关系,确保员工之间关系融洽。

(7) 调节现场气氛,调动员工工作积极性,营造温暖舒心、积极向上的工作环境。

(8) 负责员工日常工作纪律,不断提升茶艺馆工作水平。

2. 工作流程

(1) 提前10分钟到岗。

(2) 着装整齐、带好工牌检查仪容仪表。

(3) 查看交班本(价格调整、新进品种、顾客投诉、物品维修、处理未完成事件)。

(4) 交班会议前口号宣言:为明天成为一名合格的茶人——加油、加油、加油(声音可吹倒饮料瓶可获名茶一包)。

(5) 开交班会议(检查仪容仪表,布置工作任务,告知新进货品及价格变更,通知临时事务)。

(6) 开启负责电器。

(7) 准备当日迎客茶。

(8) 清扫吧台的卫生。

(9) 检查营业所需茶品茶点是否充足(不足填写领货单)。

(10) 检查区域茶具摆设是否齐全。

(11) 检查所需用水是否充足。

(12) 检查窗帘开关程度。

(13) 核对茶艺师的茶水单,与收银配合填写茶叶日出量统计表,准确、快速出单。

(14) 根据季节、天气变化逐一开启茶馆用灯。

(15) 准备次日所需冷饮用水放置冷藏柜中,冰块袋放置冷冻柜中。

(16) 清洗吧台用具。

(17) 安排垃圾倾倒情况,并检查。

(18) 关闭音控室设备,及茶馆用灯。

(19) 关门。

(五) 茶艺师

茶馆岗位:茶艺师

直接上级:领班、店助

岗位目的:提供更优质的茶事服务

1. 岗位任务

(1) 熟记茶馆商品特性、价位、及使用方法。

(2) 严格遵守茶馆的规章制度。

(3) 丰富自身知识,提高专业素养。

(4) 体现良好的精神面貌,提供优质茶事服务。

2. 工作流程

(1) 提前10分钟到岗(收银处签到)。

(2) 着装整齐、带好工牌检查仪容仪表。

(3) 将区域内电池炉插上电源,并盛装一壶水备用。

(4) 交班会议前口号宣言:为明天成为一名合格的茶人——加油、加油、加油(声音可吹倒饮料瓶可获名茶一包)。

(5) 开交班会议(检查自己的仪容仪表,周知工作任务、新进货品及价格变更,完成临时任务工作)。

(6) 开门时拉起窗帘(第一个铝合金窗位置整齐,不透光),冬16:00 夏

18:00点关闭窗帘(第二个绿荷金窗位置整齐,透光)(参照物品摆放标准)。

(7) 检查负责区域物品摆放是否齐全,规整。将烧水壶通上电源,检查矿泉水。

(8) 将浸泡的茶具擦拭干净并放进消毒柜消毒(三天一次)。

(9) 打扫负责的卫生区域。

(10) 迎宾工作——有人员负责,区域时刻有人,时刻关注客人的到来,客人在门外2米处,马上主动拉门。如有客人到来,立即停下其他的工作,随时准备接待客人(如关注到客人的到来,当时没有工作的茶艺师也应及时到门口位置,共同迎接)。

(11) 奉茶,客人进门30秒内必须双手奉上迎客茶,用语:"您好,XX总/先生/小姐/老师,请用迎客茶。"

(12) 点单——主动推荐茶品,热情诚恳,突出商品特点,抓住客人心理。

——主动询问客人其他需求,积极,诚恳,认真观察。

——动作迅速,减少等待时间。点茶,先把水烧好再取茶。抽烟,及时放烟灰缸。点茶点,及时放水盂。人多,及时加座椅。

——保证茶单书写正确(参照茶单书写标准)。

(13) 点单后及时查水牌,以免逃单漏单的情况出现。

(14) 时刻关注客人商品使用情况(续水、续单、更换)。

(15) 茶艺师之间协调合作工作,提高工作效率和服务质量。

(16) 送客,先走至门口为顾客开门说:"请慢走。欢迎下次光临。"出门目送客人离开看不见为止,方可返回收拾桌面。(当关注到客人离店时,当时没有工作的员工应共同送客)

(17) 清理,先将桌面清理干净,并将水渍擦干,按照物品摆放标准将茶具摆好以便迎接下一批客人(5分钟之内完成)。将茶桌,茶桶中的废茶水、茶渣倒置过滤桶中过滤,再清洗茶盘,茶桶,以免堵塞。清洗茶具参照清洗茶具流程规范操作。

(18) 简单收整负责区域,保证摆放可使用茶具一套,检查泡茶台废水是否倾倒及容器的清洗。

(19) 将烧水壶、插座断电。

(20) 负责垃圾倾倒。

二、茶馆员工准则

1. 员工十不准

(1) 不准员工聚集在一个地方站着或坐着(培训时保持正常营业)

（2）不准员工靠着柜子、柱子、收银台等旁边

（3）不准员工抱着胳膊、背着手或是单腿站立

（4）不准员工在工作期间玩弄手机

（5）不准员工对客人不予理睬，目瞪，不尊重客人

（6）不准员工在茶艺馆大声喧哗、交谈、嬉笑打闹

（7）不准员工在茶艺馆奔跑，如急事可采用快走

（8）不准员工在客用区休息

（9）不准员工在客用区吃东西

（10）不准员工在茶馆以外的地方穿工装

2. 员工五保持

（1）保持热情的服务态度

（2）保持甜美的工作笑容

（3）保持整洁的工作环境

（4）保持优雅的品茗环境

（5）保持专业的茶事服务

3. 服务——SERVICE

（1）"S"（Smile for everyone），表示微笑待客

（2）"E"（Excellence in everything you do），精通业务上的工作

（3）"R"（Reaching out to every customer with hospitality），对顾客亲切友善

（4）"V"（Viewing every customer as special），每一个顾客都是位特殊和重要的大人物

（5）"I"（Inviting your customer to return），邀请每一位顾客再次光临

（6）"C"（Creating a warm atmosphere），为顾客营造一个温馨的服务环境

（7）"E"（Eye contact that shows we care），用眼神表达对顾客的关心

茶艺馆可以根据7个字母的含义来检查自己的服务表现。

项目回顾

茶事服务是茶艺师与茶客交流的桥梁，完整的知识体系，良好的与人沟通，熟练的操作技能和服务热情都能建立良好的关系，增进交流。也是茶艺师传承中国文化的一部分。

技能训练

1. 实训一

实训项目	茶艺师职业素养(产品推荐,沟通交流,服务意识)
实训时间	10 分钟
实训要求	积极主动推荐产品,完成一次产品推荐,具有良好的语言沟通能力
实训工具	茶单、茶叶
实训方式	老师讲解示范,学员 2 人一组,分角色模拟,互相点评
实训步骤	1. 客人入座,茶艺师及时奉上茶单进行点单服务 2. 向客人推荐茶叶 (1) 了解茶品的特性(2) 运用推荐技巧(3) 使用沟通交流用语
参与人员	
实训评定	完成结果: 过程中不足之处: 改进方法:

2. 实训二

实训项目	茶艺师职业素养(仪容仪表)
实训时间	15 分钟
实训要求	掌握茶艺师在茶事服务中的仪态美,熟知茶艺服务中的礼貌礼节问题
实训工具	茶馆,桌椅
实训方式	老师讲解示范,学员练习,老师点评
实训步骤	(1) 检查自己的服装、发式、指甲 (2) 练习站姿、走姿、坐姿、微笑
参与人员	
实训评定	完成结果: 过程中不足之处: 改进方法:

3. 实训三
根据以上茶会范例设计一个茶会

茶会主题	夏季新品推荐会
茶会时间	2014年5月20日14:00—17:00
茶会地点	学校
茶会工作人员	1. 用品采买:采购所需物品(2人) 2. 会场布置:茶席,茶桌的摆放(2人) 3. 会场音乐背景布置:新品做成视频及音乐(1人) 4. 茶艺师:负责茶水(6人) 5. 礼仪人员:引领客人到位(2人) 6. 会场临时调度人员(1—2人)
准备物品	茶叶,夏季新品,水果,节目,冲泡器具
参加人员	各系部学管员老师及部门负责老师 各学生会会长及外联部部长 各班班长
茶会流程	1. 先由小节目做开场秀 2. 由主持人介绍夏季新品 3. 请观看视频 4. 请大家品饮并欣赏茶艺表演 5. 由茶艺师采集意见 6. 由负责人致辞
茶会总结	

参考文献

[1] 滕军. 日本茶道文化概论[M]. 北京:东方出版社,1992.

[2] 孔宪乐. 中外茶事[M]. 上海:上海文化出版社,1993.

[3] 童启庆. 习茶[M]. 杭州:浙江摄影出版社,1996.

[4] 张科. 说泉[M]. 杭州:浙江摄影出版社,1996.

[5] 金正昆. 社交礼仪教程[M]. 北京:中国人民大学出版社,1998.

[6] 阮浩耕,沈冬梅,于良子. 中国古代茶叶全书[M]. 杭州:浙江摄影出版社,1999.

[7] 陈彬藩,余悦,关博文. 中国茶文化经典[M]. 北京:光明日报出版社,1999.

[8] 姚国坤,胡小军. 中国古代茶具[M]. 上海文化出版社,1999.

[9] 陈文华. 中国茶文化基础知识[M]. 北京:中国农业出版社,1999.

[10] 童启庆,寿英姿. 生活茶艺[M]. 北京:金盾出版社,2000.

[11] 林治. 中国茶艺[M]. 北京:中华工商联合出版社,2000.

[12] 钟敬文. 中国礼仪全书[M]. 合肥:安徽科学出版社,2000.

[13] 范增平. 中华茶艺学[M]. 北京:台海出版社,2000.

[14] 陈宗懋. 中国茶叶大辞典[M]. 北京:中国轻工业出版社,2001.

[15] 朱世英,王镇恒,詹罗九. 中国茶文化大辞典[M]. 北京:汉语大词典出版社,2002.

[16] 余悦. 中国茶韵[M]. 北京:中央民族大学出版社,2002.

[17] 詹罗久. 名泉名水泡好茶[M]. 北京:中国农业出版社,2003.

[18] 蔡荣章. 茶道基础篇[M]. 台北:武陵出版有限公司,2003.

[19] 陈文华,余悦. 茶艺师——初级技能、中级技能、高级技能[M]. 北京:中国劳动社会保障出版社,2004.

[20] 滕军. 中日茶文化交流史[M]. 北京:人民出版社,2004.

[21] 董学友. 茶叶检验与茶艺[M]. 北京:中国商业出版社,2004.

[22] 蔡荣章. 茶道入门三篇——制茶、识茶、泡茶[M]. 北京:中华书局,2006.

[23] 丁以寿. 中华茶道[M]. 合肥:安徽教育出版社,2007.

[24] 刘勤晋.茶文化学(第二版)[M].北京:中国农业出版社,2007.

[25] 黄志根.中华茶文化[M].杭州:浙江大学出版社,2007.

[26] 蔡荣章.茶道入门——泡茶篇[M].北京:中华书局,2007.

[27] 夏涛.中华茶史[M].合肥:安徽教育出版社,2008.

[28] 陈文华,余悦.茶艺师——技师技能、高级技师技能[M].北京:中国劳动社会保障出版社,2008.

[29] 丁以寿.中华茶艺[M].合肥:安徽教育出版社,2008.

[30] 江用文,童启庆.茶艺师培训教材[M].北京:金盾出版社,2005.

[31] 屠幼英.茶与健康[M].西安:世界图书出版西安有限公司,2011.

[32] 盖文.茶艺与调酒[M].北京:旅游教育出版社,2007.

[33] 赵立英.喝茶的智慧:养生养心中国茶[M].长沙:湖南美术出版社,2010.

[34] 郑春英.茶艺概论[M].北京:高等教育出版社,2001.